Alexander Kraft

Berliner Blau

ALEXANDER KRAFT

BERLINER BLAU

VOM FRÜHNEUZEITLICHEN PIGMENT ZUM MODERNEN HIGHTECH-MATERIAL

BERLIN 2022
GNT-Verlag

Bibliografische Information
der Deutschen Nationalbibliothek
Die Deutsche Nationalbibliothek verzeichnet diese Publikation in der Deutschen Nationalbibliografie; detaillierte bibliografische Daten sind im Internet über http://dnb.dnb.de abrufbar.

Umschlagabbildungen
Cover, oben von links: Abb. 61 (S. 212, Rücken/Backcover), 48 (S. 179), 28 (S. 81), 84 (S. 253), 1 (S. 9). Unten: Abb. 76 (S. 244), 32 (S. 103, auch Faksimile im Hintergrund), 71 (S. 238), 34 (S. 111), 44 (S. 161), vgl. dazu den Abbildungsnachweis auf S. 280 ff. Das Deckengemälde links oben über dem Laborgemälde stellt das Deckengemälde am Eingang der Pagodenburg im Münchner Schlosspark Nymphenburg dar, Wikimedia Commons (Rufus46 2008) <https://commons.wikimedia.org/wiki/File:Pagodenburg_›
Nymphenburg_Deckengemaelde_Eingang-1.jpg> (CC BY-SA 3.0, letzter Aufruf 23.7.2019). Das Porträtbild auf dem Backcover stammt vom Autor, die Strukturformel für Berliner Blau im Hintergrund wurde im Verlag erstellt.

Lektorat, Gestaltung & Satz
GNT-Verlag GmbH, Lasiuszeile 2, 13585 Berlin, Germany
www.gnt-verlag.de

2. Auflage 2022

ISBN 978-3-86225-118-6 (Hardcover)
ISBN 978-3-86225-519-1 (E-Book / PDF)
DOI https://doi.org/10.47261/1519
Printed in Europe by Overprintas GmbH, Vilnius, Lithuania.

Inhaltsverzeichnis

Alexander Kraft: Berliner Blau. Vom frühneuzeitlichen Pigment zum modernen Hightech-Material. © 2022 GNT-Verlag GmbH, Berlin, Germany. DOI: › <https://doi.org/10.47261/1519>.

VORSPANN

„Wer ein Bild malen will, braucht Farbe.
Wer Farbe einrühren will braucht Pigment,
Mein Pigment ist das Berliner Blau."
Kurt Mühlenhaupt (1981)

„Im Berliner Blau haben Sie das symbolisch
Preußische so zu sagen in höchster Potenz."
Theodor Fontane in „Frau Jenny Treibel" (1892)

Abb. 1: 2-Silbergroschen-Briefmarke von Preußen aus dem Jahr 1862, gedruckt mit Berliner Blau (Michel Altdeutschland/Preußen, Nr. 17b)

Die Erde vor 4 Milliarden Jahren

Unser Planet Erde, auf dem wir leben, wird auch der Blaue Planet genannt. Der Grund dafür ist, dass die Weltmeere, die einen Großteil der Erdoberfläche bedecken, vom Weltall aus blau aussehen, wie man es auf den berühmten Blue Marble-, also Blauer Marmor- oder Blaue Murmel-Fotografien des US-amerikanischen Raumfahrtprogramms sehen kann.

Aber es gab einen Zeitabschnitt in der Erdgeschichte, da waren auch weite Teile der nicht wasserbedeckten Erdoberfläche unseres Planeten von einem tiefblauen Material bedeckt, welches man heute „Berliner Blau" nennt, oder manchmal auch „Preußisch Blau".

Alexander Kraft: Berliner Blau. Vom frühneuzeitlichen Pigment zum modernen Hightech-Material. © 2022 GNT-Verlag GmbH, Berlin, Germany. DOI: ›<https://doi.org/10.47261/1519>.

Nach der Entstehung der Erde vor etwa viereinhalb Milliarden Jahren war diese noch für lange Zeit ein unwirtlicher Planet. An Leben war nicht zu denken. Einige hundert Millionen Jahre später, die Erde hatte sich etwas abgekühlt, entstand eine chemische Verbindung, die die Erde aus der Entfernung tiefblau erscheinen ließ. Etwa 200 Millionen Jahre später, also vor vielleicht 3,8 Milliarden Jahren, verschwand die blaue Erdfärbung wieder.

Was war passiert? Es hatte sich aus dem Eisen der Erdkruste und aus Methan und Ammoniak in der präbiotischen Atmosphäre der Erde Eisenhexacyanoferrat, eine blaue Verbindung gebildet, die wir heute Berliner Blau nennen.

Aufgrund von pH-Wert-Verschiebungen zersetzte sich diese später wieder und wurde zu einer Quelle von Cyanid, welches an der Bildung erster organischer Moleküle, die die Bausteine des Lebens sind, beteiligt war. Das vermuten jedenfalls Forscher des Astrobiologischen Zentrums in Madrid.[1] Sie hatten im Labor präbiotische Bedingungen der Erde nachgestellt und konnten mit Hilfe elektrischer Entladungen in einer Methan-Ammoniak-Atmosphäre, welche Aerosole mit Eisenverbindungen enthielt, Eisenhexacyanoferrat erzeugen.[2] Sie nehmen an, dass damals weite Teile der Erde mit dieser Verbindung bedeckt waren.

Abb. 2: Der Blaue Planet – „Blue Marble"-Fotografie der Erde von 2001

1 Ruiz-Bermejo et al. 2013.

2 Ruiz-Bermejo et al. 2009 b.

Abb. 3: Banded Iron Formation im australischen Karijini-Nationalpark

Unter etwas veränderten Bedingungen, insbesondere bei höheren pH-Werten und Temperaturen, zersetzte sich das Eisenhexacyanoferrat vollständig zu Eisenoxid und Cyanid, wobei aber auch verschiedene einfache organische Verbindungen, wie Harnstoff, Milchsäure oder mit Glycin auch die einfachste Aminosäure entstanden.[3] Möglicherweise gab es über längere Zeit auch mehrere Zyklen der Bildung und Zersetzung des Eisenhexacyanoferrats, womit man die schichtweise Bänderstruktur bestimmter, sehr alter Eisenerzablagerungen erklären könnte.

Berlin um 1700

Die Erde hat seit langem eine Atmosphäre aus etwa 20 % Sauerstoff und 80 % Stickstoff und einigen nicht unwichtigen Spurenbestandteilen, wie zum Beispiel dem mittlerweile berühmt-berüchtigten „Klimakiller" Kohlendioxid. Methan und Ammoniak spielen keine entscheidende Rolle mehr. Eisenhexacyanoferrat gibt es seit über drei Milliarden Jahren nicht mehr. Ein unglaublich vielfältiges Leben hat sich unter den jetzt herr-

3 Ruiz-Bermejo et al. 2009 a.

schenden Umweltbedingungen entwickelt und diese auch gestaltet: Bakterien, Pilze, Pflanzen, Tiere und besonders merkwürdig: sogenannte Menschen, die sich mit künstlichen Hüllen bedecken, zahlreiche sinnvoll erdachte Hilfsmittel nutzen, Tiere domestiziert haben und komplizierte Behausungen bauen.

In einer kleinen Ansammlung solcher Behausungen am Ufer eines Wasserlaufes namens Spree leben ungefähr 35.000 dieser Menschen. Die Bewohner nennen diesen Ort Berlin, aber Teile davon heißen auch Cölln und Friedrichswerder und es gibt noch mehrere Neu- und Vorstädte. Hier spielt der erste Teil unserer Geschichte des Berliner Blaus.

Abb. 4: Berlin im Jahre 1688, kolorierter Kupferstich

1 DIE ERFINDUNG

1.1 Die Lage in Berlin und Brandenburg um 1700

Im Schloss zu Cölln residiert um 1700 Friedrich III. von Hohenzollern (1657 – 1713). Er ist Kurfürst und Markgraf von Brandenburg aber auch Herrscher über einige weitere verstreute Gebiete, darunter auch des Herzogtums Preußen. Er regierte diese Ländereien schon seit 1688 als Nachfolger seines Vaters, des sogenannten Großen Kurfürsten Friedrich Wilhelm (1620 – 1688). Die meisten Ländereien des kleinen, leicht hinkenden Friedrich, der im Volksmund auch der Schiefe Fritz genannt wird, gehören zum damaligen deutschen Staat, der den offiziellen Namen Heiliges Römisches Reich Deutscher Nation trug. Wir können diesen Staat auch einfach kurz Deutsches Reich nennen.[4]

Friedrich gehörte als Kurfürst zu einem sehr kleinen, elitären Kreis im Deutschen Reich, denn von diesen Kurfürsten gab es zu dieser Zeit nur neun und nur sie waren berechtigt, den Herrscher des Staates, den deutschen König und römischen Kaiser zu wählen. Aber das reichte Friedrich nicht. Er wollte auch selbst König werden. Schließlich war sein südlicher Nachbar, der Kurfürst von Sachsen und Markgraf von Meißen Friedrich August (1670 – 1733) inzwischen auch schon zusätzlich noch König. Er hatte sich durch enorme Bestechungssummen und seinen Wechsel vom Protestantismus zum Katholizismus die polnische Königskrone faktisch gekauft. Noch heute ist er unter dem Namen August der Starke eine volkstümliche Figur.

Es war aber auch so, dass kein Teilterritorium des Deutschen Reiches zu einem Königreich gemacht werden konnte, wenn wir vom Sonder-

4 Klawitter/Pieper 2018.

Alexander Kraft: Berliner Blau. Vom frühneuzeitlichen Pigment zum modernen Hightech-Material. © 2022 GNT-Verlag GmbH, Berlin, Germany. DOI: › <https://doi.org/10.47261/1519>.

fall des Königreiches Böhmen absehen. Wenn Friedrich König werden wollte, musste er wie August der Starke ein Territorium außerhalb des Reiches finden. Da er ja auch Herzog von Preußen war, kam man in seinem Gefolge auf die Idee, dieses Herzogtum Preußen zu einem Königreich zu erheben. Im Jahr 1700 waren die Arbeiten an diesem äußerst kostspieligen Projekt in vollem Gange. Teuer war es vor allem deshalb, weil es nicht ausreichte, das Herzogtum einfach in Königreich umzubenennen. Viel wichtiger war, dass diese Umbenennung, zumindest von den wichtigsten Playern, auch anerkannt wurde. Und die ließen sich diese Anerkennung in barer Münze bezahlen.

Nicht alle Minister des Kurfürsten von Brandenburg waren überzeugt, dass die Erringung des Königstitels ein erstrebenswertes Ziel sei. Aber wer da nicht mitspielte, konnte schnell in der Zitadelle Spandau verschwinden. Das traf Ende 1697 auch den langjährigen Vertrauten des Kurfürsten, den scheinbar allmächtigen Premierminister Eberhard von Danckelman (1643 – 1722), der enteignet und zu lebenslanger Haft verurteilt wurde. Danckelman hatte sich durch seine strenge und hochmütige Art eine ganze Reihe von Feinden geschaffen und ihre Intrigen, die ihm schon bewusst waren, lange Zeit nicht beachtet. Besonders angefeindet wurde er, weil er gleich sechs seiner Brüder mit Posten in der Berliner Regierung versorgt hatte. Man sprach vom Danckelmanschen Siebengestirn. Mit Danckelmans Sturz begann der Aufstieg von Johann Kasimir Kolbe (1643 – 1712) an die Spitze der Brandenburgischen Regierung.

Unter dem Schiefen Fritz war Berlin eine aufstrebende, rasch wachsende Stadt, die sich schnell zu einer Metropole entwickelte. Die älteren Stadtteile Berlin, Cölln und Friedrichswerder waren noch von gewaltigen Festungswerken umgeben. Diese hatte der Große Kurfürst nach dem Dreißigjährigen Krieg unter der Leitung seines Baumeisters Johann Gregor Memhardt (1607 – 1678) errichten lassen. Es sollte nicht noch einmal passieren, dass seine Haupt- und Residenzstadt fast wehrlos plündernden und umherstreifenden Feinden ausgeliefert war. Inzwischen war Berlin aber weit über die Memhardtschen Festungsmauern hinausgewachsen. Neben den verschiedenen alten Vorstädten, wie der Köpenicker oder der Spandauer Vorstadt, die sich zu eigenen Stadtteilen entwickelt hatten, gab es auch die neuen planmäßig angelegten Stadtteile Dorotheenstadt und

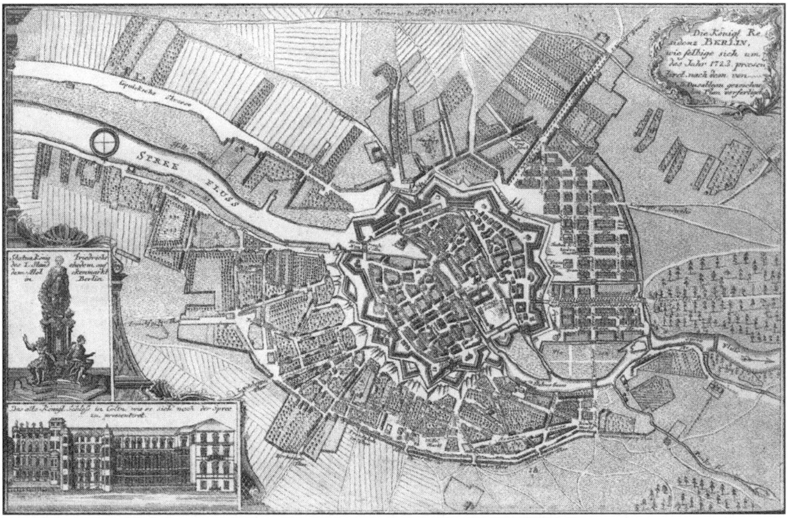

Abb. 5: Stadtplan von Berlin aus dem Jahr 1723 – „Die Königl. Residenz Berlin, wie selbige sich um das Jahr 1723 präsentiret"

Friedrichstadt. Offiziell wurden die einzelnen Berliner Stadtteile dann 1709 zur Haupt- und Residenzstadt Berlin vereinigt, nachdem sie vorher juristisch eigenständig waren.

Gebaut wurde in Berlin in dieser Zeit mehr als je zuvor. Sowohl innerhalb als auch außerhalb der Festungsmauern. Zu den großen, enorm teuren und langjährigen Bauvorhaben gehörte der Bau des Zeughauses und der totale Umbau und teilweise Neubau des Berliner Schlosses. Auch das kostete viel Geld.

1.2 Religiöse Entwicklungen in Deutschland

Um 1700 bestand die seit der Reformation im 16. Jahrhundert bestehende Trennung zwischen katholischen und evangelischen Gebieten weiter fort, wobei die gegenseitigen Anfeindungen aber nachgelassen hatten. Trotzdem führte diese Trennung zu der skurrilen Situation, dass es im Deutschen Reich über einhundert Jahre lang zwei verschiedene Kalender gab. Die katholischen deutschen Länder verwendeten den moderneren und genaueren gregorianischen Kalender, während die evangelischen

Länder aus falschem Stolz am veralteten julianischen Kalender festhielten und dadurch zuletzt immer zehn Tage zurücklagen. Der gregorianische Kalender war nämlich unter Papst Gregor 1582 eingeführt worden. Die protestantischen Gebiete hatten eine vom Papst ausgehende Reform strikt abgelehnt. Erst im Jahr 1700 war es soweit, dass auch die evangelischen deutschen Gebiete zum gregorianischen Kalender übergingen, indem sie auf den 18. Februar unmittelbar den 1. März folgen ließen.

Auf religiösem Gebiet war auch bemerkenswert, dass sich im evangelischen Christentum in den letzten Jahrzehnten eine neue Frömmigkeitsbewegung entwickelt hatte, der sogenannte Pietismus.[5] Die Pietisten legten weniger Wert auf regelmäßigen Kirchgang, das genaue Einhalten der kirchlichen Regeln und die Führung durch professionelle Prediger. Als wichtiger erachteten sie persönliche Frömmigkeit, das Treffen und Beten in privaten Zirkeln und die Zulassung von Laienpredigern. Der aus dem Elsass stammende Philipp Jacob Spener (1635 – 1705), einer der Begründer und die wohl führende Persönlichkeit dieser Bewegung, wirkte seit 1691 in Berlin als Propst und Konsistorialrat in der Nikolaikirche. Damit wurde Berlin neben der preußischen Universitätsstadt Halle an der Saale und, wie wir noch sehen werden, dem hessischen Gießen zu einem Zentrum des Pietismus. Von manchen nichtpietistischen evangelischen Theologen wurden die Pietisten mit Misstrauen, ja mit Feindschaft betrachtet. Zwischen diesen orthodoxen Lutheranern und den neuen Pietisten entwickelte sich ein Schlagabtausch, der vielfach über gedruckte Streitschriften geführt wurde. Die Streitfragen, um die hier mit Ausdauer und Leidenschaft gestritten wurde, sind für uns heute kaum noch verständlich.

Dabei muss darauf hingewiesen werden, dass die Pietisten zwar eine wirkmächtige aber doch immer recht kleine Gruppierung blieben. Auch in Gebieten, die stark pietistisch geprägt waren, blieb eine große Mehrheit der Bevölkerung dem traditionellen evangelischen Glauben verbunden und betrachtete die meist aus der Oberschicht, dem Adel und der Gelehrtenwelt stammenden Pietisten mit großem Misstrauen und Unverständnis. Handwerker und Bauern findet man daher nur sehr wenige unter den aktiven Pietisten.

5 Schmid 1863.

1.3 Vier junge Männer kommen nach Berlin

Die Einwohnerzahl Berlins stieg in der Herrschaftszeit des Großen Kurfürsten und seines Sohnes rasch an. Die Stadt war ein Anziehungspunkt für Einwanderer aus nah und fern geworden. Neben Einwohnern der brandenburgisch-preußischen Landesteile zog es auch Menschen aus anderen Teilen Deutschlands aber auch aus dem Ausland, hauptsächlich aus Frankreich und der Schweiz, nach Berlin. Die im Frankreich von Louis XIV. (1638 – 1715) unerwünschten reformierten Hugenotten wurden seit den Zeiten des Großen Kurfürsten geradezu systematisch angeworben. Um 1700 stellten Franzosen in Berlin schätzungsweise fast 20 % der Einwohner Berlins.[6] Aber auch viele finstere Gestalten, Verbrecher, Projektemacher, Scharlatane und Betrüger zog es nach Berlin.

An der Erfindung und der erfolgreichen Markteinführung des Berliner Blaus waren vier Männer entscheidend beteiligt, die alle nicht aus Berlin stammten und auch um das Jahr 1700 herum in diese aufstrebende Stadt kamen. Diese vier Herren wollen wir uns als Nächstes näher anschauen. Konkret waren das der Theologe und Lehrer Johann Leonhard Frisch (1666 – 1743) aus Franken, der Schweizer Soldat und Offizier Johann Jacob von Diesbach (um 1670 – 1748), der hessische Theologe und Alchemist Johann Conrad Dippel (1673 – 1734) und schließlich als Letzter der Apothekergeselle Caspar Neumann (1683 – 1737) aus der brandenburgischen Neumark. Alle vier hatten, als sie nach Berlin kamen, schon ein hochinteressantes und zum Teil auch recht abenteuerliches Leben hinter sich, obwohl sie allesamt noch keine 35 Jahre alt waren.

1.4 Lehrer Frisch

Beginnen wir mit Johann Leonhard Frisch, der 1698 nach Berlin kam.[7] Er stammte väterlicherseits aus einer Nürnberger Theologenfamilie. Großvater und Urgroßvater waren beide Prediger in dieser evangelischen Freien Reichsstadt gewesen. Johann Leonhards Vater Johann Christoph Frisch (1631 – 1698) war allerdings Jurist geworden und als solcher wechselte er seine Dienstherren mehrmals. Zuerst war er Sulzbachischer Gehei-

6 Hahn 2010.

7 Wippel 1744. Die biografischen Angaben zu Frisch sind, wenn nicht anders angegeben, vor allem diesem Werk entnommen.

mer Sekretär und Fiscal. Sulzbach war in dieser Zeit die Hauptstadt des kleinen Herzogtums Pfalz-Sulzbach. Der Ort liegt 50 km östlich von Nürnberg und gehört heute zur Oberpfalz. Wie dem auch sei, hier in diesem kleinen Städtchen wurde Johann Leonhard Frisch 1666 geboren. Seine Mutter war Sabina Fechner, Tochter eines bekannten Straßburger Goldschmieds. Die Familie zog bald wieder nach Nürnberg, weil der Vater hier nun eine Stelle als Geheimer Registrator des Nürnberger Rats bekam. Nürnberg war damals eine der größten Städte des Deutschen Reiches und als Freie Reichsstadt war sie auch reichsunmittelbar, wie man damals sagte, also nur dem Kaiser unterstellt. Hier bekam der kleine Johann Leonhard die beste damals in Deutschland mögliche Ausbildung. Das sollte sich aber ändern, als sein Vater eine neue Position als bayreuthischer Verwalter im kleinen Örtchen Schnabelwaid annahm. Der Markgraf von Brandenburg-Bayreuth hatte Schnabelwaid 1668 übernommen. Hier gab es keine Schule und der angehende Theologe wurde nun von einem Privatlehrer unterrichtet. Letztendlich ging Frisch 1683 im Alter von 17 Jahren nach Altdorf bei Nürnberg, um an dieser Universität Theologie zu studieren. 1686 ging er von dort nach Jena, um an der dortigen, Salana genannten Hochschule seine Studien fortzusetzen. Aber Frisch hatte in seinen jungen Jahren offenbar die Hummeln im Hintern, denn in Jena hielt es ihn auch nicht lange und Straßburg, die Heimatstadt seiner Mutter, wurde der dritte Studienort unseres jungen Helden. Das Geld für sein Studium und seinen Lebensunterhalt verdiente er sich in Straßburg, das seit 1681 von Frankreich besetzt war, als deutscher Sprachlehrer für junge französische Adlige. Ohne sein Studium abgeschlossen zu haben, begab er sich 1690 auf seine erste Wanderschaft durch Frankreich und kehrte von dort über die Schweiz ins heimatliche Franken zu seinen Eltern zurück. Diese lebten mittlerweile in Ansbach, der kleinen Residenzstadt des Herzogtums Brandenburg-Ansbach. Zurück in Altdorf bestand Johann Leonhard Frisch die Prüfung als Kandidat der Theologie. Im nahen Nürnberg winkte ihm, wahrscheinlich aufgrund seiner guten verwandtschaftlichen Beziehungen, auch sofort ein Posten als Adjunkt, also Gehilfe, eines Predigers. Frisch war es aber peinlich, so offensichtlich vor anderen, verdienstvolleren und älteren Bewerbern bevorzugt zu werden, und er nahm die Stelle nicht an, sondern begab sich 1691 auf seine zweite Rundreise diesmal in Richtung Süden. Erstes Ziel war der Ort Neusohl in Oberungarn. Dieser wichtige Bergbauort ist das heutige Banska Bystrica in der Slowakei, die bis zum Ende des Ersten Weltkriegs Teil Ungarns war. In der Zeit, in welcher Frisch in diese Gegend kam, waren viele Einwohner von Banska Bystrica deutscher Herkunft und evangelischen Glaubens, der im Zuge der Rekatholisierung schwer unter Druck stand. Frisch wurde jedenfalls in Neusohl Adjunkt, also Gehilfe, des evangelischen Pastors Elias Breithorn. Die Gottesdienste mussten oft heimlich in Scheunen abgehalten werden. Frisch machte sich bei seinen Gemeinden mit der Zeit unbeliebt, da er sie mit einer moderneren Form des evangelischen Glaubens konfrontierte, so wie er es bei seinen Studien in Deutschland gelernt hatte. Das resultierte schließlich in offener Ablehnung Frischs als Prediger, indem man ihn als Pietisten und Apostel von Magister Francke verhöhnte. August Hermann Francke (1663 – 1727), der spätere Gründer des berühmten halleschen Waisenhauses, war zu dieser Zeit noch Prediger in einer Vorstadtkirche von Halle an der Saale. Er war neben Spener einer der prominentesten Pietisten des Zeitalters.

Frisch verließ jedenfalls Neusohl und wandte sich weiter nach Süden in Richtung des ungarischen Kernlandes. Das war damals noch ein intensiver Kampfplatz im lang andauernden Krieg zwischen dem Osmanischen Reich und dem von den Habsburgern geführten Heiligen Römischen Reich Deutscher Nation.

Der letzte Großangriff des Osmanischen Reiches auf Mitteleuropa war ja erst 1683 spektakulär gescheitert. Nach knapp zweimonatiger Belagerung von Wien war die Entscheidungsschlacht am Kahlenberg, heute Leopoldsberg, zwischen dem türkischen Belagerungsheer und einem vereinigten polnisch-deutschen Entsatzheer unter Führung des polnischen Königs Jan III. Sobieski für die Türken katastrophal verloren gegangen. Seitdem eroberten die Habsburger in einem zermürbenden bis 1699 andauernden Krieg Schritt für Schritt nahezu das gesamte seit 1529 osmanische Ungarn von den Türken zurück. Mitten in dieses Kriegsgebiet hinein wanderte unser junger Theologe. Dabei hielt er sich einige Zeit auch im osmanisch kontrollierten Gebiet auf. Zeitweise war der sprachbegabte Frisch Dolmetscher in einer gegen die Türken kämpfenden kaiserlichen Dragonertruppe. Über Italien kehrte Johann Leonhard

Frisch 1693 nach Deutschland in seine fränkische Heimat zurück. Hier machte er dann etwas ganz Unerwartetes. Er versuchte nun nicht etwa, eine Pastorenstelle zu bekommen, sondern er verdingte sich als Verwalter eines heruntergekommenen landwirtschaftlichen Gutes nach Oberdachsbach nordwestlich von Nürnberg. Er brachte dieses Gut sehr schnell wieder auf Vordermann, so dass es danach vom Besitzer gewinnbringend verpachtet werden konnte. Dieser Besitzer, ein Baron Wilke von Bodenhausen auf Arnstein, war mit Frischs Arbeit so zufrieden, dass er ihn 1695 zum Hofverwalter seiner in Hessen und Niedersachsen liegenden Güter machte. Ein Jahr später trat Frisch in die Dienste des von Hartefels in Blankenburg am Harz. Aber auch hier hielt es ihn nicht lange, denn schon 1697 finden wir Frisch als Erzieher eines jungen adligen Herren, des Grafen Georg Albrecht von Erbach, im hessischen Odenwald. Frisch war jetzt erstmals als Lehrer aktiv, wusste aber sicher noch nicht, dass das einmal seine Lebensaufgabe werden sollte. Wie dem auch sei, schon 1698 zwickte ihn wieder das Reisefieber und sein neu erwachtes theologisches Interesse führte ihn über Mainz und Köln in die Niederlande.

Frisch hatte viel von den in den liberalen Niederlanden sich recht frei entfalten könnenden christlichen Sekten gehört und wollte sich nun ein eigenes Bild von Ihnen machen. In Amsterdam lernte er in diesem Zusammenhang sowohl den Gründer der Engelbrüder Johann Georg Gichtel (1638 – 1710), als auch die Anhänger des 1689 in Moskau hingerichteten Quirinus Kuhlmann kennen. Auch Gottesdienste der Quäker wurden von Frisch besucht.

Gichtel und seine Gichtelianer vertraten eine radikale Form des Pietismus. Sie lehnten nicht nur das übliche öffentliche „Maulchristentum" ab, sondern predigten neben Ehelosigkeit und vollkommener sexueller Enthaltsamkeit, auch den Verzicht auf jede Erwerbsarbeit, weshalb sie nur von Spenden lebten.

Auch Quirinus Kuhlmann (1651 – 1689) war ein Gegner des Luthertums. Sein Ziel war eine Vereinigung aller Religionen unter seiner persönlichen Führung, wobei er sich zum Teil soweit verstieg, dass er sich selbst als Sohn Gottes sah. Auf einer Missionsreise nach Russland war er dort als Ketzer auf grausame Art hingerichtet worden. Man hatte ihm mit einem Brenneisen christliche Kreuze auf dem Rücken eingebrannt

Abb. 6: Porträt des Lehrers, Sprachwissenschaftlers und Naturforschers Johann Leonhard Frisch

und danach bei lebendigem Leib öffentlich verbrannt.

Frisch war jedenfalls von den Lehren der verschiedenen Sektierer, die er in Amsterdam kennengelernt hatte, sehr enttäuscht und wollte die Niederlande wieder verlassen. Allerdings war er plötzlich in finanziellen Schwierigkeiten und musste sich als Hilfsarbeiter zu schwerer körperlicher Tätigkeit verdingen. Nur mit Mühe gelang es ihm, seine Reisebörse wieder zu füllen. Sein Weg führte ihn schließlich 1698 von Amsterdam über Friesland und Hamburg nach Berlin. Er hatte eigentlich nicht vor, länger in dieser Stadt zu verweilen, sondern wollte sie nur etwas näher kennenlernen. Aber das Schicksal wollte es anders. In Berlin traf er nämlich mit Johann Paul Astmann (1660 – 1699), dem Prediger der Nikolaikirche, einen Landsmann aus Franken. Astmann hatte so seine Schwierigkeiten mit den Berlinern, die ihn als Ortsfremden, wo es ging, schnitten und ihm besonders übel nahmen, dass er 1695 auf kurfürstlichen Befehl am üblichen Prozedere vorbei, zum Pastor von Sankt Nikolai bestimmt worden war. Astmann teilte Frisch jedenfalls mit, dass am renommierten Berliner Gymnasium „Zum Grauen Kloster“[8] die Stelle des Subrektors freigeworden war, und er ihm helfen würde, diese Stelle zu bekommen. Frisch überlegte nicht lange, sondern griff zu.

Nach seinem bisherigen Lebenslauf war es eigentlich nicht zu erwarten, aber Frisch wurde in Berlin sesshaft und blieb von nun an, die Hierarchie langsam aufsteigend, Lehrer an dieser Schule. Er heiratete dann auch 1699 die Pfarrerstochter Sophie Elisabeth Darnmann aus Blankenburg am Harz und wohnte mit seiner Familie in einem an der Kloster-

8 Matthias 2002.

straße gelegenen Gebäudeteil des Gymnasiums. So viel vorerst zu Frisch, zu dem wir natürlich später zurückkommen werden.

1.5 Lieutenant von Diesbach

Um die Person Diesbachs lag lange ein dichter Schleier, der erst seit 2007 Schritt für Schritt gelüftet werden konnte. Schon seit 1731, wir kommen weiter hinten darauf zurück, war bekannt, dass ein „Künstler" (im lateinischen Original: „Artifex") namens Diesbach mit der Erfindung des Berliner Blaus zu tun hatte.[9] Aber das war eigentlich auch alles, was man bis vor wenigen Jahren über ihn wusste. Zum Teil waren auch falsche und ganz irrige Informationen über Diesbach im Umlauf. So wurde immer wieder kolportiert, er habe Heinrich Diesbach geheißen[10] und lange Zeit in Paris gelebt. Das ist falsch.

Es sind mittlerweile vier Quellen erschlossen worden, die nähere Auskunft über unseren Diesbach geben. Das sind eine handschriftliche Chronik der Berliner Friedrichstadt von ihrer Gründung 1688 bis etwa 1730,[11] der Briefwechsel von Johann Leonhard Frisch mit Gottfried Wilhelm Leibniz (1646 - 1716) in Hannover,[12] das Tagebuch des Frankfurter Arztes Johann Christian Senckenberg (1707 - 1772)[13] und nicht zuletzt verschiedene Berliner Kirchenbücher.[14]

Für die Zeit vor der Erfindung des Berliner Blaus ergibt sich aus diesen Quellen, dass Diesbach ein um 1670 geborener Schweizer mit dem Namen Johann Jacob von Diesbach war und dass er als Soldat in fremden Armeen gedient hatte. Zuletzt war er Lieutenant der englischen Armee gewesen. Um 1701 herum wird er nach einer Auskunft von Frisch an Leibniz in Berlin greifbar. Doch dazu später.

Die Schweizer Adelsfamilie von Diesbach gehört zu den großen Namen der Schweizer Geschichte. Bei ihnen handelt es sich um eine Patrizierfamilie aus Bern. Um 1430 erwarb diese Familie den Ort Diessbach

9 Stahl 1731, 281.
10 Eckstut 2013, 186f.
11 Berger 1730.
12 Fischer 1896.
13 Eulner 1972.
14 Kraft 2017.

Abb. 7: Wappen der Schweizer Adelsfamilie von Diesbach aus Bern

bei Thun, heute Oberdiessbach. Wenige Jahre später wurden sie unter dem Namen von Diesbach von Kaiser Sigismund (1368 – 1437) in den Adelsstand erhoben. Die von Diesbachs waren in der Folge eines der nur sieben sogenannten wohledelfesten Geschlechter, der höchsten Statusgruppe innerhalb des Berner Patriziats. Die bedeutendsten Vertreter der Familie von Diesbach waren Niklaus von Diesbach (1430 – 1475) und Wilhelm von Diesbach (1442 – 1517). Der ehrgeizige Niklaus war die entscheidende Persönlichkeit, die die Schweizer Eidgenossen nach 1460 in ein enges Bündnis mit Frankreich und in eine Konfrontation zu Karl dem Kühnen (1433 – 1477) von Burgund führte. Zu dieser Politik gehörte auch ein Bündnis mit den Habsburgern, die ja eigentlich der Erbfeind der Schweizer waren. Dabei standen sowohl Niklaus als auch sein Cousin Wilhelm von Diesbach auf der Payroll des französischen Königs Louis XI. (1423 – 1483). In den aus dieser Politik resultierenden Burgunderkriegen (1474 – 1477) konnten die Armeen Karls des Kühnen mehrmals besiegt werden. In der letzten Schlacht bei Nancy fiel schließlich auch der Herzog. Ein altes volkstümliches Spottgedicht drückte das Ergebnis der drei großen Schlachten des Krieges so aus:

„Herzog Karl von Burgund
verlor bei Grandson das Gut,
bei Murten den Mut
und bei Nancy das Blut“

Die Eidgenossen und dabei insbesondere die Stadt Bern konnten als Resultat dieser Auseinandersetzungen ihr Staatsgebiet wesentlich vergrößern. Der größte Teil der heutigen französisch- und italienischsprachigen Teile der Schweiz wurden während der Burgunderkriege und in den darauffolgenden Jahrzehnten von den Eidgenossen erobert.

Die eindrucksvollen militärischen Siege in den Burgunderkriegen verschafften den Schweizern endgültig den Ruf, die besten Soldaten der Welt zu sein. In der Folge warben viele europäische Herrscher Schweizer als Soldaten an. Eine Schweizergarde zu haben, wurde zu einem wichtigen Statussymbol, denn die Schweizer Soldaten waren nicht nur tüchtig, sondern auch teuer. Man musste sich so eine Garde auch leisten können.

Auch Kurfürst Friedrich III. von Brandenburg baute sich ab 1696 eine Garde der sogenannten Hundert Schweizer auf.[15] Erster Befehlshaber war Imbert Rolas du Rosey (1640 – 1704). Er war nicht nur Capitain der Hundert Schweizer, sondern auch Generalmajor und Obrist über ein Regiment zu Pferde. Die Angehörigen der Berliner Schweizergarde waren Schweizer Bürger reformierten Glaubens, die in den Kantonen Bern, Uri, Basel und Schaffhausen angeworben worden waren. Man achtete dabei auf stattliche Größe, „gute Postur, breites Gesicht und große Bärte" sowie auf ein Alter zwischen 28 und 40.[16] In den 16 Jahren des Bestehens der Garde der Hundert Schweizer wurden diese aber nicht bei kriegerischen Handlungen eingesetzt, sondern nur im Hofdienst, wobei sie einerseits zum Wachdienst beim Kurfürsten beziehungsweise später beim König und andererseits zur Repräsentation bei Hoffestlichkeiten eingeteilt wurden. Zu den Offizieren der Hundert Schweizer in Berlin gehörte übrigens zeitweise auch ein ein gewisser Herr de Diesbach.

Zurück zu den von Diesbachs aus Bern. Während der Reformation teilte sich die Schweizer Eidgenossenschaft in reformierte und katholische Regionen auf. In der Stadt Bern setzte sich die reformierte Kirche durch. Teile der Familie von Diesbach um Sebastian und Johann Rochus von Diesbach wollten aber beim alten katholischen Glauben bleiben. Sie verließen Bern und ließen sich im französischsprachigen, katholisch gebliebenen Freiburg im Üechtland, französisch Fribourg, nieder und nannten sich fortan de Diesbach.

Auf jeden Fall gehörten Angehörige des Adelsgeschlechts der von Diesbach/de Diesbach über Jahrhunderte zu den Schweizer Gardisten, die in anderen europäischen Ländern im Kriegsdienst standen. Am bekanntesten war das 1690 gebildete Infanterieregiment de Diesbach der französischen

15 Redlin 1969.

16 Eckert 1976.

Armee. Inhaber des Regiments waren unter anderem François Philippe de Diesbach und nach ihm François Romain de Diesbach de Belle-Roche.

Letzter Oberst und Inhaber des Regiments de Diesbach war der aus Bern stammende Rudolf von Diesbach (1734 – 1797). Er kümmerte sich um die Heimführung der Schweizer Soldaten während der Französischen Revolution. Während die Schweizer Linienregimenter der französischen Armee während der Französischen Revolution aufgelöst und in die Heimat entlassen wurden, kämpfte die Schweizer Königsgarde in Paris während des Tuileriensturms am 10. August 1792 einen ungleichen Kampf gegen die extremste Fraktion der Jakobiner. Die meisten Schweizer wurden, nachdem sie auf Befehl des Königs die Waffen niedergelegt hatten, an diesem Tag von den Angreifern getötet, darunter auch fünf Offiziere aus dem Geschlecht von Diesbach/de Diesbach. An diese Pariser Ereignisse erinnert noch heute der Löwe von Luzern.

Wie dem auch sei, der uns interessierende Johann Jacob von Diesbach war jedenfalls, bevor er nach Berlin kam, Offizier in der englischen Armee gewesen und war damit den gleichen Weg wie viele seiner Landsleute gegangen.

1.6 Der Pietist und Alchemist Dippel

Als Johann Conrad Dippel[17] im Herbst 1704 nach Berlin kam, war er trotz seiner erst 32 Jahre schon ein sehr bekannter Mann. Er war im August 1673 auf der Burg Frankenstein[18] bei Darmstadt in Hessen geboren worden, als sich seine Eltern – sein Vater war evangelischer Pfarrer –, während der Franzosenkriege gegen Holland und das Deutsche Reich, wie andere Bewohner umliegender Dörfer auch, auf die alte Burg im Odenwald geflüchtet hatten. Seine Vorfahren waren sowohl von Vaters Seite als auch mütterlicherseits seit Generationen evangelisch-lutherische Geistliche gewesen. Eigentlich sollte auch Johann Conrad diesen Weg einschlagen. Aber das misslang gründlich!

Doch der Reihe nach. Johann Conrad, der elf Geschwister, vier Brüder und sieben Schwestern hatte, wurde wohl erst von seinem Vater unter-

17 Goldschmidt 2001. Die biografischen Angaben zu Dippel bis zum Jahr 1700 sind, wenn nicht anders angegeben, vor allem diesem Werk entnommen.

18 Scriba 1853.

Abb. 8: Die Burgruine Frankenstein im Odenwald im Sommer 2018

richtet, besuchte dann aber später die kleine Schule von Nieder-Ramstadt, um ca. 1686 als Stipendiat an das Darmstädter Pädagogium zu wechseln. Darmstadt war seinerzeit die Hauptstadt der Landgrafschaft Hessen-Darmstadt, zu der auch die Burg Frankenstein und die umliegenden Dörfer im Odenwald gehörten. Landgraf war Ernst Ludwig von Hessen-Darmstadt (1667–1739). Ernst Ludwig war 1678 nach dem Tod seines Vaters bereits als Elfjähriger Landgraf geworden. Die ersten zehn Jahre seiner Herrschaft führte daher erst einmal seine Mutter Elisabeth Dorothea die Zügel.

Dippel galt von Beginn seiner Schulzeit an als hochbegabt und schloss das Darmstädter Gymnasium 1691 im Alter von 17 Jahren und sieben Monaten mit Auszeichnung ab, um danach sofort mit einem Theologiestudium in Gießen zu beginnen. Im Register der Absolventen des Darmstädter Pädagogiums wird Dippel als „Johannes Conradus Dippelius Franckensteinensis" aufgeführt.[19] Dieser lateinische Eintrag ist einfach mit „Johann Conrad Dippel aus Frankenstein" zu übersetzen. Am neunten Mai desselben Jahres schrieb sich Dippel als „Joh. Conr. Dippelius, Strataemontano-Francostenensis" in die Matrikel der Universität Gießen ein.[20] In diesem Fall steht die Eintragung für „Johann Conrad Dippel aus Frankenstein an der Bergstraße". Die Bergstraße ist eine in etwa parallel

19 Abbildung aus den Matrikeln des Pädagogs zu Darmstadt vom 27.3.1691, in: <http://www.muehltal-odenwald.de/geschich/nr/persoenl/dippel.html> (letzter Zugriff am 7.12.2018).

20 Klewitz/Ebel 1898, 115.

zum Rhein oberhalb der Rheinebene am Odenwald verlaufende uralte Handelsstraße. Durch ihre Lage oberhalb der Rheinebene war sie sehr gut vor den häufigen Überschwemmungen geschützt. Die Burg Frankenstein liegt nur 1.500 m von der Bergstraße entfernt. Die beiden Namenszusätze „Franckensteinensis" beziehungsweise „Strataemontano-Francostenensis" in den Namensnennungen von Dippel, gaben in den letzten Jahren Anlass zu geradezu grotesken Spekulationen, wie wir später sehen werden.

Als Dippel sein Studium in Gießen begann, war diese Universität noch streng lutherisch-orthodox geprägt. Aber auch in der Landgrafschaft Hessen-Darmstadt begannen sich pietistische Tendenzen zu entwickeln. Das wurde enorm gefördert, als der pietistisch eingestellte Johann Christoph Bilefeld (1664 – 1727) 1692 zum Oberhofprediger nach Darmstadt berufen wurde. Zwar versuchten die alteingesessenen Gießener Theologieprofessoren, dem Pietismus an der Universität keinen Zutritt zu gewähren, aber Bilefeld setzte sich durch und die pietistische Lehre dominierte schon ab 1693 die Gießener Universität. Auch unser Johann Conrad Dippel wurde in den Strudel der damit verbundenen, zum Teil sehr leidenschaftlich geführten Auseinandersetzungen hineingerissen. Anfangs stellte sich Dippel klar auf die Seite des orthodoxen Luthertums, in dessen Sinne er ja auch erzogen worden war. Auch als die Pietisten in Gießen zunehmend die Oberhand gewannen, blieb Dippel vorerst bei dieser Einstellung, die er auch, wie es seine Art war, offensiv nach außen vertrat.

Es bildeten sich in dieser Zeit in Gießen zwei in ihrem Verhalten klar unterscheidbare Studentengruppen heraus. Während die pietistischen Studenten alkoholgeschwängerte Zusammenkünfte, das Tragen von Degen und das Austragen von Duellen vermieden, waren die orthodox-lutherischen Studenten gerade daran zu erkennen. Sie wiederum lehnten die pietistischen Erbauungsstunden der anderen Studentengruppe ab.

1693, der Streit zwischen den Pietisten und Lutheranern war in Gießen noch nicht endgültig entschieden, kam es zu einer denkwürdigen Magisterpromotion unseres Johann Conrad Dippel. Dippel verteidigte in der Promotionsveranstaltung die von ihm selbst verfassten zehn Thesen „De Nihilo", also auf gut Deutsch „Über das Nichts".

An dieser Stelle muss angemerkt werden, dass die eigenständige Abfassung von Thesen durch einen Studenten zur damaligen Zeit absolut nicht üblich war. In der Regel wurden die Thesen wie auch die meisten Promotionsschriften vom vorsitzenden Professor geschrieben. Der geprüfte Student musste bei der entsprechenden Promotionsveranstaltung diese Thesen dann als sogenannter Respondent „nur" verteidigen. Nur bei wenigen, in der Regel den besten und vielversprechendsten Studenten, wie eben auch bei Johann Conrad Dippel, war das anders.

Nach der erfolgreich absolvierten Promotionsveranstaltung, einer Rigorosum genannten Prüfung und einer öffentlichen Rede, wurde Dippel Ende 1693 endlich feierlich der Magistergrad verliehen. Dippel setzte dann seine Studien in Gießen fort, wobei er auf einen Doktortitel hinzielte. Allerdings geriet Dippel in dieser Zeit in finanzielle Schwierigkeiten, die er wohl durch eine Heirat mit einer Braut aus wohlhabender Familie überwinden wollte. Diese Pläne zerschlugen sich jedoch und Dippel blieb nichts anderes übrig, als sein Studium Mitte 1694 abzubrechen und als Hauslehrer für eine gutsituierte Familie auf einem Schloss im Odenwald zu arbeiten. Diese auch nicht sonderlich gut bezahlte Arbeit füllte Dippel keineswegs aus und er verfasste eine erste antipietistische Streitschrift, die jedoch verloren ging und niemals veröffentlicht wurde. Nachdem er etwas Geld gespart hatte, entschloss sich Dippel, die Hauslehrertätigkeit zu beenden und sein Studium im elsässischen Straßburg fortzusetzen. Dort schrieb sich Dippel 1695 als „M. Johannes Conradus Dippelius, Darmstadio-Hassus" in die Universitätsmatrikel ein.[21] Straßburg, eine alte Freie Reichsstadt, war 1681 vom französischen Sonnenkönig Louis XIV. okkupiert worden und gehörte seitdem zu Frankreich, war aber weiterhin weitgehend deutsch geprägt, wie auch die Straßburger Universität noch lutherisch ausgerichtet war. Der Studienort Straßburg war auch wegen seiner vielen Gelegenheiten für Geselligkeit und Zerstreuung gerade unter Adligen und wohlhabenden Bürgerssöhnen sehr beliebt. Obwohl Dippel gerade nicht in diese Kategorien einzuordnen ist, zog ihn dieser Ruf vielleicht trotzdem an. Seinen Lebensunterhalt verdiente sich Dippel in Straßburg, indem er wiederum Hauslehrer

21 Knod 1897, 657.

Abb. 9: Porträt des Theologen, Arztes und Alchemisten Johann Conrad Dippel

eines jungen Adligen war, bei dessen Familie er auch kostengünstig wohnen konnte.

Dippel beschränkte sein Studium in Straßburg weiterhin auf die Theologie und begann damit, erste eigene Predigten zu halten. Er beteiligte sich aber auch am ausschweifenden Studentenleben und an Streitigkeiten zwischen Studenten und Kaufmannsburschen. In diesem Zusammenhang wurde Dippel erstmals kurzzeitig verhaftet. In seiner Straßburger Studienzeit wandelte sich Dippel von einem Gegner des Pietismus zu einem entschiedenen Anhänger dieser Lehre. Das sollte er dann auch für den Rest seines Lebens bleiben.

Mittlerweile kam Dippel in Straßburg in Schwierigkeiten. Er hatte, um seinen doch recht aufwendigen Lebensstil finanzieren zu können, Schulden gemacht und verlor nun auch die Hauslehrerstelle, die ihn bisher über Wasser gehalten hatte. Was sollte er tun? Bevor er sich das genauer überlegen konnte, kam es zu einem Zwischenfall mit tödlichem Ausgang. Bei einem Streit war ein Mitglied von Dippels studentischer Landsmannschaft getötet worden. Auch Dippel, der ein ausgesprochen guter Fechter war, kam in Verdacht, in den Streit verwickelt gewesen zu sein. Seine Gläubiger, die sein Entweichen befürchteten, ließen ihn daraufhin festsetzen. Mit Hilfe einiger studentischer Freunde gelang Dippel im August 1696 die Flucht aus Straßburg, allerdings nur unter Zurücklassung eines Großteils seines Besitzes.

Aber bei seiner Flucht von Straßburg in Richtung seiner hessischen Heimat kam Dippel vom Regen in die Traufe. In dieser Gegend tobte nämlich damals der mit äußerster Erbitterung geführte Pfälzische Erbfolgekrieg zwischen dem Aggressor Frankreich und dem angegriffenen Deutschen Reich. Nur mit großer Mühe und einer großen Portion Glück kam Dippel ungeschoren durch das Kriegsgebiet. Unterwegs war er zum Beispiel von pfälzischen Soldaten als vermeintlicher französischer Spion verhaftet worden und kam nur mit knapper Mühe wieder frei. Dippel hatte nun eine ganze Menge von Schulden am Hals, zum Teil aus Straßburg, zum Teil auch aus Gasthäusern auf seiner Route von Straßburg zurück in die Heimat. Wieder in Hessen angekommen, bewarb sich Dippel um eine Predigerstelle beim Landgrafen von Hessen-Darmstadt. In einer Probepredigt vor dem herzoglichen Haus konnte er soweit überzeugen, dass er Hauslehrer des sechsjährigen Karl Wilhelm, eines Sohnes des Landgrafen von Hessen-Darmstadt, wurde. Der Hof residierte zu dieser Zeit in Gießen, weil Darmstadt gefährlich nahe an den französischen Operationsgebieten während des Pfälzer Erbfolgekrieges lag. Das gab Dippel die Möglichkeit, parallel zur Hauslehrertätigkeit, seine Studien an der Gießener Universität wieder aufzunehmen. Dippel war nun Prinzenerzieher und als solcher hatte er gut zu tun, wurde aber auch nicht schlecht bezahlt, denn er bekam neben freier Kost und Logis auch 100 Taler Jahresgehalt, was dem eines Universitätsprofessors in Gießen entsprach. Dippel machte nun auch einen neuen Versuch, sich mit einer jungen Frau zu verheiraten. Er hielt um die Hand einer Schwester des einflussreichen Hofpredigers Bilefeld an, der mittlerweile auch Professor für Theologie in Gießen geworden war. Doch Dippel bekam erneut einen Korb. Angeblich habe er sich daraufhin entschlossen, nie zu heiraten, berichtete Dippel viele Jahre später.

Aber Dippel traf noch ganz anderes Ungemach als nur ein abgelehntes Heiratsgesuch. Er strebte ja weiterhin eine Universitätslaufbahn als Professor der Theologie an und hatte dafür eine Habilitationsdisputation zu bestreiten. Er entwarf dafür einen Satz von zu verteidigenden Thesen und übergab sie im Mai 1697 einem ihm gut bekannten und auch wohlgesonnenen Professor namens Michael Bernhard Valentini (1657–1729). Nachdem die Thesen von Valentini und vier seiner Kollegen prinzipiell für die Disputation genehmigt worden waren, wurden sie zusammen mit ergänzenden Thesen der Professoren an Dippel zurückgegeben. Eigent-

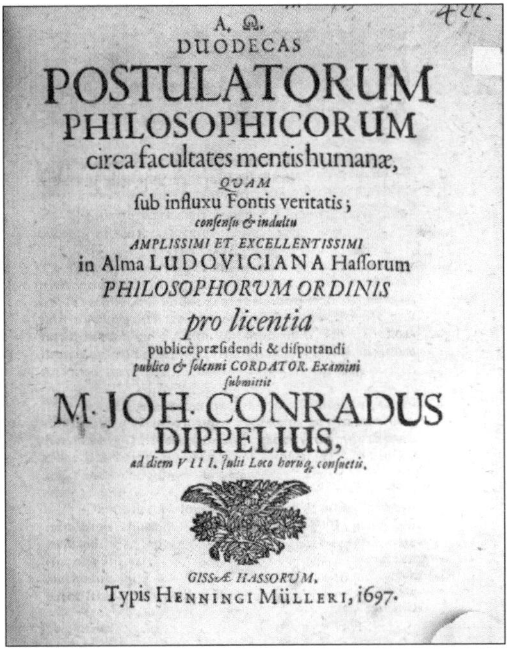
A. Ω.
DUODECAS
POSTULATORUM
PHILOSOPHICORUM
circa facultates mentis humanæ,
QUAM
ſub influxu Fontis veritatis;
conſenſu & indultu
AMPLISSIMI ET EXCELLENTISSIMI
in Alma LUDOVICIANA Haſſorum
PHILOSOPHORUM ORDINIS
pro licentia
publicè præſidendi & diſputandi
publico & ſolenni CORDATOR. Examini
ſubmittit
M. JOH. CONRADUS
DIPPELIUS,
ad diem VIII. Julii Loco horisq. conſuetis.
GISSÆ HASSORUM,
Typis HENNINGI MÜLLERI, 1697.

Abb. 10: Titelblatt von Johann Conrad Dippels Thesen seiner Habilitationsdisputation, Gießen 1697

lich hätte Dippel sie nun genauso drucken lassen müssen. Doch das tat er nicht und das sollte sich als sehr problematisch für ihn erweisen. Denn vor der Drucklegung änderte Dippel nicht nur seine eigenen Thesen ein wenig ab, sondern er veränderte und kommentierte auch die Thesen, die seine Professoren beigesteuert hatten. Das war im damaligen Universitätsbetrieb eigentlich undenkbar! Dippel war schon klar, dass er gegen die Regeln verstoßen hatte, aber er glaubte damit durchzukommen, indem er die geänderten Thesen erst einen Tag vor dem geplanten Disputationstermin aushängte. Er hoffte, dass sie von keinem der Professoren mehr gelesen werden würden und es während der Disputation, wenn es dann unvermeidlicherweise auffallen würde, schon zu spät für einen Abbruch wäre. Aber er sollte sich irren. Denn einer der fünf Professoren, Gregor Nitzsch (1660–1705), Professor für Ethik und Politik, hatte sich doch die Mühe gemacht, die Thesen noch einmal zu lesen. Innerhalb weniger Stunden einigten sich die empörten Gießener Professoren darauf, die für den nächsten Tag vorgesehene Disputation Dippels nicht stattfinden zu lassen. Einige verlangten zusätzlich einen Verweis für Dippel, die Vernichtung der gedruckten Thesen und das generelle Verbot für Dippel, in Gießen Vorlesungen halten zu dürfen.

Dippel, der zu dieser Zeit noch Prinzenerzieher war und damit über gute Verbindungen zum Hof des Landgrafen verfügte, gelang es mit einem Entschuldigungsbrief und einem Nachdruck der nun unveränderten und nicht kommentierten Thesen, einen Monat später, im Juli 1697, doch noch zu seiner Disputation zu kommen. Die entsprechende Veranstaltung war außerordentlich gut besucht, weil aufgrund der Begleitumstände nun ein sehr großes Interesse an diesem Spektakel bestand. Mit seinem umfangreichen Wissen aber nicht zuletzt auch aufgrund seiner Schlagfertigkeit bestand Dippel diese Prüfung unter dem Jubel der anwesenden Studenten. Er war noch einmal mit einem blauen Auge davon gekommen.

Etwa Mitte 1698 endete Dippels Tätigkeit als Prinzenerzieher. Zu dieser Zeit befand sich sein erstes brisantes schriftstellerisches Werk bereits im Druck, das sogenannte „Papismus Protestantium vapulans“, also auf Deutsch in etwa „Das geschlagene protestantische Papsttum“. Diese erste radikalpietistische, gegen das orthodoxe Luthertum gerichtete Schrift von Dippel erregte sowohl in Hessen als auch darüber hinaus einen Sturm der Entrüstung unter protestantischen Theologen. Trotzdem ging man noch recht nachsichtig mit Dippel um. Zwar wurde das Buch schnell verboten und, was man an Exemplaren erwischen konnte, vernichtet. Ansonsten wurde Dippel aus Gießen in seinen Heimatort Nieder-Ramstadt verwiesen. Mehr passierte ihm nicht. Man versuchte die Angelegenheit totzuschweigen und unterdrückte auch im Druck befindliche Gegenschriften. Der Drucker erhielt eine harte Geldstrafe. Dippel schreckte das Vorgehen wenig und er ließ dieser ersten radikalpietistischen Schrift noch zahlreiche weitere folgen.

In diesen Büchern und Pamphleten nannte er sich als Autor Christianus Democritus, der Christliche Demokrit. Dippel griff in seinen radikalpietistischen Schriften nicht nur die orthodoxe evangelisch-lutherische Kirche an, sondern er kritisierte auch die gemäßigten Pietisten sehr harsch. Mit seinen theologischen Streitschriften machte sich Dippel natürlich viele Feinde. Aber er schien nach dem Motto zu verfahren: Viel Feind’, viel Ehr’!

Dem zweiten solchen Werk folgte nochmals eine Untersuchung durch das landgräfliche Konsistorium. Auch jetzt wurden die Bücher, die man erwischen konnte, vernichtet und Dippel wiederum streng ermahnt. Im Mai 1699 sagte sich Dippels Vater Johann Philipp Dippel zumindest offiziell endgültig von seinem Sohn los, dem er unter anderem fehlenden „kindlichen Gehorsam" und „unzeitiges Ketzerbücherschreiben" vorwarf.[22]

Wie dem auch sei, nach ihrem recht milden Vorgehen gegen die ersten beiden höchst umstrittenen Bücher von Dippel nahm die Hessen-Darmstädtische Regierung von Dippels später erschienenen Schriften offiziell überhaupt keine Notiz mehr. Aber Dippel war nun sowohl eine Theologie-Professur wie auch eine mögliche Pfarrerstelle endgültig verbaut. Er lebte nun weiter bei seinem Vater in Nieder-Ramstadt, mit dem er aber im Streit lag.

Der arbeits- und perspektivlose Dippel war nun viel im hessischen Raum unterwegs und traf sich mit kirchlichen Abweichlern verschiedenster Couleur. Gemeinsam schmiedeten sie Pläne zur radikalen Umgestaltung der Kirche beziehungsweise der gesamten Gesellschaft.

In dieser Zeit, ab etwa Mitte 1698, hatte Johann Conrad Dippel auch begonnen, sich intensiv mit der Alchemie zu beschäftigen. Ausgangspunkt dafür war der Heuchelheimer Pfarrer Philipp Wilhelm Geilfus (1669–1737), der Dippel zwei alchemistische Traktate geradezu aufgedrängt hatte. Dabei handelte es sich um ganz übliche alchemistische Abhandlungen der damaligen Zeit. In dem zweiten der beiden Bücher,[23] welches Stücke verschiedener Autoren enthielt, interessierte Dippel wohl vor allem ein Text, der unter dem Autorennamen Raymundus Lullus abgedruckt war.

Wissenschaftshistoriker sind sich heute sicher, dass die etwa 50 alchemistischen Texte, welche dem spanischen Philosophen Raymundus Lullus (um 1232–1316) zugeschrieben werden, nicht von ihm stammen sondern wesentlich jünger sind. Man spricht von einem Pseudo-Lull als Autor, wobei es wahrscheinlich mehrere Autoren waren, die unter dem Deckmantel des Raymundus Lullus publizierten.

Der Dippel jedenfalls besonders interessierende Text „Experimenta" enthält nicht weniger als 34 verschiedene Experimente. Dippel berichtet später, dass ihm nach dem Durchlesen des Traktats die Herstellung des Steins der Weisen recht simpel erschien. An welches der vielen Experimente er dabei dachte, kann man heute nicht mehr wissen. Dippels Inter-

22 Diehl 1908.

23 Bei diesem Buch handelt es sich wahrscheinlich um Anon. 1610.

esse für die Alchemie war nun geweckt, auch weil er glaubte, damit eine Möglichkeit gefunden zu haben, sich seinen Lebensunterhalt zu verdienen – was ja als Theologe unmöglich geworden war, sehen wir einmal von seinen Einnahmen als Autor ab. Mit eigenen experimentellen Arbeiten begann Johann Conrad Dippel nach eigenen Aussagen, nachdem er ein Buch des französischen Alchemisten Pierre-Jean Fabre (1588–1658) in die Hände bekommen hatte. Dieser auch unter seinem lateinischen Autorennamen Petrus Johannes Faber bekannte Arzt und eben Alchemist hatte offenbar eine Rezeptur veröffentlicht, die Dippel ohne größere Mühe nachkochen zu können glaubte. In einer späteren Rechtfertigungsschrift[24] gab Dippel an, dieser Rezeptur folgend in achtmonatiger Experimentierarbeit eine Tinktur hergestellt zu haben. Erschwerend sei dabei gewesen, dass er seinen Aufenthaltsort während dieser acht Monate mehrmals wechseln musste. Mit einem Teil der fertigen Tinktur sei er in der Lage gewesen, 50 Teile Silber oder Quecksilber in Gold zu verwandeln. Nach diesem Erfolg, den wir ihm natürlich nicht glauben können, habe er ein Gut in der Nähe einer Glashütte gekauft, um einen Ort zu haben, an dem er ungestört experimentieren konnte.

Im Odenwald gab es damals nur eine, auch erst 1698 gegründete Glashütte. Sie befand sich in der Mordach nicht weit von Nieder-Ramstadt und der Burg Frankenstein entfernt. Möglicherweise hatte sich Dippel hier ganz in der Nähe seiner Heimat angesiedelt.

Nach Dippels eigenem Bericht hatte er das Gut bei einem „gewissen Baronen“ für 50.000 Gulden gekauft. Dort wollte er nun den Rest, der von seiner Tinktur übrig war, durch Multiplikation, eine übliche Technik in alchemistischen Manuskripten, vermehren. Dazu hatte er das Glasgefäß, in dem sich die Tinktur befand, in einem Aschebad platziert und darunter Feuer gegeben. Durch einen Unfall wäre das Gefäß gebrochen und die Tinktur in die Asche gelaufen und vollkommen verdorben worden. Die Arbeit von acht Monaten war verloren.

Um das Gut zumindest erst einmal anzahlen zu können, habe Dippel dann verschiedene chemische Prozesse für insgesamt viereinhalb tausend Gulden verkauft, wovon er dem Baron 1.400 Gulden als Anzahlung für das Gut übergab. Es waren also noch 48.600 Gulden offen.

24 Dippel 1705.

Wer dieser Baron ist, bleibt Dippels Geheimnis. Es gibt allerdings die Vermutung, dass es sich dabei um den Landgrafen von Hessen-Homburg handelte. Hessen-Homburg war eine kleine Herrschaft mit dem Hauptort Homburg vor der Höhe nördlich von Frankfurt am Main, die als Sekundogenitur zur Landgrafschaft Hessen-Darmstadt gehörte. Landgraf von Hessen-Homburg war damals Friedrich II., bekannt, wenn nicht berühmt, als Prinz von Homburg.

Der spätere Landgraf Friedrich II. von Hessen-Homburg (1633 – 1708) war der jüngste Sohn des Landgrafen Friedrich I. von Hessen-Homburg. Da er keine realistische Chance hatte, die kleine Landgrafschaft zu erben, entschloss er sich zu einer Karriere im Militärdienst. Nach einigen Jahren in der schwedischen Armee wechselte er in die Dienste des Kurfürstentums Brandenburg. Er wurde ein Freund des Großen Kurfürsten. Als General der Kavallerie unterstand ihm zeitweise die gesamte Brandenburgische Streitmacht. Berühmt wurde er, als er 1675 mit einem eigenmächtigen tollkühnen Kavallerieangriff die Schlacht von Fehrbellin für Brandenburg gegen die Schweden entschied. Heinrich von Kleist verewigte ihn in seinem Drama „Prinz Friedrich von Homburg oder die Schlacht bei Fehrbellin". Nach dem Ende seiner Militärkarriere lebte der Prinz von Homburg noch kurze Zeit als sogenannter Landjunker im Brandenburgischen, nach dem Tod seiner Brüder übernahm er jedoch 1681 als Friedrich II. die Regierung in Hessen-Homburg.

So viel zum Prinzen von Homburg, wobei nicht sicher ist, ob er wirklich der Geldgeber Dippels war. Der einzige Hinweis, der auf ihn hindeutet, ist eine aus dem Jahr 1707 stammende Ablehnung Dippels, bei dem Landgrafen von Hessen-Homburg bestehende Schulden aus dem Jahr 1703 „wegen eines gewissen Laboris chymici" zu bezahlen.[25]

Dippel hat dann weiter berichtet, dass es ihm später nicht mehr gelang, die erfolgversprechende Tinktur noch einmal herzustellen, wobei ihn allerdings die acht Monate Laborzeit abgeschreckt hätten und er deshalb kürzere Wege zur Tinktur einzuschlagen versuchte, die aber alle misslangen. Auf diese Art und Weise habe er mehr als drei Jahre sinnlos und ohne jeden Erfolg verexperimentiert. Wir können aber sicherlich festhal-

25 Historisches Archiv des Germanischen Nationalmuseums Nürnberg, Signatur: DE-611-HS-171168.

ten, dass Dippel durch das viele Experimentieren zu einen erfahrenen Chemiker wurde. Dippel stand aber nun nicht nur wegen seiner hohen Schulden unter Druck. Zusätzlich wurde er als erfolgloser Alchemist, nicht nur von einigen Familienangehörigen und früheren Freunden, sondern auch von sonstigen Nachbarn verspottet. Er galt ihnen als großer Narr, Gern-Goldmacher und Erz-Betrüger.

Dippel war aber um 1700 herum nicht nur Alchemist, sondern weiterhin als radikaler oder Ultrapietist in Hessen aktiv. Er war auch an den erstaunlichen Ereignissen im kleinen mittelhessischen Städtchen Laubach wesentlich mit beteiligt. Diese Stadt war der Hauptort der kleinen Reichsgrafschaft Solms-Laubach, die seit 1696 von Friedrich Ernst von Solms-Laubach (1671 – 1723) regiert wurde. Friedrich Ernst war, wie zuvor schon sein Vater, ein Anhänger des Pietismus und von anderen nicht dem Mainstream folgenden Spielarten des im weitesten Sinne evangelischen Christentums. Viele in anderen Regionen des Deutschen Reiches verfolgte Anhänger dieser sogenannten separatistischen Pietisten wurden in der kleinen Grafschaft aufgenommen und bevorzugt behandelt. Die evangelischen Einwohner des Landes sahen das Auftreten der fremden „Schleicher“ mit Unwillen und großem Misstrauen. Im Jahr 1699 liefen die zahlreichen Separatisten in Laubach zur Höchstform auf, weil sie für das nächste Jahr 1700 den nahen Zusammenbruch von Staat und Kirche und das Anbrechen des Tausendjährigen Reiches erwarteten. Sie versuchten, in der kleinen Grafschaft durch eine Kirchenrevolution ihre religiösen Auffassungen durchzusetzen und für alle Bürger bindend zu machen. Das führte zu einem Aufruhr unter den alteingesessenen Bewohnern der Grafschaft, die von den Grafen von Solms-Rödelheim, Verwandten des Laubacher Herrscherhauses, unterstützt wurden. Man versuchte nun von Seiten der Bürgerschaft, die Ultrapietisten und Separatisten gewaltsam aus der Grafschaft zu vertreiben. Die Grafenmutter Benigna von Solms-Laubach erreichte es schließlich mit ihrer Autorität, die Gemüter zu beruhigen, so dass es nicht zum Äußersten kam. Den Grafen der angrenzenden Territorien gelang es nach einigen Monaten, Graf Friedrich Ernst von Solms-Laubach dazu zu bewegen, sich gegen die Ultrapietisten durchzusetzen und sie zum Einhalten der üblichen kirchlichen und bürgerlichen Regeln zu zwingen. Als dann auch das erwartete

Tausendjährige Reich ausblieb, verschwanden die meisten Fanatiker wieder aus Laubach. Dippel, der sich in der Zeit der Unruhen häufig in Laubach aufgehalten hatte, traf hier nun ein allgemeines Aufenthaltsverbot.

Der theologisch enttäuschte und von seinen Gläubigern bedrängte Dippel blieb noch bis einige Monate nach dem im April 1704 erfolgten Tod seines Vaters in Hessen, ging dann aber im Herbst dieses Jahres nach Berlin. Wahrscheinlich war er von Graf August David zu Sayn-Wittgenstein-Hohenstein (1663 – 1735), meist nur kurz Graf August von Wittgenstein genannt, nach Berlin geholt worden.

1.7 Der Apothekergeselle Caspar Neumann

Als letzter und jüngster von unseren vier jungen Männern kam der 1683 geborene Apothekergeselle Caspar Neumann[26] 1705 nach Berlin. Er stammte aus dem in Odernähe gelegenen Städtchen Züllichau in der Neumark, damals am südöstlichsten Zipfel der Mark Brandenburg befindlich. Heute ist Züllichau wie die gesamte Neumark polnisch und heißt Sulechów. Der Ort gehörte seit 1251 zum durch Erbteilung entstandenen schlesischen Herzogtum Glogau. 1482 wurde der nördliche Teil dieses Herzogtums mit den Städten Crossen an der Oder (Krosno Odrzańskie), Züllichau, Bobersberg (Bobrowice) und Sommerfeld (Lubsko) nach Erbstreitigkeiten als Herzogtum Crossen an Brandenburg verkauft und 1537 in die Neumark eingegliedert.

Caspar Neumanns Vater George Neumann wurde 1647 in Lissa in Großpolen geboren und kam 1671 nach Züllichau. Lissa oder auch Polnisch-Lissa ist die deutsche Bezeichnung der polnischen Stadt Leszno, die auch im fraglichen Zeitraum zu Polen gehörte, aber zum Teil auch von deutschen Einwohnern bewohnt war.

Die westlichen grenznahen polnischen Gebiete hatten in dieser Zeit einen großen deutschsprachigen Bevölkerungsanteil, der durch die schon über Jahrhunderte dauernde Einwanderung von deutschen Siedlern in diesen Raum zustande kam. Beschleunigt hatte sich die deutsche Einwanderung durch den Dreißigjährigen Krieg und die damit verbundene Verfolgung evangelischer Einwohner in verschiedenen katholisch

26 Kraft 2015. Die biografischen Angaben zu Neumann sind, wenn nicht anders angegeben, vor allem dieser Studie entnommen.

beherrschten deutschen Gebieten, vor allem dem habsburgischen Schlesien. Obwohl Polen auch katholisch geprägt war, herrschte in dieser Zeit hier eine größere Toleranz gegenüber den evangelischen Einwohnern, was sich aber später ändern sollte. Außerdem hatten die lokalen Herrscher oft ein großes Interesse an der Gewinnung zusätzlicher Einwohner, insbesondere wenn diese aus ökonomisch weiter entwickelten Ländern wie Deutschland stammten.

Auch Caspar Neumanns Vorfahren väterlicherseits, unter denen über mindestens vier Generationen Kunstpfeifer, also Musiker, waren, kamen aus Schlesien, konkret aus Quaritz bei Glogau über das polnische Lissa in das brandenburgische Züllichau.

Das Dorf Quaritz (heute das polnische Gaworzyce) bei Glogau (polnisch Głogów) in Schlesien war um 1600 weithin bekannt geworden. Im Jahr 1600 wurde es nämlich von Kaiser Rudolf II. (1552–1612) an Wenzel von Zedlitz auf Schönau (1577–1620) verkauft. Eigentlich wollten die wohlhabenden Bauern das Dorf selbst kaufen. Sie boten dem Kaiser auch einen höheren Kaufpreis als ihn von Zedlitz aufbringen konnte. Um ein Exempel zu vermeiden, wurde das Dorf trotzdem an den Adligen verkauft. Deshalb und weil er sich nicht an die althergebrachten Regeln hielt, kam es 1604 zu einem Aufruhr gegen von Zedlitz, der aus dem Ort vertrieben wurde. Erst 1607 gelang ihm die blutige Niederschlagung des Aufstandes durch den Einsatz von in Ungarn angeworbenen Söldnern. Der schlesische Adel und die dortigen Städte hatten von Zedlitz ihre Hilfe verweigert. Aus diesem tapferen Dorf stammte jedenfalls ein Teil der Vorfahren unseres Caspar Neumann.

Caspar Neumanns Vater George Neumann war in Polnisch Lissa geboren und kam nach fünf Lehrjahren beim Kunstpfeifer Christoph Naucke in Beuthen an der Oder (heute das polnische Bytom Odrzański) und sieben Wanderjahren 1671 als Geselle zum Stadtmusikus von Züllichau, David Palme. Er wurde wenige Tage vor seiner Hochzeit Bürger der Stadt und starb schon 1695 am Wechselfieber, also Malaria.

Caspar Neumanns Mutter Rosina Weichert (geboren 1651) war die Tochter des aus Schwiebus nördlich von Züllichau stammenden Brauherren und Weinschenken sowie späteren Ratsverwandten und Gerichtsschöffen Caspar Weichert, der bereits 1665 verstorben war. Über ihn wurde

Abb. 11: Porträt des Apothekers Caspar Neumann (1683 – 1737)

berichtet, dass er „sein Glück im Kriege versucht" habe, also offenbar im Dreißigjährigen Krieg Soldat war. Ihre Mutter Anna Opitz stammte aus einer alteingesessenen Züllichauer Familie. Schwiebus, heute das polnische Świebodzin, ist für die in der Nähe errichtete 36 m hohe Christus-König-Statue bekannt. Sie gilt als die weltgrößte Christus-Statue, größer als die viel berühmtere und ältere von Rio de Janeiro.

Caspar Neumanns Eltern hatten wohl den Wunsch, dass ihr Sohn später Theologie studieren sollte und versuchten, ihm eine gute, darauf hinzielende Ausbildung zukommen zu lassen. Daher besuchte er die Stadtschule von Züllichau. Außerdem wurde er von seinem Vater schon früh musikalisch unterrichtet. Durch den sehr frühen Tod seiner Eltern wurde Caspar Neumann bereits im Alter von zwölf Jahren Waise.

Einer seiner Taufzeugen, Johann Romcke (1647 – 1723), Apotheker und „Rathmann" in Züllichau, wurde zum Pflegevater. Romcke nahm Caspar in seinen Haushalt auf, sorgte für die Fortsetzung seiner Ausbildung und ließ den Jungen schon früh bei seinen Arbeiten im Laboratorio und in der Apotheke zusehen. Ein späteres Studium war aber nun aus finanziellen Gründen nicht mehr möglich und Caspar Neumann trat nach dem Ende seiner Schulzeit eine Apothekerlehre bei seinem Vormund in der seit 1582 bestehenden Züllichauer Löwenapotheke an. Schon während der Lehrzeit wurde er von seinem Lehrherrn in dessen zweite Apotheke im polnischen Städtchen Unruhstadt (polnisch Kargowa), 17 km östlich von Züllichau jenseits der damaligen Grenze zu Polen, geschickt. Romcke bemerkte wohl schnell das Organisationstalent von Neumann. Daher verwaltete dieser nach einiger Zeit bereits als Lehrling die Apotheke in Unruhstadt sowie die übrige dabei vorhandene Ökonomie, zu der Brauwesen, Branntweinbrennerei und Viehzucht gehörten. Am 17. Mai 1701 beendete Caspar Neumann seine Lehre. Er war nun Apothekergeselle und arbeitete weitere drei Jahre als Provisor und Oeconomus in der Unruhstädter Apotheke.

Die Zustände im polnischen Grenzgebiet wurden aber aufgrund des langen Großen Nordischen Krieges (1700 – 1721), der seit Januar 1702 auch in Polen ausgefochten wurde, zunehmend gefährlicher, insbesondere für evangelische Einwohner des mehrheitlich katholischen Landes. Sowohl die Schwedische als auch die Königlich-Polnische Armee sowie das Streifkorps des Starosten von Gniezno Adam Śmigielski (um 1650 – 1716) zogen durch die Gegend, raubten, plünderten oder forderten Kontributionen. Viele der deutschen Einwohner von Unruhstadt flohen in dieser Zeit. Schließlich verließ auch Caspar Neumann im Jahr 1704 die Stadt in Richtung Brandenburg, nachdem er vorher schrittweise alles bewegliche Inventar der Apotheke nach Züllichau gebracht hatte. Um 1705 kam Caspar Neumann nach Berlin. Wie es dort weiterging, werden wir später erfahren.

1.8 Die Gründung der Sozietät der Wissenschaften

Kurfürst Friedrich schwebte nicht nur das Projekt „König" vor, sondern er wollte seinen Glanz und die Bedeutung seines Staates auch durch die Gründung von Akademien und Sozietäten hervorheben. Schon seit 1696 gab es in Berlin eine Akademie der Künste. Als Direktor konnte, noch von Danckelman, der berühmte Schweizer Maler Joseph Werner (1637 – 1710) aus Bern gewonnen werde. Er kam mit einem großen Tross nach Berlin. In seiner Begleitung auch zwei seiner Söhne, die ebenfalls Maler waren. Joseph Werner gehörte später zu den ersten Malern, die Berliner Blau verwendeten.

Vier Jahre später kam es zur Gründung der Kurfürstlich Brandenburgischen Sozietät der Wissenschaften.[27] Die Idee dazu war von Gottfried Wilhelm Leibniz ausgegangen, der schon länger nach einer Möglichkeit zur Gründung einer Wissenschaftsakademie im Deutschen Reich suchte.

27 Harnack 1900.

Leibniz, ein Universalgelehrter vom Kaliber eines Galilei oder Newton, stammte aus der sächsischen Handels- und Universitätsstadt Leipzig und hatte auch in Leipzig studiert. Als er dort im Alter von 20 Jahren promovieren wollte, wurde er allerdings als zu jung abgelehnt. Er erwarb seinen Doktortitel daher in Altdorf bei Nürnberg, wo er danach ein halbes Jahr als Sekretär einer Alchemistischen Gesellschaft tätig war. Aber das war im Jahr 1666 gewesen, nun, mehr als 30 Jahre später, war Leibniz eine Persönlichkeit mit großem Einfluss. Er war, quasi im Hauptberuf, Hofrat und Bibliothekar des welfischen Fürstenhauses in Hannover und als solcher auch ein Vertrauter von Sophie Charlotte von Hannover (1668 – 1705), der zweiten Ehefrau des Brandenburgischen Kurfürsten. Sophie Charlotte war nämlich die Tochter des Hannoveraner Kurfürsten Ernst August (1629 – 1698) und dessen Ehefrau Sophie von der Pfalz (1630 – 1714). Ihr seit 1698 in Hannover regierender Bruder Georg Ludwig wurde 1714 als George I. zusätzlich König von Großbritannien und Irland.

In enger Abstimmung mit Sophie Charlotte und in Zusammenarbeit mit einigen Berliner Gelehrten gelang es Leibniz, den Brandenburgischen Kurfürsten davon zu überzeugen, eine wissenschaftliche Sozietät in Berlin zu gründen. Leibniz wurde ihr erster Präses. Die beteiligten Berliner Gelehrten waren der Hof- und Justizrat Johann Gebhard Rabener (1632 – 1701), der Hofprediger Daniel Ernst Jablonski (1660 – 1741) und der Archivarius Johann Jacob Chuno (1661 – 1715). Neben ihrer Haupttätigkeit waren sie auch wissenschaftlich tätig, Rabener als Rechtswissenschaftler, Jablonski als Theologe und Chuno als Mathematiker. Man begann dann auch in Berlin, aber nicht nur

Abb. 12: Bildnis des Universalgelehrten Gottfried Wilhelm Leibniz (1646 – 1716) von Christoph Bernhard Francke, um 1695

dort, geeignete Gelehrte zu suchen, um sie in die Sozietät der Wissenschaften aufnehmen zu können. Bei einem seiner Besuche in Berlin hatte Leibniz auch den Lehrer Johann Leonhard Frisch kennengelernt. Er hatte wohl etwas Russischunterricht von ihm erhalten. Leibniz war jedenfalls so von Frisch beeindruckt, dass er ihn als Mitglied der Sozietät vorschlug, was Frisch dann im Dezember des Jahres 1706 auch wurde.

Kern der Sozietät wurde das 1700 noch in Planung befindliche Observatorium auf dem Marstall in der Dorotheenstadt mit einem angestellten Astronomen. Die Finanzierung erfolgte im Wesentlichen durch die Ausnutzung eines Kalenderprivilegs für die brandenburgisch-preußischen Lande. Die jährliche Veröffentlichung von einigen „Miscellanea" oder „Collectanea", wie es verschiedentlich bezeichnet wurde, war ein frühes Ziel der Sozietät. Es sollte jedoch zehn Jahre dauern, bis der erste Band der „Miscellanea Berolinensia", der wissenschaftlichen Zeitschrift der Gelehrtengesellschaft, veröffentlicht werden konnte.[28] Wir werden noch darauf zurückkommen.

Für die vielen Projekte, die Leibniz vorschwebten, zum Beispiel auch der Bau eines chymischen Laboratoriums für die Sozietät, reichten die Einnahmen aus dem Kalenderprivileg nicht aus. Deshalb war man auf der Suche nach anderen Einnahmequellen. Eine Idee war die Seidenherstellung. Dazu sollten Maulbeerbäume in ausreichender Zahl gepflanzt und auf ihnen die Seidenraupen gezüchtet werden. Der vielseitige Johann Leonhard Frisch war dann in den folgenden Jahren der in der Sozietät dafür Verantwortliche. Er arbeitete auch in gleich zwei Klassen der Sozietät mit, in der mathematischen und in der physikalisch-medizinischen.

1.9 Kurfürst Friedrich wird zum ersten König in Preußen

Wir hatten ja schon gehört, dass Friedrichs Bestreben dahin ging, einen Königstitel tragen zu können. Nach dem Sturz Danckelmans nahm das Projekt unter der Leitung von Kolbe Fahrt auf. Wichtigste Zwischenetappe zur Königskrone war die Anerkennung durch den Deutschen Kaiser in Wien, zu dieser Zeit Leopold I. (1640–1705). Nachdem das Projekt vom kaiserlichen Hof längere Zeit abgelehnt wurde, wendete sich das Blatt, als der letzte spanische König aus dem Hause Habsburg, Carlos II.,

28 Kraft 2011 a.

im November 1700 starb. Bei den zu erwartenden Auseinandersetzungen um die Thronfolge wollte der habsburgische Deutsche Kaiser die Hohenzollern, also Brandenburg-Preußen, auf seiner Seite wissen. Schon Mitte November 1700 wurde daher der entsprechende Vertrag unterzeichnet. Für die Anerkennung seiner, auf das sogenannte herzogliche Preußen begrenzten Königswürde, zahlte Kurfürst Friedrich dem Kaiser 2 Millionen Dukaten, sicherte ihm ein militärisches Kontingent von 8.000 Mann und für alle Zeiten den Habsburgern die Brandenburger Kurstimme bei der Kaiserwahl zu. Weitere Summen waren als Bestechungsgelder für einflussreiche Hofbeamte und auch für die Jesuiten in Wien aufzubringen.

Alles war so gut organisiert, dass schon Mitte Januar die Königskrönung von Friedrich zum ersten König in Preußen erfolgen konnte. Dabei setze er sich selbst Königskrone auf, ein damals ganz unerhörter Vorgang. Als kurpfälzischer Geheimer Rath und Envoyé Extraordinaire wohnte auch ein gewisser, schon kurz erwähnter Augustus Reichsgraf zu Sayn-Wittgenstein-Hohenstein, Herr zu Homburg, Valendar, Neumagen, Lohr und Clettenberg, so sein langer Titelschwanz, der preußischen Königskrönung bei. Wir werden in Kürze wieder von ihm hören.

Was hatte es eigentlich mit der Bezeichnung herzogliches Preußen auf sich? Dazu muss man wissen, dass Preußen aus dem alten Staat des Deutschen Ordens hervorgegangen war. Dieser war nach seinen militärischen Niederlagen gegen Polen und Litauen und nach Bürgerkriegen in zwei Teile aufgeteilt worden war. Der eine, der westliche Teil mit der Stadt Danzig, war der königliche Anteil Preußens und unterstand direkt dem polnischen König. Der andere, der östliche Teil

Abb. 13: „König Friedrich I. auf dem Thron", Gemälde von Antoine Pesne, um 1712 unter Verwendung von Berliner Blau gemalt

mit der Hauptstadt Königsberg, unterstand nach der Reformation einem eigenen Herzog und hieß daher herzoglicher Anteil, allerdings unter der Oberhoheit Polens, dem der Herzog in Preußen bis 1657 lehenspflichtig war. Nur aus diesem herzoglichen Teil entstand das eigentliche Königreich Preußen, der andere Teil blieb bis zu den polnischen Teilungen bei Polen.

Kurfürst Friedrich III. von Brandenburg war im Winter mit einem großen Gefolge von Berlin nach Königsberg gereist, um Anfang Mai 1701 als König Friedrich I. in Preußen nach Berlin zurückzukehren. So wie die Krönung in Königsberg mit dem größtmöglichen Pomp zelebriert wurde, erfolgte auch der Einzug des frischgebackenen Königs in Berlin unter großem Aufwand. Die Feierlichkeiten zogen sich noch bis Ende Juni hin. Auch die Schweizergarde war in die Krönungsfeierlichkeiten in Königsberg und später in Berlin eingebunden und wurde dafür in eine prunkvolle Zeremonialtracht neu eingekleidet.

Das neue Königtum wurde konsequent in das alltägliche Leben umgesetzt. So wurde das Oderberger Tor von Berlin zum Königstor und die Oderberger Straße wurde zur Königsstraße (heute Rathausstraße), aus der Kurfürstlich Brandenburgischen Sozietät der Wissenschaften wurde die Königlich Preußische Sozietät der Wissenschaften und so könnte man weiter aufzählen. Aber wer regierte eigentlich dieses Königreich?

1.10 Das Drei-Grafen-Kabinett oder die Drei großen Weh des Landes Brandenburg

Nach dem 1697 erfolgten Sturz von Danckelman wurde Johann Kasimir Kolbe von Wartenberg Schritt für Schritt sein Nachfolger, indem er ein Amt nach dem anderen bekleidete. Nach der Königskrönung von Friedrich hatte Kolbe von Wartenberg auch sein Ziel erreicht. Er war Premierminister. Um die Regierung und den Hof fest beherrschen zu können und selbst vor Intrigen sicher zu sein, setzte Wartenberg nun auf vielen Positionen ihm ergebene Leute ein. Dabei achtete er wenig auf ihre fachliche und charakterliche Eignung. So kam es, dass der als skrupellos bekannte, schwer verschuldete Graf August von Wittgenstein im Dezember 1701 zum Oberhofmarschall ernannt wurde. Neben anderen Neubesetzungen wurde im Jahr 1702 der renommierte Oberbefehlshaber der Truppen der ernestinischen Herzöge von Sachsen-Gotha-Altenburg, Sachsen-Weimar und Sachsen-Eisenach in der Reichsarmee und kaiserliche Generalfeldzeugmeister Alexander Hermann von Wartensleben (1650–1734) abgeworben und zum preußischen Generalfeldmarschall und Geheimen Kriegsrat sowie zum Gouverneur von Berlin ernannt. Diese drei Grafen Wartenberg, Wittgenstein und Wartensleben waren es, die im ersten Jahrzehnt des 18. Jahrhunderts die preußische Politik bestimmten. Man nannte sie spöttisch das Drei-Grafen-Kabinett oder auch die drei großen W. (Weh) des Landes Brandenburg.

Alle drei Grafen W. waren auch sehr an Alchemie interessiert, wenn nicht gar alchemiebesessen. So betrieben sie jeweils eigene Alchemielaboratorien, Graf Wartensleben zum Beispiel auf seinem Gut im thüringischen Wallendorf, heute ein Ortsteil von Lichte bei Saalfeld. Sie heuerten auch den einen oder anderen erfolgversprechenden Alchemisten an, Wartensleben den Baron Johann Friedrich von Meder aus Coswig und Wittgenstein, wie wir schon gesehen haben, unseren Johann Conrad Dippel.

Abb. 14: Johann Kasimir Kolbe von Wartenberg, Premierminister des Preußischen Königs, Gemälde von Johann Christof Merck 1702

Abb. 15: August Graf Wittgenstein, Obersthofmarschall des Königs in Preußen

Im März 1708 wurde „Seine hochgräfliche Gnaden Herr Augusti Grafen zu Sayn und Wittgenstein etc.“ auf Vorschlag von Rittmeister Christoph Heinrich Oelven (1657 – 1720) sogar in die Sozietät der Wissenschaften aufgenommen.[29] Das war schon erstaunlich, denn man nahm eigentlich nur interessierte und mehr oder weniger anerkannte Wissenschaftler in die Sozietät auf. Ob sich Graf Wittgenstein diese Anerkennung als Wissenschaftler mit seinen alchemistischen Versuchen erarbeitet hat? Oder hatte er einfach Interesse daran Mitglied zu werden, und man konnte es ihm, der ja sehr hohe Staatsämter bekleidete, schlechterdings nicht abschlagen?

1.11 Alchemisten in Berlin

Überhaupt war das erste Jahrzehnt des 18. Jahrhunderts noch einmal außerordentlich stark von der Alchemie geprägt, gerade in Berlin. Es war das letzte große Aufbäumen der goldmachenden und ein ewiges Leben versprechenden alchemistischen Betrüger und Selbstbetrüger. Danach setzte sich die wissenschaftliche Chemie, geprägt durch die revolutionäre Phlogiston-Theorie des Georg Ernst Stahl, immer mehr durch und verbannte die alte Alchemie in eine Seitennische der obskuren antiaufklärerischen Dunkelzone.

Wir wollen uns kurz mit einigen dieser Alchemisten, die wir zwischen 1700 und 1710 in Berlin finden, etwas näher beschäftigen, denn in genau diesem Milieu kam es 1706 zur Erfindung des Berliner Blaus.

1.11.1 Johann Friedrich Böttger

Der heute noch bekannteste dieser Alchemisten war Johann Friedrich Böttger (1682 – 1719), ein Apothekerlehrling in der Zornschen Apotheke am Molkenmarkt.[30] Das Apothekengebäude befand sich am Molkenmarkt 4 an der Ecke zur Stralauer Straße. Heute existiert der gesamte Häuserblock nicht mehr, sondern ist Straßenland beziehungsweise Parkplatz zwischen dem Roten Rathaus und dem Neuen Stadthaus.

---

29 Archiv der Berlin-Brandenburgischen Akademie der Wissenschaften Berlin, Signatur: I-IV-6, Sitzungsprotokolle des Konzils, Abschrift 1. Teil 1700 – 1715, S. 39.

30 Hoffmann 1985.

Böttger war 1682 im thüringischen Schleiz geboren worden, wo sein Vater für kurze Zeit als Münzmeister für den Grafen Heinrich I. von Reuß-Schleiz (1639–1692), einen der zahlreichen Minifürsten des zerstückelten Thüringer Landes, arbeitete. Die Familie kehrte aber bald in ihre Heimatstadt Magdeburg zurück. Der junge Böttger, sein Vater war schon 1682 gestorben, wurde von seiner Mutter und seinem Stiefvater Jost Friedrich Tiemann, einem Festungsbauingenieur, im Jahr 1696 für eine fünfjährige Apothekerlehre nach Berlin zum renommierten Apotheker Friedrich Zorn (1643–1716) geschickt. Das oben erwähnte Haus Molkenmarkt 4 war in eben jenem Jahr neu aus den Fundamenten errichtet worden. Böttger konnte bei dem erfahrenen Zorn, der die Familienapotheke in zweiter Generation führte, viel lernen. Es wird berichtet, dass er in den ersten Jahren als fleißig, wissbegierig und durch besondere Talente ausgezeichnet galt. Das sollte sich ändern, nachdem er durch einen Lehrling aus einer anderen Apotheke eine alchemistische Handschrift erhalten hatte. In seiner freien Zeit und zunehmend auch in der Dienstzeit beschäftigte sich der junge Böttger immer öfter mit alchemistischen Versuchen. Er las nach und nach immer mehr alchemistische Druckwerke und Handschriften und führte im Labor der Zornschen Apotheke mehr oder weniger heimlich zahlreiche alchemistische Versuche durch. Seine Lehre begann er dadurch natürlich zunehmend zu vernachlässigen, was ihm einige strenge Verweise seines Lehrherrn einbrachte, begleitet von einem Verbot, alchemistische Versuche durchzuführen. Aber die Alchemie hatte Böttger gefangen genommen und keine Ermahnungen, Verbote und Strafen konnten ihn davon abbringen. Als ihm die Strafen und der Spott seines Lehrherrn zu viel wurden, floh Johann Friedrich Böttger 1698 aus Berlin in Richtung Breslau, kehrte jedoch nach einiger Zeit reumütig zurück. Zorn nahm den talentierten Böttger wieder als Lehrling an, natürlich nicht ohne ihm vorher das Versprechen abzufordern, sich weiterer alchemistischer Träumereien und Experimente zu enthalten. Böttger konnte sein Versprechen nicht lange einhalten. Zu stark war sein Drang, endlich Gold machen zu können. Deshalb tat er sich mit einem in der Leipziger Straße in der Friedrichstadt ansässigen Laboranten namens Sieverts zusammen, mit dem er nun jede freie Stunde in dessen Labors eifrig experimentierend verbrachte. Nach einiger Zeit verlor Böttger die Geduld, denn er wollte nicht mehr den Großteil des Tages als Lehrling bei Zorn arbeiten, sondern seine ganze Schaffenskraft der Alchemie widmen. Daher entfloh er im Sommer 1700 zum zweiten Mal aus der Apotheke und lebte dann einige Zeit heimlich beim Laboranten Christian Sieverts. Ihre gemeinsamen Versuche wurden von dem Kaufmann Röber finanziert, der sich natürlich eine große Rendite von den Gerngoldmachern erhoffte. Wie lange Böttger bei Sieverts blieb, ist bis heute unbekannt. Aber klar ist, dass er wieder zu Friedrich Zorn zurückkehrte, ihm versprach sich des Sudelns und Laborierens zu enthalten und nunmehr nur die Apotheke zu versehen, wie man sich ausdrückte. Es war sicher nicht ganz selbstverständlich, dass Zorn den zweimal entwichenen Böttger erneut als Lehrling in seine Apotheke aufnahm, aber Böttger muss schon zu dieser Zeit in interessierten Kreisen den Ruf eines guten oder zumindest vielversprechenden Alchemisten gehabt haben. Selbst Johann Kunckel (um 1630 – 1703), der berühmte Glasmacher und ehemalige Hofalchemist des Großen Kurfürsten, suchte seine Bekanntschaft. Wahrscheinlich konnte sich auch der skeptische Zorn nicht völlig frei von alchemistischen Spekulationen halten, die damals einfach im Zeitgeist lagen. Jedenfalls konnte Böttger jetzt seine Lehre beenden, wobei er nun von Zorn wesentlich mehr Freiheiten zugestanden bekam als vorher und als es zu dieser Zeit für Lehrlinge üblich war. So konnte Böttger jetzt auch ohne Heimlichkeit seinen Freund Sieverts besuchen. Schon bevor er im September 1701 von Zorn als Lehrling freigesprochen wurde und somit fortan als Apothekergeselle geltend, soll er, so wird erzählt, am 9. und 12. Juni desselben Jahres in Sieverts Labor zwanzigmal ein ansehnliches Stück Blei in Gold, welches seine Probe hält, verwandelt haben. Die Nachricht erreichte nach einiger Zeit auch seinen Lehrherrn, der es nun genau wissen wollte. Am 1. Oktober 1701 fand die denkwürdige experimentelle Vorführung im Labor der Zornschen Apotheke statt. Der nunmehrige Apothekergeselle Böttger verwandelte nach einigem Hin und Her anstatt des eigentlich geplanten und schon vorbereiteten Bleis mehrere Silbermünzen in einem Schmelztiegel unter Zugabe eines rötlich funkelnden Kristallpulvers in Gold, welches von zwei Goldschmieden für leidlich gut befunden wurde. Diesmal waren respektable Zeugen anwesend: neben dem Apotheker Zorn waren das sein Schwiegersohn, der Prediger an der Friedrichswerderschen und der Dorotheenstädtischen Kirche in Berlin Johann Porst (1668 – 1728), und ein Prediger aus Magdeburg namens Winkler. Es schien keinen Zweifel mehr zu geben. Böttger konnte offenbar reproduzierbar aus unedlem Blei oder auch aus Silber das wertvolle Edelmetall Gold herstellen. Die Nachricht drang diesmal auf schnellstem Weg zum Preußischen König, der Zorn zur Audienz befahl und dem von ihm auch eine Böttgersche Goldprobe überreicht wurde. Doch König Friedrich überlegte zu lange. Als er nach einigen Tagen befahl, man sollte diesen Goldmacher Böttger festsetzen und aufs Berliner Schloss bringen, war es schon zu spät! Böttger, der so etwas geahnt hatte, war zum dritten und letzten Mal aus der Zornschen Apotheke entwichen und versteckte sich bei einem Freund in Berlin. Obwohl fieberhaft nach ihm gesucht wurde, gelang es nicht, Böttger zu finden.

Wie war Böttger die scheinbare Transmutation von Blei und Silber zu Gold gelungen, und das offenbar nicht nur einmal? Das weiß man bis heute nicht. Böttger selbst erzählte später folgende Geschichte: Er habe einen ehemaligen griechischen Mönch namens Laskaris kennengelernt. Der sei eines Tages, als Böttger im Offizin seinen Dienst versah, in der Zornschen Apotheke aufgetaucht, habe sich eine Salbe zubereiten lassen und mit ihm gezielt über alchemistische Fragen diskutiert. Sie hätten sich dann ab und an getroffen und weiter über das Mysterium der Alchemie diskutiert. Vor seiner Abreise aus Berlin habe Laskaris ihm eine kleine Probe eines roten kristallinen Pulvers, von dem er behauptete, das sei der berühmte Lapis Philosophorum, der Stein der Weisen, eine Wundertinktur, von der man mit nur einem Gran immerhin ganze 8 Lot Blei in feinstes Dukatengold verwandeln könne. In heutigen Einheiten ausgedrückt, könnte man also mit etwa 65 mg der Tinktur rund 120 g Blei oder auch andere unedlere Metalle in Gold umwandeln oder tingieren, wie es die Alchemisten auch nannten. Also in Gewichtseinheiten ausgedrückt, könnte man mit dieser Tinktur ein unedles Metall mit dem mehr als 1.800-fachen ihres eigenen Gewichts zu Gold transmutieren. Böttger habe das erst nicht glauben wollen, aber ein Test mit 2 Lot Quecksilber habe ihn überzeugt, jetzt im Besitz des Steins der Weisen zu sein.

Abb. 16: Porträt des Apothekers und Alchemisten Johann Friedrich Böttger

Das ist die Geschichte, die Böttger erzählt hat und die ganz ähnlich auch von Dippel und einem anderen Gesellen der Zornschen Apotheke erzählt wurde. Dieser Geselle, Johann Christoph Schrader (1683–1744), der später mit einer Enkelin des Apothekers Zorn verheiratet war und die Apotheke am Molkenmarkt nach Zorns Tod weiterführte, schrieb seinen Bericht allerdings erst nach Böttgers Tod. Aber er war auch an den beiden Versuchen im Hause des Laboranten Sieverts dabei. Trotzdem können wir mit unseren heutigen naturwissenschaftlichen Kenntnissen nicht glauben, dass es Böttger gelungen sein könnte mit wenigen Körnchen des rotkristallinen Pulvers das 1.800-fache eines unedleren Metalls komplett in Gold zu verwandeln. Wir müssen vielmehr davon ausgehen, dass Böttger einen Taschenspielertrick gefunden hatte, das Gold in den Tiegel zu bringen, ohne dass die Versuchsbeobachter das bemerkten. Das war sicher nicht so leicht, denn gerade das wurde ja auch damals in der Regel vermutet. Solche Versuche wurden daher auch streng überwacht und alle einzusetzenden Chemikalien und Geräte sorgfältig kontrolliert.

Wie dem auch sei, Böttger war jedenfalls beim Kaufmann Röber untergetaucht. Nach drei Tagen organisierte Röber dann die Flucht Böttgers aus dem Brandenburg-Preußischen Machtbereich nach Wittenberg im Kurfürstentum Sachsen. Böttger sollte trotz aller Bemühungen Preußens nie mehr nach Berlin zurückkehren.

Was ist eigentlich von Laskaris, der mysteriösen Figur zu halten, von der Böttger nach seiner eigenen Erzählung die Probe des Steins der Weisen erhalten hatte? Lange dachte man, diese Person wäre reine Fiktion, von Böttger einfach nur ausgedacht. Mittlerweile haben Forscher aber die Spuren eines Mannes mit diesem Namen entdeckt, der tatsächlich zur fraglichen Zeit im Deutschen Reich aber auch anderswo in Europa (Schottland, Skandinavien) aktiv beziehungsweise unterwegs war.[31] Demnach war Mercurius Laskaris ein griechischer Kaufmannssohn, der etwa 1650 auf der griechischen Insel Patmos im Ägäischen Meer, damals zum Osmanischen Reich gehörig, geboren worden war. Nach einiger Zeit in Istanbul kam er über verschiedene europäische Staaten 1689 nach Königsberg und 1690 erstmals nach Berlin. Weiter nach Wien gereist, wurde er dort aufgrund von verdächtigen Geldgeschäften eine Zeit lang inhaftiert. 1701 tauchte er dann erneut in Berlin auf. Nach Böttgers Verschwinden aus Berlin suchten die preußischen Behörden nicht nur den jungen Apothekergesellen sondern auch Laskaris, den sie dann in Stralsund tatsächlich fanden. Allerdings lag er da schon im Sterben und man konnte keine vernünftigen Informationen von ihm mehr bekommen.

Die weitere Geschichte von Johann Friedrich Böttger ist bekannt und schnell erzählt: Mit seiner Flucht aus Berlin nach Sachsen war er in die Fänge August des Starken geraten. Aus denen sollte er sich nie mehr befreien können. Natürlich wollte August Gold von Böttger, viel Gold. Aber der konnte nur wenige Male in kleinen Versuchen Goldproben herstellen. Noch heute kann man in der Porzellansammlung der Staatlichen Kunstsammlungen im Zwinger in Dresden zwei von Böttger hergestellte Gold- beziehungsweise Silberklümpchen, sogenannte Reguli, sehen. Böttger zog sich nun darauf zurück, dass er ja nur eine kleine Menge des Steins der Weisen von Laskaris bekommen habe und nicht wisse, wie man ihn herstellen könne. Seine Probe sei nun verbraucht, Gold könne er nicht mehr herstellen. Aber August der Starke gab ihn nicht frei. Böttger musste weiter auf Gold experimentieren, wurde aber auch, als erfahrener Experimentator, bei anderen, seriöseren Forschungsprojekten eingesetzt, so bei den Versuchen, das bisher aus China importierte Porzellan selbst herstellen zu können. Diese systematischen Versuche wurden von dem Leibniz-Freund Ehrenfried Walther von Tschirnhaus (1651 – 1708) geleitet und nutzten auch die Ressourcen der Bergbauverwaltung im Erzgebirge. Letztendlich gelangen Böttger die entscheidenden Versuche zur erstmaligen Herstellung des ersten Europäischen Porzellans. Kurz danach starb Tschirnhaus. Seitdem gilt Böttger als Erfinder des Europäischen

31 Teply 1974.

Porzellans. Er starb dann 1719 erst 37-jährig, nachdem er schon lange schwer krank gewesen war. Seine Gesundheit war aufgrund der langen Gefangenschaft, der jahrelangen Versuche mit hochgiftigen Chemikalien und nicht zuletzt wegen seines großen Alkoholkonsums völlig zerrüttet.

1.11.2 Domenico Manuel Caetano

Caetano[32] gehört wie Böttger zu den bekannteren Alchemisten, wobei es sich bei ihm im Gegensatz zu Böttger um einen reinen Betrugsalchemisten handelte. Dieser italienische Hochstapler stammte aus der Gegend von Neapel. Seine genaue Herkunft war bisher nicht zu klären, obwohl man sich bei seinen damaligen Strafprozessen in München und Berlin um zuverlässige Nachrichten aus seiner Heimat bemühte. Er selbst nannte sich Domenico Manuel Caetano, Graf von Ruggiero und behauptete aus der Adelsfamilie zu stammen, die vor etwa zwei Jahrhunderten den bekannten Kardinal Thomas Cajetan (1469 – 1534), einen Gegenspieler Luthers, gestellt hatte. So viel ist klar, Caetano stammte aus armen Verhältnissen und verdiente sich seinen Lebensunterhalt unter anderem mit alchemistischen Betrügereien. Im Jahr 1695 wurde ihm der Boden in Neapel zu heiß und er verließ seine Heimatstadt in Richtung Venedig. Zu dieser Zeit muss er etwa 25 Jahre alt gewesen sein. Er bewegte sich in der nächsten Zeit durch Norditalien von Stadt zu Stadt. Jedes Mal nachdem es ihm gelungen war, einen wohlhabenden alchemieinteressierten Bürger einer Stadt um eine erkleckliche Summe zu erleichtern, verließ er die Stadt, um das Spiel andernorts zu wiederholen. So kam er von Venedig über Verona und Mailand nach Genua. Hier wurde er erstmals erwischt und ins Gefängnis gesteckt. Als er seine Freiheit wiedergewonnen hatte, verließ er Italien, wo er nun schon zu bekannt war und versuchte nun in anderen europäischen Ländern sein Glück. Der Weg führte ihn zuerst über die Alpen nach Augsburg, dann weiter nach Madrid, wo er 12.000 Gulden erbeutet haben soll und von dort nach London, wo er sich mit dem bayrischen Gesandten anfreundete. Dieser überredete Caetano, seine Dienste dem bayrischen Kurfürsten Max Emmanuel (1662 – 1726), der zu dieser Zeit auch die spanischen Niederlande, das heutige Belgien, regierte, anzubieten. Daher finden wir Caetano im Jahr 1696 in Brüssel,

32 Krätz 1988.

wo er seinen Betrug nun im Großen wiederholte. Nachdem er im kleinen Maßstab Quecksilber scheinbar in Gold verwandelt hatte, sollten nun große Mengen Gold hergestellt werden. Caetano wurde von Max Emmanuel fürstlich bezahlt, so dass er sich eine große Dienerschaft, darunter waren mehrere Neapolitaner, und eine eigene Equipage leisten konnte. Das Labor richtete man im Haus der Mätresse des Bayrischen Kurfürsten ein, der Kammerdiener und Hofkammerrat Peter Dulac wurde mit der Aufsicht über Caetano betraut, der nun auf großem Fuß lebte. Als aber der Tag näher rückte, an dem Caetano sein alchemistisches Werk im Großen durchführen musste, begann er seine Flucht zu organisieren. Diese gelang auch scheinbar mühelos, als er sich eines Morgens mit seinem engsten Gefolge in einer Kutsche in Richtung Antwerpen auf den Weg machte. Aber Dulac hatte die Vorbereitungen mitbekommen und konnte Caetano in Antwerpen festsetzen und nach Brüssel zurückbringen. Dort musste er nun unter Bewachung im Labor arbeiten. Nach einem zweiten Fluchtversuch brachte man Caetano, dem der Kurfürst mittlerweile den Titel und das Gehalt eines Generalfeldzeugmeisters verliehen hatte, nach München. Dort sollte Caetano im Haus von Dulac innerhalb von sechs Wochen das versprochene Gold herstellen. Als er aber auch nach sechs Monaten noch nicht liefern konnte, wurde er zuerst in Burghausen, danach im Jagdschloss Grünwald eingesperrt. Nach einigem Hin und Her, Caetano war zwischenzeitlich zweimal die Flucht gelungen, aber immer wieder in Gefangenschaft gelandet, wurde er 1704 im Zuge des Spanischen Erbfolgekrieges befreit. Die Habsburger hatten nämlich das Kurfürstentum Bayern militärisch besetzt und den erfolgversprechenden Goldmacher mit nach Wien genommen. Diesmal gelang es ihm sogar, Kaiser Leopold zu übertölpeln. Der war von einem kleinen Experiment, bei dem Caetano die Umwandlung von Quecksilber in Gold vorführte, so beeindruckt, dass er für die Versuche im Großen viel Geld springen ließ. Parallel zu den nun beginnenden Versuchen schloss Caetano einen Vertrag mit Kurfürst Johann Wilhelm von der Pfalz ab. Aber die Versuche, deren Beginn Caetano immer wieder verzögerte, um in der Zwischenzeit einem luxuriösen Lebensstil zu frönen, misslangen natürlich letztendlich. Auch dafür hatte Caetano die eine oder andere Ausrede. Als man aber die

Zahlungen an ihn einstellte und mit Verhaftung drohte, entschloss sich Caetano zur Flucht, die diesmal problemlos gelang.

Einige Tage später, im März 1705, tauchte er in Berlin beim englischen Gesandten Lord Raby auf, den er noch von seinem kurzen Abstecher nach England her kannte. Raby stellte den Goldmacher den Grafen Wittgenstein und Wartensleben vor, die wir beide schon kennengelernt haben. Beide waren, wie wir wissen, alchemiebesessen und sehr an dem neuen vielversprechenden Alchemisten interessiert. Um alle Zweifel auszuräumen, beauftragte Graf August von Wittgenstein seinen Protegé Johann Conrad Dippel als Sachverständigen mit der Überprüfung des Italieners. Dippel berichtete später, dass Caetano „wenig Gräfliches in seiner Visage" zeigte und eher wie „ein Savoyard, der mit seinem Raritätenkasten und Murmeltier herumreist",[33] aussah. Nichtsdestotrotz konnte Caetano seinen Alchemistenkollegen von seinen Fähigkeiten überzeugen, indem er ihm die erfolgreiche Herstellung von Silber aus Quecksilber vorführte. Auch die beiden Tinkturen, das weiße Pulver zur Silberherstellung und das rote zur Herstellung von Gold wurde Dippel gezeigt. Nachdem Dippel grünes Licht gegeben hatte, wurde eine Vorführung vor dem Preußischen König angesetzt. Neben dem König waren die drei Grafen W. und der Kronprinz Friedrich Wilhelm anwesend. Besonders Letzterer, später berühmt-berüchtigt als knausriger und jähzorniger Soldatenkönig, war äußerst misstrauisch und versuchte Caetano genau zu überwachen. Friedrich Wilhelm schaute sich alle Chemikalien und Gerätschaften genau an und arbeitete dann auch persönlich beim den Experimenten mit. Aber Caetano konnte auch ihn täuschen. Er führte den wichtigsten Personen des preußischen Staates die Umwandlung von Quecksilber in Gold mit Hilfe der roten und von Quecksilber in Silber mit Hilfe der weißen Tinktur vor. Zum Abschluss tingierte er noch die Hälfte eines Kupferstabes zu Gold. Der König und seine Begleiter waren schwer beeindruckt und man beschloss, Caetano in Dienst zu nehmen. Dieser versprach, wie üblich, innerhalb 60 Tagen eine große Menge der Tinktur, des Steins der Weisen herzustellen. Damit sollte man Gold und Silber im Wert von 6 Millionen Talern herstellen können.

---

33 Dippel 1747 b, 424 – 428.

Doch diesmal lief es anders ab, als bei den vorherigen Stationen. Caetano, der sich wieder mit viel Dienerschaft versehen hatte und wie üblich sehr kostspielig lebte, bekam vom Preußischen König kein Geld ausgezahlt. Er musste seinen hohen Aufwand mit dem bei den vorherigen „Kunden" ergaunerten Geld bezahlen. Das gefiel ihm natürlich überhaupt nicht und nachdem er nach einigen Wochen nicht mehr als ein paar Flaschen Wein erhalten hatte, beschloss Caetano verständlicherweise, aus Berlin abzureisen. Er begab sich nach Hildesheim und nahm von dort wieder Kontakt mit dem Preußischen König auf. Jetzt war man bereit, Caetano entgegenzukommen. Er erhielt erste Geldsummen ausgezahlt und wurde zum Generalmajor ernannt. Aber Caetano wollte vorerst nicht wieder nach Berlin zurückkommen. Man einigte sich darauf, im anhaltinischen Coswig nochmals einen Versuch vor einem vom Preußischen König Beauftragten, dem Kammerherr und Oberheroldsmeister Johann August Marschall von Bieberstein (1672 – 1732), durchzuführen. In Coswig gab es ja ein hervorragend ausgestattetes Alchemielabor, von dem wir im nächsten Abschnitt noch hören werden. In Coswig führte Caetano erneut die Umwandlung von kleinen Mengen Quecksilber in Silber und Gold vor und verlangte nun, bevor er wieder nach Berlin käme, müssten ihm mindestens 1.000 Taler ausgezahlt werden. Marschall von Bieberstein war dazu weder bereit noch bevollmächtigt, das zu tun. Caetano ging daraufhin nach Stettin im schwedischen Teil Pommerns (heute Szczecin in Polen). Man bezahlte nun Schulden Caetanos in Höhe von 400 Talern und hoffte, dass er damit zufrieden wäre und wieder nach Berlin kommen würde. Aber Caetano war dazu nicht bereit, sondern begab sich nach Hamburg, eine Freie Reichsstadt. Er umkreiste nun quasi Berlin aus sicherer Entfernung.

In Hamburg ging ihm, bei seinem aufwendigen Lebensstil nicht sehr überraschend, das Geld aus. Er begann nun, den Schmuck seiner Frau, einer Wiener Fleischerstochter, zu verkaufen und wandte sich noch einmal an den preußischen Königshof. Dort war man aber inzwischen sowohl aus Wien als auch von Kurfürst Johann Wilhelm von der Pfalz über das Vorgefallene informiert worden. Man verlangte von den Hamburgern, den entlaufenen preußischen Generalmajor Caetano festzusetzen und auszuliefern. Genau das geschah, und nun war Caetano doch wieder in Berlin. Dort wurde er inhaftiert und musste in seinem Gefängnis weiter experimentieren. Aber noch einmal gelang es ihm, mit beeindruckenden Schauexperimenten und der erneuten vermeintlichen Goldherstellung aus der Haft entlassen zu werden. Man quartierte ihn nun im respektablen Fürstenhaus auf dem Friedrichswerder ein, welches der Unterbringung von Staatsgästen diente, er erhielt die gewünschten Zahlungen und wurde zusammen mit seinem Personal aus der Hofküche verköstigt. Caetano glaubte, seine Ziele erreicht zu haben und in Berlin nun für einige Zeit gut leben und einen Geldvorrat ansparen zu können. Die nächsten Monate kostete Caetano dem preußischen Staat die hohe Summe von 16.000 Talern. Aber der Tag, an dem er die Tinktur im Wert von 6 Millionen Talern abliefern musste, rückte näher. Doch, wir ahnen den weiteren Verlauf schon, wenige Tage vor dem Termin war Caetano auf einmal verschwunden und man hatte vorerst keine Spur von ihm. Erst in Frankfurt am Main wurde er unvorsichtig. Beim Verkauf seiner Kutsche wurde man auf ihn aufmerksam und nahm ihn fest. Der nichtsahnende preußische Resident wurde angefragt, ob man Interesse an diesem Subjekt habe und wenige Tage später befand sich unser Alchemist wieder in Preußischen Landen, allerdings nicht in Berlin sondern auf der Festung Küstrin, heute das polnische Kostrzyn nad Odrą. Hier wurde ihm letztmals Gelegenheit gegeben, die Tinktur, den Stein der Weisen, herzustellen. Als das nicht gelang wurde er zum Tode verurteilt und im August 1709 an einem mit Flittergold beklebten Galgen aufgehängt. Das war das traurige Ende eines Hochstaplers.

Aber wie konnte es Caetano eigentlich immer wieder gelingen, seine oft auch misstrauischen Auftraggeber und Zuschauer bei den Vorführexperimenten zu täuschen? Man nimmt an, dass er verschiedene Tricks auf Lager hatte. Dazu gehörte, dass das von ihm eingesetzte Quecksilber von vornherein schon etwas Gold oder Silber enthielt, aber in solchen Mengen, dass das Quecksilberamalgam noch ganz wie Quecksilber aussah. Außerdem wurde ihm nachgesagt, dass er zum Umrühren hohle, mit Wachs zugeschmolzene Löffel benutzte. Der Innenraum des Rührlöffels war dann je nach Bedarf mit Gold oder Silber gefüllt. Wenn beim Umrühren von heißen Gemischen oder Schmelzen das Wachs schmolz, konnten die Edelmetalle dann unbemerkt in die Versuchsanordnung gelangen. Caetano muss ein Meister in solchen und ähnlichen Kunststücken gewesen sein. Ob auch Dippel diese Kunst beherrschte?

1.11.3 Baron Meder

Eng mit dem bei Caetano schon kurz erwähnten Coswiger Labor verbunden, war ein weiterer, heute vollkommen vergessener, damals aber recht bekannter Berliner Alchemist, der Freiherr Johann Friedrich von Meder. Er war nicht nur Königlich Preußischer Geheimrat in Berlin sondern auch Fürstlicher Kammerrat im Fürstentum Anhalt-Zerbst und Statthalter für Fürst Carl Wilhelm von Anhalt-Zerbst (1652–1718) in Coswig. Hier, im heute sogenannten Simonettihaus, betrieb er auch ein seinerzeit weithin bekanntes alchemistisches Labor,[34] welches ab 1699 nach seinen Vorgaben gebaut worden war. Dort sollte er gemäß Vertrag mit seinem Fürsten „aus dem Silber Gold imprägnieren". Vor 1705 war dieser Baron Meder eine Zeit lang als Alchemist in Diensten des Grafen Anton Günther II. von Schwarzburg-Arnstadt tätig.[35] Nachdem Dippel 1704 unter der Protektion von Graf August von Wittgenstein und Caetano einige Monate später unter direkter Aufsicht des Königs als vielversprechende Alchemisten in Berlin tätig geworden waren, holte Feldmarschall Graf Wartensleben den Baron Meder an die Spree. Wartensleben selbst investierte 50.000 Taler in die Versuche von Meder. Insgesamt wurde dafür von interessierten Personen eine Summe von 220.000 Talern aufgebracht. Meder galt dann als der deutsche Gegenspieler von Caetano, wurde jedoch wesentlich schärfer bewacht als dieser.[36] Als sich seine Pulver als untauglich erwiesen und er das erhaltene Geld nicht zurückzahlen konnte, wurde Baron Meder gegen Ende des Jahres 1707 in Haft genommen. Aber noch aus dem Gefängnis heraus gelang es ihm, neue Geldgeber zu finden. Nachdem er an Eides statt versichert hatte, dass er bei seinen nächsten Versuchen ausreichend Gold produzieren würde, um alle Schulden begleichen zu können und dass außerdem für die Geldgeber noch ein ordentlicher Profit dabei herauskommen würde, würde er

34 Roth-Scholtz 1730, 457.

35 Thüringer Staatsarchiv Rudolstadt, 5-14-1210-Kanzlei Arnstadt, 407, 1. Mappe: Anton Günther II. Alchymie Briefe.

36 Hinrichs 1968, 320–323.

wieder entlassen und konnte seine alchemistischen Versuche eine Zeit lang fortsetzen. Mitte 1708 – die Zeit wo er Gold liefern musste, war um –, floh Johann Friedrich von Meder aus Berlin. Er gelangte bis nach Prag, wo er entdeckt wurde. Er wurde auf Antrag seiner Geldgeber inhaftiert. Sie verhinderten auch seine Auslieferung nach Berlin, weil sie das erst zulassen wollten, wenn er seine Schulden bezahlt hatte. Meder starb dann noch 1709 in seinem Prager Gefängnis.

1.11.4 Weitere Alchemisten in Berlin

Man kann es sich heute gar nicht mehr vorstellen, aber in der Zeitperiode, in der wir uns mit unserer Geschichte befinden, waren Chemie und Alchemie äußerst populär. Ob Reich oder Arm, ab Jung oder Alt, ob in der Stadt oder auf dem Land, alle betrieben sie. Wer es sich nur irgendwie leisten konnte, experimentierte zumindest einmal eine Zeit lang zu Hause am heimischen Herd oder am Kamin. In der heutigen Überlieferung dominiert sehr stark die sogenannte Fürstenalchemie, also die an den Höfen regierender Fürsten oder reicher Adliger betriebene alchemistische Goldsuche. Aber das liegt nur daran, dass die Archive der Fürsten bis heute viele Dokumente über ihre alchemistischen Tätigkeiten bewahrt haben. Bei einfachen Bürgern oder Bauern ist nur in den seltensten Fällen so etwas überliefert, wenn sie es zum Beispiel wagten, sich mit ihren unzureichenden Künsten an einen Fürsten zu wenden. Aber diese Leute waren genauso alchemistisch aktiv wie die Fürsten, auch wenn sie nicht den gleichen Aufwand treiben konnten.

Natürlich war die Herstellung von Silber oder möglichst auch von Gold und das Finden eines lebensverlängernden Elixiers oft das Ziel dieser Arbeiten. Aber auch vielfältige andere Dinge wurden von den Alchemisten gesucht: bessere Farbstoffe und Pigmente, einfachere Methoden der Erzverhüttung und Stahlherstellung, der Salpeter- und Schießpulverproduktion und nicht zuletzt trieb sie die Suche nach besseren und wirksameren Arzneien oder chemischen Düngemitteln. Auch die Aussicht, vielleicht einmal Porzellan, künstliche Edelsteine oder Bernstein herstellen zu können, trieb manche Leute ins Labor und an den Feuerherd.

In den vorigen Kapiteln haben wir nun schon die Alchemisten Johann Friedrich Böttger, Domenico Manuel Caetano und Johann Friedrich von

Meder etwas näher kennengelernt. Über die chemischen Arbeiten von Johann Conrad Dippel wird in einem der nächsten Abschnitte mehr zu erzählen sein. Aber welcher in Berlin tätige Alchemist ist noch aus den ersten Jahren des 18. Jahrhundert erwähnenswert? Johann Leonhard Frisch nennt in seinen Briefen an den Präses der Sozietät der Wissenschaften Leibniz in Hannover neben Meder und Caetano auch immer wieder den „Stahlmüller" Felmy. Dieser Johann Felmy aus Basel hatte im Tiergarten vor Berlin von 1702 bis 1707 eine Königliche Stahlfabrik betrieben.[37] Dort sollte, nach dem von ihm erfundenen chemischen Verfahren, Stahl aus Eisen hergestellt werden. Nachdem in den fünf Jahren des Betriebes dieser Fabrik 16.000 Taler ohne jeden Erfolg ausgegeben worden waren, wurde der Betrieb eingestellt. Felmy verlegte sich danach offenbar auch aufs Goldmachen. So schreibt Frisch im März 1708 an Leibniz, dass er, Frisch, den Prozess des Felmy mit einem seiner Freunde probiert habe und dass sie dabei aus 4 Lot Gold immerhin einen Dukaten und 8 Gran Gold zusätzlich erzeugt hätten, also in heutigen Einheiten ausgedrückt: aus ursprünglich etwa 58 g Gold wurden durch den Prozess des Felmy ca. 62 g. Sein Freund probiere dasselbe Rezept nun mit 2 Pfund Gold. Wenn das stimmt, war das ein sehr kostspieliger Versuch. Später schreibt Frisch aber nicht mehr so hoffnungsvoll über den Stahlmüller Felmy. So heißt es zum Beispiel schon im April 1708, dass des Stahlmüllers Prozess nicht gehe und eine Probe einmal Vermehrung des Goldes, eine andere Probe aber Verlust an Gold geben würde. Frisch versuchte sich dann selbst am Pulver des Stahlmüllers, nachdem der ihm das Rezept verraten hatte und glaubte auch einige Zeit, es verbessert zu haben. So sei es ihm mit dem veränderten Pulver mehrfach gelungen, einige Gran Gold (1 Gran = ca. 65 mg) aus einem Lot Silber (ca. 14,5 g) zu gewinnen. Aber letztendlich erkannte er, dass mit „des Felmy Sudelei" keine Vermehrung von Gold zu erreichen war. Mitte 1709 verschwand Johann Felmy aus Berlin, nachdem er eine von einem Fürsten von Lichtenstein geborgte größere Geldsumme nicht zurückzahlen konnte.

Im Geheimen Staatsarchiv Preußischer Kulturbesitz in Berlin-Dahlem, welches Archivalien aus der brandenburgisch-preußischen Geschichte verwahrt, findet man zahlreiche weitere Affären rund um dubiose Alche-

37 Rachel 1911, 654.

misten verzeichnet. In der uns interessierenden Zeitspanne betrifft das zum Beispiel den Hauptmann Johann Christoph Weydemann und Georg von Welling (1655 – 1727), der hauptsächlich durch das auch von Goethe intensiv studierte alchemistische Werk „Opus mago-cabbalisticum et theologicum" bekannt geworden ist. Welling wollte aus Schwefelkies, das ist Pyrit, durch Zugabe von Silber Gold herstellen oder ausziehen,[38] während Hauptmann Weydemann sich mit der Herstellung von Silber begnügte.[39] Beide entpuppten sich später als Betrüger. Die umfangreichen von 1708 bis 1710 dauernden Versuche des von Welling fanden in der stillgelegten früheren Stahlfabrik von Felmy statt.

In den besagten Briefen von Frisch aus Berlin an Leibniz in Hannover können wir auch lesen, dass im Jahr 1709 unser Schweizer Ex-Offizier Johann Jacob von Diesbach ein Pulver gefunden habe, welches besser als die Pulver von Felmy und Meder sei. Mit diesem Pulver könne man Gold aus dem Kupfer ziehen, berichtet Frisch. Und zwar habe Diesbach ihm berichtet, dass man aus einem Pfund Kupfer Gold im Wert von 3 Talern, und das nach Abzug aller Unkosten, gewinnen könnte. Frisch sendet Leibniz in einem Brief sogar eine Probe von Diesbachs Pulver. Obwohl wir später nichts mehr von Diesbachs Pulver hören, wissen wir nun also, dass auch er alchemistisch aktiv war und den Stein der Weisen suchte.

1.12 Von der Alchemie zur Chemie und die Rolle von Georg Ernst Stahl

Wir haben in den vorangegangenen Kapiteln viel von Alchemie gesprochen und ab und an ist auch einmal der Begriff Chemie gefallen. Aber was ist denn eigentlich Alchemie und wie unterscheidet sie sich von der Chemie?

In unserer heutigen Sichtweise ist die Chemie eine seriöse Naturwissenschaft, die sich mit dem Aufbau, den Eigenschaften und der Umwandlung von Stoffen durch chemische Reaktionen beschäftigt und eine imposante, nicht unumstrittene Großindustrie hervorgebracht hat. Chemiker

38 Geheimes Staatsarchiv Preußischer Kulturbesitz Berlin, Signatur: I. HA Geheimer Rat, Rep. 49 Fiscalia, R120 – R123.

39 Geheimes Staatsarchiv Preußischer Kulturbesitz Berlin, Signatur: I. HA, Rep. 94, IX. C. Nr. 9 „Hauptmann Weydemann, Laborant soll Silber machen".

haben ein aufwendiges Studium zu absolvieren, welches neben theoretischen Kenntnissen auch praktische Fähigkeiten der nötigen Labortechniken vermittelt.

Die Alchemie dagegen gilt als unwissenschaftlich, weil sie sich mit der nicht möglichen Umwandlung chemischer Elemente zu Silber oder Gold durch chemische Reaktionen und der Herstellung unsterblich machender Arzneien beschäftigt. Durch absichtlich nebulöse Beschreibung von Experimenten, wird eine reproduzierbare Nacharbeit erschwert oder gar ganz verhindert. Die Alchemisten negieren naturwissenschaftlich erwiesene Tatsachen, entweder aus Unwissenheit oder gar wissend in betrügerischer Absicht.

Doch diese Trennung zwischen diesen beiden Begriffen, Alchemie und Chemie, gibt es geschichtlich gesehen noch gar nicht so lange. Sie entstand erst an der Wende vom 17. zum 18. Jahrhundert. Vorher wurden die Begriffe Chemie und Alchemie synonym gebraucht. Ernsthafte wissenschaftliche Werke, wie zum Beispiel die „Alchemia" des Andreas Libavius von 1597,[40] nutzen den Begriff Alchemie, während ein spekulatives Werk, wie die 1677 in Hamburg herausgegebenen „Chymischen Schriften" des Basilius Valentinus[41], den Begriff Chemie verwendet. Also hier ist der Gebrauch der Bezeichnungen genau umgekehrt zur heutigen Verwendung, einfach weil Chemie und Alchemie damals dasselbe bezeichneten und beide Begriffe sowohl für den mehr wissenschaftlichen als auch für den mehr spekulativ-magischen Bereich eingesetzt wurden.

Das Wort Chemie ist direkt aus der altgriechisch-altägyptischen Bezeichnung Chemeia (χημεία) für die sich damals entwickelnde Experimentierkunst entlehnt, während der Begriff Alchemie zwar auch von dort stammt, aber durch den Umweg über die arabische Hochkultur zu uns kam und daher den vorangestellten arabischen Artikel al- vor das Wort Chemie gesetzt bekam. Aus dem arabischen al-kimiya wurde später das lateinische Alchemia.

Um dem Dilemma zu entgehen, dass die Chemie/Alchemie vor dem 18. Jahrhundert mit den heutigen Begriffen Chemie und Alchemie nur unzureichend beschrieben werden kann, haben Wissenschaftshistoriker

---

40 Libavius 1597.

41 Anon. 1677.

vorgeschlagen, für diese Zeit den Begriff Chymie (im englischen Sprachraum chymistry) zu verwenden.[42] Ob sich das durchsetzen wird, werden wir in einigen Jahren sehen.

Um 1700 herum, begann sich die moderne wissenschaftliche Chemie herauszubilden. Ernsthaft wissenschaftlich arbeitende Chemiker versuchten sich von den unwissenschaftlich spekulativ oder gar betrügerisch arbeitenden abzusetzen. Das führte letztendlich dazu, dass wir heute die wissenschaftliche Chemie und die unwissenschaftliche Alchemie kennen.

Die wichtigste Persönlichkeit, die die Entwicklung der Chemie/Alchemie hin zu einer Naturwissenschaft im heutigen Sinne vorangetrieben hat, war der aus dem fränkischen Ansbach stammende Arzt Georg Ernst Stahl (1659 – 1734),[43] der auch in unserer Geschichte des Berliner Blaus eine gewisse Rolle spielt. Stahl hatte sich schon in seiner Jugend intensiv mit chemischen Fragestellungen beschäftigt. Von 1679 bis 1684 studierte er in Jena Medizin. Nach seiner im Januar 1684 erfolgten Promotion zum Doktor der Arzneigelehrtheit arbeitete er als Arzt in Jena, unterrichtete aber bereits auch als eine Art Privatdozent an der Jenaer Universität. Sein chemisches Collegium Jenense war legendär und wurde als Vorlesungsmitschrift verschiedener Studenten zum Teil noch Jahrzehnte später in Buchform veröffentlicht. Zwischen 1687 und 1694 war Stahl Leibarzt bei einem der Weimarer Herzöge, bevor er als zweiter Professor für Medizin an die 1694 von Kurfürst Friedrich III. neu gegründete Universität Halle berufen wurde. Halle gehörte nämlich im Ergebnis des Dreißigjährigen Krieges seit einigen Jahren zum Herrschaftsgebiet der brandenburgischen Hohenzollern. Der Halleschen Universität gelang es in erstaunlich kurzer Zeit nach ihrer Gründung, zu einer führenden Eliteuniversität im deutschsprachigen Raum zu werden. Hauptgrund dafür war die erfolgreiche Berufungspolitik für die Professoren, durch die es gelang, auf nahezu allen Feldern absolute Koryphäen zu gewinnen. Noch heute werden die beiden Halleschen Medizinprofessoren Friedrich Hoffmann (1660 – 1742) und Georg Ernst Stahl von Wissenschaftshistorikern als die Leuchttürme von Halle bezeichnet.[44] Zusammen mit Hermann Boer-

42 Newman/Principe 1998.

43 Strube 1984.

44 Ceglia 2009.

Abb. 17: Porträt des Arztes und Chemikers Georg Ernst Stahl

haave (1668–1738) aus Leiden zählt man Hoffmann und Stahl zu den drei führenden Medizinern Europas in ihrer Zeit. Neben der Medizin blieb für Stahl die Chemie immer ein wichtiges Arbeitsgebiet und in der Rückschau aus heutiger Sicht hat er in der Chemie Bedeutenderes geleistet als in der Medizin. Aber sicherlich hätte er, wenn es ihn damals schon gegeben hätte, in beiden Disziplinen den Nobelpreis bekommen.

Als Medizinprofessor in Halle war Stahl mit seinen verschiedenen Pflichten als Hochschullehrer eigentlich gut ausgelastet. Trotzdem fand er in dieser Phase die Zeit, seine umwälzende Phlogistontheorie auszuarbeiten. Diese Theorie basierte zwar auf Vorarbeiten des Chemiker-Alchemisten und Ökonomen Johann Joachim Becher (1635–1682), war aber eine weitgehend eigenständige Entwicklung Stahls, durch die die Chemie zur Wissenschaft wurde.[45] Stahl nahm an, dass das Phlogiston, welches er auf Deutsch das „brennliche Wesen" nannte, eine Substanz sei, die bei Verbrennungsprozessen aus den Stoffen entweicht und bei Reduktionsprozessen von den Stoffen wieder aufgenommen wird. Damit gelang ihm eine Systematisierung scheinbar ganz unterschiedlicher chemischer Reaktionen. Er ordnete die Verbrennung von Kohle oder organischen Stoffen und die Bildung von Metalloxiden (damals „Kalke") aus Metallen derselben chemischen Reaktion zu, der Abgabe von Phlogiston. Durch Aufnahme von Phlogiston zum Beispiel aus Kohlepulver konnten die Metalloxide wieder zum Metall zurückreduziert werden. Dieser Vorgang der Metallkalkbildung

45 Mühlpfordt 1985.

aus dem Metall und der Rückreaktion vom Kalk zurück zum Metall konnte beliebig oft wiederholt werden. Diese erste umfassende chemische Reaktionstheorie hatte etwa einhundert Jahre Bestand. Dann gelang es dem Franzosen Antoine Laurent de Lavoisier (1743 – 1794), basierend auf vielen neuen Erkenntnissen der chemischen Forschung, eine bessere Erklärung für die von Stahl an sich richtig erkannten gleichen chemischen Reaktionen zu finden. Wenn bei einer chemischen Reaktion nach Stahl Phlogiston abgegeben wird, erfolgt nach Lavoisier die Aufnahme von Sauerstoff, Oxygen, also eine Oxidation. Wenn nach Stahl bei einer Reduktion Phlogiston aufgenommen wird, wird nach Lavoisier in Wirklichkeit Sauerstoff abgegeben. Lavoisiers Oxidations- und Reduktionstheorie gilt im Grundsatz noch heute, aber Stahl hat den Weg bereitet.

Stahls Phlogistontheorie, die Anfang des 18. Jahrhunderts immer mehr Anhänger fand, führte auch dazu, dass für typisch alchemistische Reaktionen wie die Umwandlung von Quecksilber zu Silber oder Gold kein Platz mehr war. Diese chemischen Elementumwandlungen waren in der Phlogistontheorie nicht vorgesehen. Das führte dazu, dass ernsthafte Wissenschaftler das Goldmachertum vehement ablehnten und diejenigen, die weiter daran arbeiteten, ob in gutem Glauben oder als Betrüger, zu Außenseitern und Scharlatanen degradiert wurden. Seriöse Chemiker oder allgemein Naturwissenschaftler, die weiterhin an der Goldmacherei interessiert waren, und die gab es durchaus noch, betrieben dieses Hobby dann ganz im Verborgenen, um nicht als, man würde heute vielleicht sagen, Phlogistonskeptiker, geächtet zu werden. Der prominenteste Naturwissenschaftler dieser Zeit, der heimlich auch an der Alchemie forschte, war Isaac Newton (1642 – 1726). Erst mehr als 200 Jahre nach seinem Tod fanden Wissenschaftshistoriker in seinem Nachlass seine umfangreichen Aufzeichnungen zu diesem Thema.[46]

Übrigens ist dieser Übergang von Alchemie zur Chemie auch bei Stahl selbst festzustellen. In seinen frühen chemischen Schriften und Vorlesungen, wie dem Collegium Jenense, äußert er sich noch relativ bejahend zu der Möglichkeit, Gold aus anderen Metallen herstellen zu können. Im Laufe seiner Weiterentwicklung wird seine Stellung zu dieser Frage

46 Dobbs 1975.

immer skeptischer und nach 1710 lehnt er diese Möglichkeit in seinen Publikationen konsequent ab.[47]

1.13 Dippel in Berlin

Nun kommen wir wieder zu Johann Conrad Dippel. Wir erinnern uns, er war im Herbst 1704 von Hessen nach Berlin gekommen. Graf August von Wittgenstein, der ihn wahrscheinlich schon persönlich kannte[48], hatte ihn als vielversprechenden Alchemisten in die preußischen Lande geholt. Es wird berichtet, dass er ein gut ausgestattetes Laboratorium in einem ansehnlichen Haus zur Verfügung gestellt bekam. Aber Dippel arbeitete nicht nur am Stein der Weisen, sondern war wohl ganz allgemein als Chemiker aktiv, um so kommerziell verwertbare Produkte herzustellen. Besonders bekannt ist das in Berlin von ihm erstmals hergestellte sogenannte Dippelsche Tieröl, das Oleum animale Dippelii.

Einige Monate nachdem Dippel in Berlin eingetroffen war, kam auch ein gewisser Johann Georg Rosenbach (1678 – 1747) in die preußische Hauptstadt.[49] Rosenbach, ein Sporergeselle, also im Gewerbe der Herstellung von Sporen tätig, war wie Dippel ein radikaler Pietist. Er war aus der pietistischen Hochburg Halle nach Berlin gekommen, war aber als Radikaler mit den in seinen Augen viel zu lauen Hallensern sehr unzufrieden. Es dauerte nicht lange und Rosenbach quartierte sich bei Dippel ein und begann auch bald, von Dippel angeleitet, in dessen Labor mitzuarbeiten. Auch der Laborant Bernhard Feldmann[50] und ein junger Gehilfe namens Rösser, ein späterer Hamburger Arzt, arbeiteten in Dippels Labor mit.

Über Dippels Berliner Versuche, Gold herzustellen, ist leider nichts überliefert. Dafür aber umso mehr über Dippels berüchtigtes Tieröl und das ist auch sehr interessant. Allerdings war es gar nicht Dippel, der in Berlin die Experimente zur Tierölherstellung begonnen hatte, sondern sein Förderer Graf August von Wittgenstein, der ja auch selbst alchemistisch arbeitete. Er hatte, aus welchem Grund auch immer, begonnen, ein Öl durch Destillation aus menschlichen Exkrementen („ex stercore

47 Chang 2007.
48 Andreas 1993.
49 Fritz 1949, 52.
50 Anon. 1777, 505.

humano"), also zu gut Deutsch, aus Scheiße, herzustellen.[51] Um dieses Öl klar und farblos zu machen, wurde es einer wiederholten Rektifikation unterzogen, also das gewonnene Destillat wurde mehrfach erneut aus einer frischen Retorte überdestilliert. „Es gehören aber viele Retorten, und grosser Fleiß mit vieler Gedult dazu",[52] berichtete ein zeitgenössischer Chemiker. Wahrscheinlich sollte schon das Wittgensteinsche Öl als Arznei dienen. Im Laufe von Wittgensteins Zusammenarbeit mit Dippel begann letzterer, andere Ausgangsstoffe für das Öl zu suchen. Es wird berichtet, dass er dabei sowohl Hirschhorn, als auch das Blut verschiedener Tiere, insbesondere Hirschblut[53], als geeignete Substrate erkannte. Aber auch das aus diesen Ausgangsstoffen heraus destillierte Öl war dunkelbraun gefärbt und trüb. Ziel war aber ein klares und farbloses Produkt. Dippels Methode zur entsprechenden Reinigung bestand darin, dass die Rektifikation aus einer Mischung des überdestillierten Öls mit „an der Luft zerfallenen Kalk" erfolgte. Wenn man diese Rektifikation über Kalk 15 bis 16 Mal durchführt, erhält man Dippels Tieröl, wobei die Arbeit als „sudelhaft und mühsam"[54] beschrieben wird.

Woraus bestand denn nun das Dippelsche Tieröl eigentlich? Es ist eine Mischung aus einer Vielzahl organischer Substanzen mit einem großen Anteil stickstofforganischer Verbindungen, unter anderem von Pyrrolen und Nitrilen.[55] Es hat einen „sehr durchdringenden und ziemlich widrigen Geruch". Gegner und Kritiker Dippels nannten sie die „Stinck-Artzney".[56] Dippel pries sein Tieröl zuerst als ein Medikament an, mit dem eine Vielzahl von Krankheiten zu heilen sei. Darüber werden wir an späterer Stelle noch im Zusammenhang mit seiner Doktorarbeit an der Universität Leiden hören. Mit den Jahren wurde jedenfalls der von Dippel angegebene Anwendungsbereich seines Tieröls immer begrenzter und

---

51 Schulze 1745, 132.
52 Ebd., 131.
53 Carl 1733, 70.
54 Christiani Democriti 1736, 198 (kritisch kommentierte Übersetzung des lateinischen Originals).
55 Aynsley/Campbell 1962.
56 Carl 1733, 72.

zuletzt wurde das Mittel von ihm als Oleum Antiepilepticum nur noch bei epileptischen Anfällen empfohlen.

Man muss zum Abschluss dieses Abschnitts über das Dippelsche Tieröl noch anmerken, dass die Herstellung von Tierölen aus Hirschhorn (Cornu cervi) zu Dippels Zeit schon länger üblich war. Neu war bei Dippel, dass er neben Hirschhorn auch andere tierische Ausgangsstoffe, wie eben getrocknetes Blut, zur Tierölherstellung nutzte.

Ein anderes von Dippel in seiner Zeit in Berlin erstmals fabriziertes Medikament war der Dippelsche Wundbalsam. Auch dieser stammte, wie schon das Dippelsche Tieröl, eigentlich nicht von Dippel, sondern von einem französischen Arzt, der sich als aus Frankreich vertriebener Hugenotte in Berlin niedergelassen hatte und in dessen Familienbesitz das Rezept schon länger befindlich war. Nachdem Dippel in den Besitz des Rezeptes gelangt war, stellte er das Mittel selber her und machte zusammen mit einem Freund einen Versuch mit einem jungen Hund. Dem Tier wurde ein Nagel in den Kopf geschlagen und zwar dort, wo „die Wunde am meisten letal wäre“.[57] Der Hund bekam etwas Wundbalsam in die Wunde geträufelt und auch etwas in den Hals und soll wieder schnell genesen sein. Als Dippel gegen Ende des Jahres 1706 von dem jungen Arzt Johann Samuel Carl (1677 – 1757) in Berlin besucht wurde, gab er ihm eine Probe des Wundbalsams mit auf seine Reise in die Universitätsstadt Halle. Dort prüften dann die beiden renommiertesten Ärzte des preußischen Königreiches, die Halleschen Medizinprofessoren Friedrich Hoffmann und Georg Ernst Stahl das Mittel auf gleiche Art und Weise wie Dippel, also in dem sehr drastischen Tierversuch mit jeweils einem Hund und einem Nagel. Es wird wiederum berichtet, dass beide Hunde genasen.[58]

In einem Brief von Dippel an seinen Freund, den Baron Geuder, genannt Rabensteiner in Utrecht, wird auch die Rezeptur offengelegt. Demnach stellt man den Dippelschen Wundbalsam durch Auspressen von jeweils einem Pfund der frischen Kräuter Heil-Ziest, Echter Kerbel

57 Brief von Johann Conrad Dippel vom 27.7.1706 aus Berlin an den Baron von Geuder, genannt Rabensteiner, Landesarchiv NRW Abteilung Westfalen, 6507, Msc. VII, Regierungsbezirk Arnsberg, Fürstentum Nassau-Siegen, 1705 – 1737.

58 Kundmann 1720, 308 – 312.

und Wald-Sanikel her. Der ausgepresste Saft wird mit 4 Pfund rektifiziertem Weinessig, also recht konzentrierter Essigsäure, und einem Pfund Steinsalz, also Natriumchlorid, vermischt und dann im Wasserbad überdestilliert. Das sei schon alles. Weitere Heilkräuter könne man hinzugeben, müsse es aber nicht. Später wurde der Dippelsche Wundbalsam in Apotheken auch als Tinctura Vulnerabilia verkauft.

Wir sehen an diesen Beispielen, woran Dippel in seinem Laboratorium gearbeitet hat.

Aber Dippel war in Berlin nicht nur als Alchemist tätig, sondern verfasste doch wieder die eine oder andere theologische Schrift. In seinem Buch „Ein Hirt und eine Herde" aus dem Jahr 1706 fordert er eindringlich eine Vereinigung der verschiedenen christlichen Glaubensrichtungen und versucht, einen Weg dazu aufzuzeigen.[59]

1.14 Die Erfindung des Berliner Blaus

Wir haben in den vorigen Abschnitten den Schauplatz der Erfindung des Berliner Blaus und das Umfeld, in der sie stattfand, näher kennengelernt. Nun wollen wir uns endlich mit dieser Entdeckung im Detail beschäftigen.

Es sind heute drei zeitgenössische Quellen bekannt, die uns darüber Auskunft geben, eine Chronik eines Berliner Stadtteils,[60] ein wissenschaftliches Buch über die Phlogistontheorie von Georg Ernst Stahl[61] und das schon erwähnte Senckenbergische Tagebuch.

Beginnen wir mit der Chronik. Sie stammt von einem gewissen Joachim Ernst Berger (1666 – 1734), einem in der Uckermark geborenen Theologen und Lehrer. Er war seit 1697 Erster Prediger an der Jerusalemkirche und der Neuen Kirche in der Berliner Friedrichstadt. Berger, der auch Autor mehrerer theologischer Werke war, hatte die handschriftliche Chronik mit dem Titel „Kern aller Friedrichs-Städtischen Begebenheiten" versehen. Man findet sie heute in der Handschriftenabteilung der Staatsbibliothek Preußischer Kulturbesitz zu Berlin. In dieser Chronik beschreibt

59 Dippel 1706 a.

60 Berger 1730, 26.

61 Stahl 1731, 280 – 284. Die Übersetzungen aus dem Lateinischen ins Deutsche stammen von Manfred Kraft.

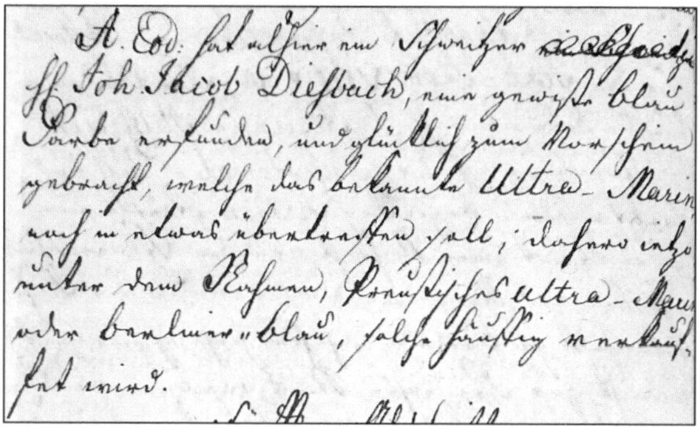

Abb. 18: Entscheidender Textausschnitt aus der handschriftlichen Chronik von Joachim Ernst Berger, die die Erfindung des Berliner Blaus für 1706 erwähnt

Berger Ereignisse aus allen Berliner Teilstädten, allerdings mit besonderem Fokus auf seine Friedrichstadt. In der Chronik lautet der zweite Eintrag für das Jahr 1706:

> „hat alhier ein Schweitzer ein [...] H. Joh. Jacob Diesbach, eine gewisse blau Farbe erfunden, und glücklich zum Vorschein gebracht, welche das bekannte Ultra-Marin noch in etwas übertreffen soll; dahero ietzo unter dem Nahmen, Preussisches Ultra-Marin oder Berliner Blau, solche günstig verkaufet wird."

Damit kennen wir das Jahr der Erfindung und einer der Erfinder wird namentlich genannt. Aber wie lief die Erfindung ab und war Johann Jacob (von) Diesbach wirklich der einzige Erfinder?

Eine der Quellen, welche die Erfindung beschreibt, ist das bereits 1731, also 25 Jahre nach der Erfindung, veröffentlichte Buch „Experimenta, Observationes, Animadversiones, CCC Numero, Chymicae et Physicae" von Georg Ernst Stahl. Dieser lateinische Titel lässt sich in etwa mit „300 chemische und physikalische Experimente, Beobachtungen und Bemerkungen" übersetzen. In diesem Buch geht es im Kern um 300 Experimente, mit denen Stahl seine Phlogistontheorie zu untermauern versucht. Eines dieser Experimente ist die Herstellung von Berliner Blau. In diesem Zusammenhang beschreibt er die erstmalige Herstellung dieser Substanz, also ihre Erfindung, so wie er sie gehört hat, denn zum Zeitpunkt der Erfindung 1706 war Stahl noch Professor in Halle. Erst 1715 wurde er als Erster Leibarzt des preußischen Königs Friedrich Wilhelm I., des Soldatenkönigs, nach Berlin berufen, also neun Jahre nach der Erfindung. Aber

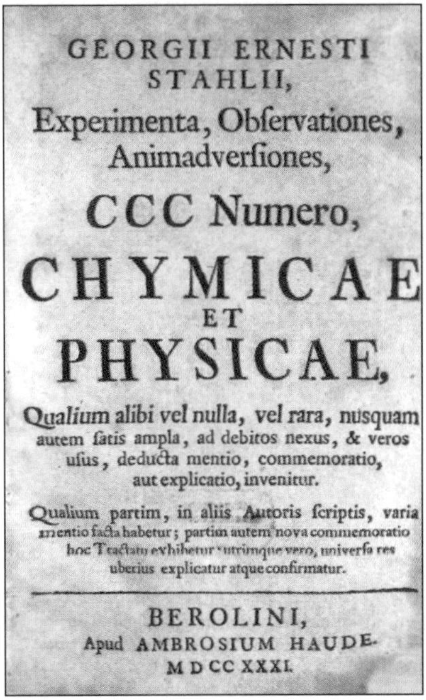
GEORGII ERNESTI
STAHLII,
Experimenta, Obſervationes,
Animadverſiones,
CCC Numero,
CHYMICAE
ET
PHYSICAE,
Qualium alibi vel nulla, vel rara, nusquam autem ſatis ampla, ad debitos nexus, & veros uſus, deducta mentio, commemoratio, aut explicatio, invenitur.
Qualium partim, in aliis Autoris ſcriptis, varia mentio facta habetur; partim autem nova commemoratio hoc Tractatu exhibetur: utrimque vero, univerſa res uberius explicatur atque confirmatur.
BEROLINI,
Apud AMBROSIUM HAUDE.
MDCCXXXI.

Abb. 19: Titelblatt des Buches von Georg Ernst Stahl, in welchem die Erfindung des Berliner Blaus beschrieben ist

er konnte zu dieser Zeit noch direkt mit einem Beteiligten und Personen aus dem nächsten Umfeld sprechen.

Stahl schreibt in diesem kurzen Abschnitt seines Buchs, es sei „der Mühe wert […], das erste Experiment, wie es sich ereignet haben soll, zur fortwährenden Erinnerung an diese Begebenheit schriftlich festzuhalten." Damals habe Dippel, ein „wissbegieriger Erforscher der Chemie, ausgestattet, wie man sagt, mit einem zweckmäßigen Laboratorium" in Berlin gelebt. Neben anderen Versuchen habe er Tieröl („Oleum animale") durch wiederholte Destillation von Pottasche gereinigt. Dadurch hatte er „eine beträchtliche Menge eines derartigen, bei der wiederholten Austreibung jenes Öls zurückgebliebenen Salzes, die in Gläsern aufgehoben worden ist", vorrätig.

Pottasche ist chemisch gesprochen Kaliumcarbonat K_2CO_3, welches damals hauptsächlich durch Auslaugen von Asche in großen Pötten gewonnen wurde. Dazu wurde zum Beispiel Holz verbrannt. Nach dem Auslaugen der dadurch gewonnenen Asche mit Wasser wurde die so erhaltene Lauge bis zur Trockne eingedampft und danach im Feuer calciniert. Das weiße Pulver ist hygroskopisch, nimmt also leicht Wasser auf und reagiert dann stark alkalisch, weil dabei auch Kalilauge – KOH, Kaliumhydroxid –, entsteht. Da es sich nicht verflüchtigt, wurde dieses Alkali von den Chemiker-Alchemisten auch fixes Alkali genannt, im Gegensatz zum leicht flüchtigen Ammoniak NH_3, der flüchtiges Alkali hieß. Pottasche wurde aber nicht nur durch Auslaugen von Holzasche hergestellt, sondern man konnte sie auch aus Weinstein durch Verpuffung mit glei-

Abb. 20: Cochenilleläuse auf Feigenkaktus (Opuntie), aufgenommen auf einer Opuntien-Plantage auf Lanzarote 2012

chen Teilen Salpeter, also Kaliumnitrat KNO_3, gewinnen. So viel zur Pottasche, die Dippel wohl zur Reinigung seines Tieröls verwendete, jedenfalls wenn wir Stahl folgen.

Doch bleiben wir bei Stahls Bericht über die Berliner-Blau-Erfindung. Stahl berichtet nämlich weiter, dass in Dippels Labor damals ein Künstler namens Diesbach, also unser Johann Jacob von Diesbach, gearbeitet habe. Der habe für Maler eine rote Lackfarbe, den sogenannten Florentiner Lack hergestellt.

Was ist denn nun schon wieder Florentiner Lack? Wie der Name schon sagt, wurde er in Florenz erfunden, und zwar, das ist etwas legendenhaft, von einem Franziskanermönch, der ein Mittel gegen Fleckfieber finden wollte.[62] Hergestellt wird Florentiner Lack aus dem roten Farbstoff der Cochenilleläuse (Dactylopius coccus). Der Farbstoff heißt Karminsäure, wird aber auch Cochenillerot genannt.[63] Die Cochenilleläuse lebten ursprünglich auf bestimmten Kaktusarten, den sogenannten Opuntien, in Süd- und Mittelamerika. Schon vor der Eroberung dieser Gebiete durch die Spanier nach 1492 wurde das Cochenillerot von den Einwohnern dieser Länder gewonnen und als Farbstoff zum Färben von Textilien eingesetzt. Die Spanier führten diesen roten Farbstoff dann auch in Europa ein. Cochenillerot ist aber nur ein Farbstoff. Bei der Florentiner-Lack-Herstellung macht man daraus ein Pigment.

62 Pfingsten 1789, 147 – 150.
63 Schweppe 1993, 259 – 268.

Dazu kurz folgende Erklärung: Grundsätzlich werden Farbmittel in zwei Gruppen eingeteilt, in Farbstoffe und Pigmente. Farbstoffe sind im entsprechenden Anwendungsmedium, also zum Beispiel in Wasser löslich, Pigmente sind unlösliche Feststoffe. Farbstoffe setzt man zum Beispiel zum Färben von Stoffen ein, Pigmente im Druck oder in der Malerei. Bei der Farblackherstellung wird ein löslicher Farbstoff durch eine chemische Reaktion in einen unlöslichen Zustand überführt, so dass man praktisch ein Pigment erhält.

Genau das machte Johann Jacob von Diesbach an einem Tag des Jahres 1706 im Laboratorium von Dippel in Berlin. Er stellte auf Anforderung aus Cochenilleläusen ein rotes Pigment für einen Malerlack her. Dazu pulverisierte er zuerst die getrockneten Cochenilleläuse. Dann warf er dieses Pulver in eine warme wässrige Alaunlösung. Alaun ist eine Kalium-Aluminiumsulfatverbindung. In dieser leicht sauer reagierenden wässrigen Lösung löst sich die Karminsäure. Die Lösung färbt sich dabei tiefrot ein.

Abb. 21: Tiefrote Karminsäurelösung, hergestellt aus Cochenilleläusen

Man filtriert die festen Cochenillelausreste ab und fällt dann aus dieser roten Lösung durch Zugabe der richtigen Menge einer alkalischen Pottaschelösung den roten Florentiner Lack aus. Bei dieser Ausfällung entsteht aus dem in saurer Lösung gelösten Alaun durch Neutralisierung mit der Pottaschelösung festes weißes Aluminiumhydroxid, Tonerdehydrat. An diesem festen pulverförmigen Träger werden die Karminsäuremoleküle an der Oberfläche adsorbiert, wodurch das Material die rote Farbe der Karminsäure erhält.[64] Nach Abfiltrieren und Trocknen hat man dann das

64 Ebd., 278–281.

Abb. 22: Florentiner Lack, hergestellt vom Autor

Abb. 23: Florentiner Lack, vom Autor hergestellt mit Zusatz von Eisen(II)-sulfat

auslieferbare Produkt. Das ist die übliche Art und Weise der Herstellung des Florentiner Lacks.

Diesbach hatte, und das ist sehr wichtig, zu der warmen Alaunlösung noch englisches Vitriol, also Eisen(II)-sulfat $FeSO_4$ hinzugegeben. Das verschiebt, wie Versuche des Autors zeigten, den Farbton der roten Karminsäure etwas in Richtung Violett. Vielleicht hatten sich seine Auftraggeber genau so ein violettstichiges Rotpigment gewünscht.

Bei der denkwürdigen ersten Herstellung des Berliner Blaus fragte Diesbach Dippel, wie Stahl berichtet, ob er die oben beschriebene, in Gläsern aufbewahrte bei der Reinigung des Tieröls eingesetzte Pottasche verwenden dürfe. Dippel stimmte zu und Diesbach erhielt nun auf einmal anstatt seiner roten eine tiefblaue Ausfällung. Diesbach sei überrascht gewesen, schreibt Stahl, und habe sich an Dippel gewandt, der jetzt erkannte, um welche Pottasche es sich bei der von Diesbach verwendeten handelte. Da die besagte verunreinigte Pottasche ihre besonderen blaufärbenden Eigenschaften durch Mischung mit einem aus Blut abdestillierten Tieröl und nachfolgende Erwärmung erhalten hatte, war für Dippel klar, was zu machen war: Pottasche direkt mit getrocknetem Blut entsprechend mischen und kräftig erhitzen. – Das ist, mit einigen Erklärungen versehen, die Beschreibung der Erfindung des Berliner Blaus von 1706 durch Stahl im Jahr 1731.

Es gibt aber noch eine zweite, bisher weniger bekannte Beschreibung der Erfindung des Berliner Blaus, und zwar durch Dippel selbst, aufgeschrieben durch seinen jungen Freund und Bewunderer Johann Christian Senckenberg in dessen Tagebuch. Sie stammt aus dem Jahr 1732,

Abb. 24: Bildnis des Johann Christian Senckenberg (1707 – 1772), Gemälde von Anton Wilhelm Tischbein von 1771

wurde allerdings erst vor wenigen Jahren für die Forschung zugänglich. Denn erst seit 2010 werden die von 1730 bis 1772 laufenden etwa 40.000 engbeschriebenen und extrem schwer lesbaren Blätter des Senckenbergischen Tagebuchs transkribiert.

Johann Christian Senckenberg war ein wohlhabender Arzt in Frankfurt am Main. Da seine Kinder vor ihm starben, gab er sein Vermögen in eine gemeinnützige Stiftung, aus der unter anderem die heutige, seinen Namen tragende Frankfurter Universitätsbibliothek und die Senckenberg Gesellschaft für Naturforschung hervorgegangen sind. Aber in der Zeit, die uns interessiert, war es noch nicht so weit, Senckenberg hatte sein Medizinstudium in Halle bei Friedrich Hoffmann abgebrochen und war zu seiner Mutter nach Frankfurt zurückgekehrt. In dieser Zeit der Krise, die allerdings keine finanzielle war, denn seine Familie hatte ausreichend Geld, besuchte er den von ihm verehrten Johann Conrad Dippel im April und im August 1732 jeweils für einige Tage in Berleburg.[65] In dieser Zeit führte Senckenberg schon äußerst akribisch Tagebuch, auch über sein persönliches Befinden. Man kann dort ganz erstaunliche Details lesen, wie zum Beispiel Aussagen zum Geruch seiner Fürze, ich zitiere ein kurzes Beispiel aus dem Lateinischen ins Deutsche gebracht: „Aufstoßen, Darmrumpeln, sulfurisch stinkender Furz". Aber das nur am Rande.

Bei Senckenbergs zweitem Besuch bei Dippel in Berleburg erzählte ihm Dippel am 22. August 1732 die Geschichte der Erfindung des Berli-

65 Bary 1947, 85 – 92.

ner Blaus, so wie er sie in Erinnerung hatte.[66] Demnach drehte sich Dippels Berliner Laborarbeit damals nicht um sein Tieröl, sondern um ein Sal Volatile, von dem er eine größere Menge herstellte. Als Sal Volatile, also flüchtiges Salz, bezeichnete man in dieser Zeit meist Ammoniumhydrogencarbonat, welches instabil ist und auch unter normalen Umgebungsbedingungen langsam in Ammoniak, Kohlendioxid und Wasser zerfällt. Der entweichende Ammoniak gibt dem Sal Volatile einen scharfen, stechenden Geruch. Diese daher auch als Riechsalz bezeichnete Substanz war in früheren Jahrhunderten ein wichtiges und verbreitetes Mittel zur Belebung bei Schwindel- und Ohnmachtsanfällen, bei denen es der betroffenen Person unter die Nase gehalten wurde. Ammoniumhydrogencarbonat wird auch heute noch unter der Bezeichnung Hirschhornsalz als Backtriebmittel insbesondere in der Weihnachtszeit für Lebkuchen und Plätzchen verwendet.

Zu Herstellung des Sal Volatile habe Dippel damals Weinstein calciniert und ihn dann mit getrocknetem Ochsenblut vermischt. Diese Mischung kam in eine Retorte, es wurde kräftig Feuer gegeben und das Sal Volatile ausgetrieben. Die im Boden der Retorte zurückgebliebenen unverdampfbaren Reste, man sprach damals vom Caput Mortuum, dem Totenkopf, wollte Dippel eigentlich wegwerfen. Nun war es aber damals so, dass in Dippels Berliner Laboratorium ein junger Gehilfe namens Rösser mitarbeitete. Dieser damalige Laborant war übrigens der Sohn des aus Buttstädt in Thüringen stammenden Arztes Jacob Rösser (1642 – nach 1712), der unter den Pseudonymen Johann de Monte Raphaim und J. R. V. M. D. mehrere alchemistische Traktate veröffentlicht hatte.[67] Der junge Rösser hatte es sich angewöhnt, immer alles an Chemikalienresten und Reaktionsnebenprodukten aufzuheben und auch ein Register darüber zu führen. So füllte Rösser auch die etwa sechs Pfund der Reste aus der Sal-Volatile-Herstellung nach einer Auslaugung noch feucht in ein Zuckerglas und beschriftete es fälscherlicherweise mit „Pottasche", anstatt mit „Reste von Pottasche und Blut".

66 Senckenberg 1732, 406 (Eintrag für den 22.8.1732). <http://senckenberg.ub.uni-frankfurt.de/p/5381590> (letzter Zugriff am 10.9.2016).

67 Kraft 2018.

In dem Labor von Dippel arbeitete damals auch ein Lieutenant Diesbach, der Florentiner Lack und andere Farben herstellte. Bei der denkwürdigen ersten Berliner-Blau-Herstellung griff sich Diesbach dieses Glas mit Pottasche, Rösser war zu diesem Zeitpunkt nicht im Laboratorium, und wollte es zur Fällung des Florentiner Lackes benutzen. Als er es zu seiner Alaun-haltigen Karminsäurelösung gab, bekam er anstelle der roten Farbe eine blaue, das Berliner Blau. Diesbach habe dann, so Dippel, „einen Accord mit den Malern" gemacht, „ihnen so und so viel zu liefern, geriet aber auf den Strumpf, als das Glas aus war" und er keine schöne blaue Farbe mehr produzieren konnte. Diesbach wäre dann zu Dippel gekommen und habe ihm die Geschichte erzählt. Dippel erkannte, mit welcher Art Pottasche Diesbach das Berliner Blau hergestellt hatte und sagte ihm, er solle Pottasche und Ochsenblut nehmen, und damit konnte Diesbach dann wieder Berliner Blau herstellen.

So, damit haben wir nun zwei Versionen über die erstmalige, rein zufällige Herstellung des Berliner Blaus kennengelernt. Doch welche ist die Richtige und unterscheiden sie sich überhaupt grundlegend? In der Version nach Stahl entstand Berliner Blau durch kontaminierte Pottasche aus Dippels Tierölproduktion, nach Dippels eigener Version stammte die verunreinigte Pottasche aus der Herstellung eines Sal Volatile. Natürlich ist die Version von Dippel glaubwürdiger, da er ja über seine eigene Tätigkeit berichtet, während Stahl seine Informationen nur aus zweiter oder dritter Hand haben konnte.

Andererseits ist es so, dass man bei der sogenannten trockenen Destillation von tierischen Substraten, sei es Hirschhorn, getrocknetes Blut oder Anderes, sowohl ölige Produkte (Tieröl), als auch flüchtiges Salz (Sal volatile) erhält. Zum Teil gehen sie bei unterschiedlichen Temperaturen über, zum Teil ist es so, dass es Temperaturbereiche gibt, bei denen beide Produktgemische übergehen. Dann sammelt sich das Tieröl in der Vorlage, während das weiße Sal Volatile teilweise schon im Retortenhals ansublimiert.

Jetzt noch einmal kurz eine Betrachtung zu der Frage, wer denn nun der Erfinder des Berliner Blaus ist, von Diesbach oder Dippel, oder doch beide? Es ist ganz klar, dass Johann Jacob von Diesbach erstmals zufällig Berliner Blau hergestellt hat. Das geschah allerdings dadurch, dass er eine falsch beschriftete kontaminierte Pottasche verwendet hatte, die von Dippel bei anderen chemischen Operationen hergestellt worden war. Ohne Dippels Mithilfe konnte Diesbach nicht in Erfahrung bringen, auf welche Art und Weise die Pottasche behandelt werden muss, damit sie zur Berliner-Blau-Herstellung dienen kann. Also ist meines Erachtens davon auszugehen, dass wir zwei Erfinder des Berliner Blaus haben, Johann Jacob von Diesbach und Johann Conrad Dippel.

1.15 Was ist Berliner Blau?

Um das zu verstehen, müssen wir jetzt etwas tiefer in die von vielen wenig geliebte Chemie einsteigen. Berliner Blau ist ein Eisenhexacyanoferrat, genauer gesagt Eisen(III)-hexacyanoferrat(II), Summenformel: $MFe^{III}[Fe^{II}(CN)_6]$. Das M in der Formel steht meist für Kalium (K), aber zum Beispiel auch Ammonium (NH_4) und Natrium (Na) sind an dieser Stelle möglich.

In der Gitterstruktur dieser Verbindung Eisen(III)-hexacyanoferrat(II) sind dreiwertiges Eisen – Eisen(III) / Fe^{3+} – und zweiwertiges Eisen – Eisen(II) oder Fe^{2+} – abwechselnd angeordnet und jeweils durch Cyanidgruppen (CN^-) miteinander verbunden.[68] Jedes Eisenion ist von sechs Cyanidgruppen umgeben, wobei der Kohlenstoff des Cyanids grundsätzlich an das Eisen(II), der Stickstoff des Cyanids an das Eisen(III) gebunden ist, also wenn wir uns einen kleinen Ausschnitt aus dem Netzwerk der Gitterstruktur herausnehmen, sieht das so aus: $–Fe^{II}–CN–Fe^{III}–NC–Fe^{II}–$. Die gesamte Gitterstruktur ist in Abb. 26 zu sehen, wobei auf die Darstellung des eingebauten Wassers und der Metallkationen (meist K^+) in den Gitterlücken verzichtet wurde.

Die Bildung von Berliner Blau kann sehr anschaulich vorgeführt werden, indem man zum Beispiel eine wässrige Kaliumhexacyanoferrat(II)-Lösung zu einer Eisen(III)-sulfat-Lösung gibt. Es fällt schlagartig Berliner Blau aus.

Auch in der bildenden Kunst wurde diese Art der Berliner-Blau-Herstellung zu einem Motiv. Am bekanntesten ist das Gemälde „Teacher and student making Prussian blue“ aus dem Besitz von Alfred Bader (1924–2018), dem Gründer der Firma Aldrich. Bader nahm an, dass

68 Keggin/Miles 1936.

Abb. 25: Eine Probe des Pigments Berliner Blau, Typ Miloriblau Lux der Firma Kremer Pigmente

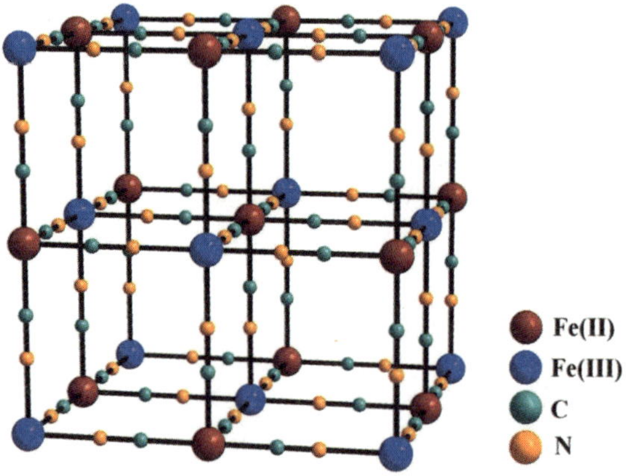

Abb. 26: Struktur des Berliner Blaus

es sich bei den in seinem Gemälde dargestellten Personen um den englischen Chemiker William T. Brande (1788 – 1866) als Lehrer, und den jungen Michael Faraday (1791 - 1867), als seinen Schüler handelt.[69] Eine andere Version dieses Gemäldes befindet sich im Besitz des History of Science Museums in Oxford, Großbritannien (Abb. 28).

Doch nun weiter zum Berliner Blau. Die Bindung des Cyanids an die Eisenionen ist äußerst stabil. Die tiefblaue Farbe der Verbindung kommt durch den Elektronenübergang bei der Absorption von sichtbarem Licht

69 Bader 2008, 123 – 132.

Abb. 27: Ausfällung von Berliner Blau durch Zugabe einer Hexacyanoferrat(II)-Lösung zu einer Eisen(III)-sulfat-Lösung

zustande.[70] Diese Energieaufnahme ist maximal bei einer Wellenlänge von etwa 690 nm, was einer roten Färbung entspricht. Der rote Anteil des sichtbaren Licht wird also am stärksten absorbiert, der blaue Anteil des Lichts am wenigsten. Daher hat das Eisen(III)-hexacyanoferrat(II) eine blaue Farbe. Bei dieser Energieaufnahme geht ein Elektron vom Eisen(II) zum Eisen(III) über. Diese Struktur ist aber instabil und wandelt sich äußerst schnell wieder in die stabile Struktur um, indem sich das Elektron in seine ursprüngliche Position zurückbewegt. Unter Belichtung findet beim Berliner Blau also ein ständiger Elektronenaustausch zwischen den beiden unterschiedlich geladenen Eisen-Ionen statt.

Wenn wir schon einmal bei der Chemie des Berliner Blaus sind, gehen wir an dieser Stelle noch kurz auf eine interessante Eigenschaft dieser Verbindung ein, ihre hochreversible Redoxaktivität: Was ist das? Berliner Blau, Eisen(III)-hexacyanoferrat(II), kann relativ leicht oxidiert oder reduziert werden und ebenso leicht aus den reduzierten beziehungsweise oxidierten Formen wieder zurück erhalten werden. Da das sehr oft nahezu ohne Verluste möglich ist, spricht man von umkehrbaren, also reversiblen Reaktionen. Bei der Reduktion des Berliner Blaus entsteht Eisen(II)-hexacyanoferrat(II). In dieser Verbindung, man nennt sie auch

70 Robin 1962.

Berliner Weiß oder Everitts Salz, liegen beide Eisenionen im zweiwertigen Zustand Fe^{2+} vor. Ein Elektronenübergang durch die Absorption von sichtbarem Licht ist nicht möglich. Diese Verbindung ist daher farblos bzw. weiß. Dieses Berliner Weiß wird relativ leicht, am einfachsten durch Luftsauerstoff zum Berliner Blau oxidiert.

Bei der Oxidation des Berliner Blaus entsteht Eisen(III)-hexacyanoferrat(III). Beide Eisenionen sind in diesem Fall dreiwertig, liegen also als Fe^{3+} vor. Diese Verbindung ist braun, man spricht auch vom Berliner Braun. Wenn man sich in einem Übergangsgebiet zwischen dem Berliner Blau und dem Berliner Braun befindet, ergibt sich aus der Überlagerung des Blaus mit Braun eine grüne Farbe. Das Berliner Braun ist sehr viel besser wasserlöslich als das Berliner Blau und das Everitts Salz.

Was war nun eigentlich chemisch geschehen, dass anstatt des roten Karminsäurepigmentes Florentiner Lack das blaue Pigment Berliner Blau entstanden ist? Wir hatten gesehen, dass Diesbach zu seiner Karminsäurelösung etwas englischen Vitriol, also Eisen(II)-sulfat gegeben hatte. Dadurch wollte er wohl einen mehr ins violette gehenden Farbton seines Florentiner Lacks erreichen. Damit waren schon einmal die für die Bildung des Berliner Blaus notwendigen Eisen-Ionen in der wässrigen Lösung vorhanden. Was noch fehlte. war das Hexacyanoferrat-Ion. Und genau das bildete sich bei den von Dippel durchgeführten Experimenten mit Pottasche und Blut. Wenn man nämlich Kaliumcarbonat (Pottasche) und getrocknetes Blut, welches auch viele organische Verbindungen mit Stickstoff enthält, unter geeigneten Bedingungen miteinander erhitzt, ist eines der Produkte Cyanid (CN^-). Bei Anwesenheit von Eisen, was beim Blut gegeben ist, bildet sich sehr schnell Hexacyanoferrat. Der wichtigste Bestandteil des Blutes ist nämlich der rote Blutfarbstoff Hämoglobin, ein eisenhaltiger Proteinkomplex, der für den Sauerstofftransport im Körper von Wirbeltieren sorgt. Weitere Eisenquellen können eiserne Tiegel sein. Die kontaminierte Pottasche, die sich Diesbach unwissenderweise gegriffen hatte, enthielt also neben der Pottasche auch Hexacyanoferrat und wahrscheinlich auch überschüssiges Cyanid. Bei der Zugabe der von ihm hergestellten Pottaschelösung zur Eisenionen enthaltenen Karminsäurelösung fiel dann Berliner Blau oder möglicherweise auch erst Berliner Weiß aus. Aus Letzterem wird dann durch in der Lösung gelösten

Abb. 28: Das Gemälde „Chemist and Assistant in Laboratory“ aus dem Jahr 1827 zeigt die Berliner-Blau-Herstellung

Sauerstoff und durch beim Rühren oder mehrfachen Umgießen aus der Luft eingetragenen Sauerstoff mehr oder weniger schnell Berliner Blau gebildet. Die blaue Farbe des wesentlich farbstärkeren Blaupigmentes dominierte den Farbeindruck gegenüber dem natürlich auch vorhandenen Cochenillerot.

1.16 „Lösliches“ und „unlösliches“ Berliner Blau?

Vielfach unterscheidet man beim Berliner Blau zwischen einem „unlöslichen“ und einem „löslichen“ Berliner Blau. Was hat es damit auf sich?

Erst einmal ist festzuhalten, dass in beiden Varianten tatsächlich in Wasser unlösliches Berliner Blau vorliegt. Aber bei dem sogenannten „löslichen“ Berliner Blau sind die Pigmentpartikel so klein, dass sie sich in Wasser nicht am Boden absetzen, sondern kolloidal gleichmäßig verteilt in der Flüssigkeit schweben und diese einheitlich blau einfärben, so dass man visuell den Eindruck einer blauen Lösung hat. Beim „unlöslichen" Berliner Blau dagegen, sind die Pigmentteilchen größer und in Wasser eingerührt setzen sie sich nach einiger Zeit praktisch komplett am Boden ab. Der visuelle Unterschied zwischen diesen beiden Berliner-Blau-Varianten ist frappierend.

Die Frage, worin genau der Unterschied zwischen „löslichem" und „unlöslichem" Berliner Blau besteht, ist noch nicht abschließend geklärt. Meistens wird in der wissenschaftlichen Literatur angegeben, „lösliches" Berliner Blau habe die Formel $KFe^{III}[Fe^{II}[CN]_6]$, während das „unlösliche" Berliner Blau mit der Formel $Fe_4^{III}[Fe^{II}[CN]_6]_3$ beschrieben wird.[71]

Aber auf jeden Fall ist es so, wenn man Berliner Blau ausfällt und dabei das Eisensalz im leichten Überschuss zum Hexacyanoferrat einsetzt, entsteht das „unlösliche" Berliner Blau. Wenn man hingegen mit gleichen Stoffmengen an Eisensalz und Hexacyanoferrat oder mit Hexacyanoferrat im Überschuss ausfällt, entsteht das „lösliche" Berliner Blau.[72]

Für die üblichen Pigmentanwendungen stellt man das „unlösliche" Berliner Blau her. Nur für Spezialanwendungen, so zur Papierfärbung, für die Mikroskopie oder für die Verwendung als Waschblau, wurde beziehungsweise wird das „lösliche" Berliner Blau produziert.

71 Woringer 1916, 228–231.
72 Ebd.

2 DIE GEHEIME PRODUKTION DES BERLINER BLAUS

2.1 Dippels Flucht aus Berlin in die Niederlande

Nachdem das Berliner Blau 1706 zufällig erfunden worden war, waren zumindest zwei Personen, nämlich Johann Jacob von Diesbach und Johann Conrad Dippel, im Besitz der Herstellungsvorschrift. Ob auch der eine oder andere Mitarbeiter in Dippels Berliner Laboratorium, also beispielsweise der junge Rösser, Bernhard Feldmann oder Johann Georg Rosenbach darüber Bescheid wusste, wissen wir nicht.

Diesbach und Dippel hätten nun gemeinsam in die Produktion und Vermarktung des neuen Pigmentes einsteigen können. Das geschah aber nicht, denn wenige Monate nach der Erfindung des Berliner Blaus musste Dippel aus der preußischen Hauptstadt fliehen. Was war geschehen?

Im Jahr 1706 war eine neue orthodox lutherische Streitschrift gegen die Pietisten erschienen. Sie hatte den Titel „Eines schwedischen Theologi kurtzer Bericht von Pietisten".[73] Hinter der Bezeichnung eines Schwedischen Theologen verbarg sich Johann Friedrich Mayer (1650 – 1712), ein sehr bekannter orthodoxer lutherischer Theologe. Mayer, aus Sachsen stammend, war einige Zeit Pastor in Hamburg gewesen und seit 1701 in Greifswald Generalsuperintendent von Schwedisch-Pommern, Theologieprofessor an der Greifswalder Universität und Pastor von St. Nikolai in Greifswald. Er war der wichtigste lutherische Theologe der deutschen Lande unter schwedischer Herrschaft. Im Ergebnis des Dreißigjährigen Krieges waren nämlich 1648 die Herzogtümer Bremen und Verden, die

73 Mayer 1706.

Alexander Kraft: Berliner Blau. Vom frühneuzeitlichen Pigment zum modernen Hightech-Material. © 2022 GNT-Verlag GmbH, Berlin, Germany. DOI: › <https://doi.org/10.47261/1519>.

Stadt Wismar sowie Vorpommern mit dem Mündungsgebiet der Oder und einem Streifen östlich der Oder als Reichslehen an Schweden gefallen. Wismar war mit dem Sitz des für die Schwedischen Reichslehen zuständigen obersten Gerichts, des sogenannten Wismarer Tribunals, quasi der schwedische Hauptort. Bis 1815 gingen diese Gebiete für Schweden nach und nach wieder verloren.

Mayer war schon seit einigen Jahren gegen die Pietisten publizistisch aktiv, wobei seine Gegnerschaft unter anderem auch von einer persönlichen Feindschaft zu dem seit 1691 in Berlin lebenden Philipp Jacob Spener gespeist wurde. Der war allerdings 1705 gestorben. Aber Mayer war weiterhin gegen die Pietisten aktiv. Nach der Besetzung Sachsens durch schwedische Truppen eilte er in das schwedische Lager in Altranstädt südöstlich von Leipzig und beriet mit König Karl XII. über den zunehmenden Einfluss der Pietisten und was dagegen zu tun sei. Im nahen Leipzig ließ er danach sein oben genanntes Buch drucken. Dieses Buch war ein heftiger, aber nicht ungeschickter Angriff auf die Pietisten, die Mayer unter anderem als „Betrüger und Seelen-Mörder" bezeichnete. Das Buch gliedert sich in zwei Teile. Im ersten Teil werden rhetorische Fragen, wie „Was seynd Pietisten?", „Was halten sie aber von Ketzern?" oder „Was lehren die Pietisten von Christo?", von Mayer im Wesentlichen anhand von meist tendenziös herausgesuchten Zitaten aus Werken pietistischer oder vermeintlich pietistischer Schriftsteller, darunter wiederholt auch Dippel, beantwortet. Konkret genannt und zitiert werden in diesem „Bericht von den gröbsten pietistischen Satanslehren" neben vielen anderen vor allem die Hallischen Pietisten, darunter explizit auch die bedeutenden Halleschen Professoren August Hermann Francke, Johann Samuel Stryk (1668–1715) und Christian Thomasius (1655–1728), der im Februar 1705 in Berlin verstorbene Spener und immer wieder auch Dippel, der von Mayer „der große Pietist" genannt wird. Der zweite Teil von Mayers Streitschrift bringt die deutsche Übersetzung von antipietistischen Edikten und Briefen der schwedischen Könige Karl XI. und vor allem Karl XII., „die fanatische und pietistische Sektiererei betreffend."

Dieses Buch erregte viel Wirbel und Ärger bei den von Mayer geschmähten Pietisten, die sich, wie zu dieser Zeit üblich, mit Gegenschriften gegen den Angriff Mayers wehrten. Auch Dippel vernachlässigte für einige Zeit

Unparteyische Gedancken/
Uber eines so genañten
Schwedischen
THEOLOGI
Kurtzen Bericht
von Pietisten &c.
nebst einer kurtzen
DIGRESSION,
Von der Brutalität und Illegalität des
Religions-Zwangs/
Und einen kleinen Anhang
Wider die
Theologische Facultät zu Halle/
entworffen durch
CHRISTIANUM DEMOCRITUM.
Gedruckt im Jahr 1706.

Abb. 29: Titelblatt von Dippels Buch „Unparteiische Gedanken über eines sogenannten schwedischen Theologi kurzen Bericht von Pietisten“ von Ende 1706

seine Laboratoriumsarbeit und verfasste eine solche Schrift, die er „Unparteiische Gedanken über eines so genannten Schwedischen Theologi kurtzen Bericht von Pietisten“ nannte.[74] Sie erschien im Januar 1707 unter seinem bekannten Pseudonym Christianus Democritus. Das Vorwort ist von Dippel auf den 10. Dezember 1706 datiert. Als Druckort wurde, offenbar zur Verschleierung, Laodicea angegeben. Drucker oder Verleger werden nicht genannt. Dieses Buch ist nun so aufgebaut, dass es Abschnitt für Abschnitt das Frage- und Antwortspiel Mayers wortwörtlich übernimmt, aber zusätzlich hinter jeder Antwort Mayers eine Bewertung und Widerlegung Dippels folgt, um, wie Dippel schreibt, „dem Gegner von Punct zu Punct zu antworten.“ Dippel nennt Mayer „theologischer Charletan“ und schreibt ihm eine „verblendete und boßhafftige Feder“ zu. Er bemerkt,

> „dass die Orthodoxen bloß für Ihren Bauch fechten, und deswegen unschuldige Leute zu Ketzern gemacht, weil sie ihr skandalöses Leben, und faules Ludern auf der Bärenhaut angetastet“.

Dippel hatte sein Buch offenbar schon fertig, es war aber noch nicht im Druck erschienen, als die Verteidigungsschrift der Hallischen Pietisten gegen Mayer auf dem Buchmarkt erhältlich wurde.[75] Diese hatten noch

74 Dippel 1706 b.
75 Anon. 1706.

vor Dippel Ende 1706 ein vom Aufbau her ganz ähnliches Buch herausgebracht, in dem sie sich gegen Mayer wehren aber auch ganz entschieden immer wieder von Dippel distanzieren. So schrieben sie unter anderem über Dippel, „mit Christiano Democrito haben wir nichts zu schaffen" und „der barmherzige Gott bewahre die Evangelische Kirche vor solchem Aussatz, dass derselbe nicht um sich greifen möge". Insbesondere dieser Satz empörte Dippel über alle Maßen, weshalb er im Postscriptum zu seinem Buch gegen Mayer nun auch die Hallischen Pietisten zum Ziel seines Angriffs machte, der dadurch zu einem Rundumschlag wurde.

Wegen seiner heftigen Kritik am schwedischen König wurde Dippel Anfang Februar 1706 auf Betreiben des schwedischen Gesandten von preußischen Soldaten verhaftet und in die Hausvogtei gebracht. Das war das Berliner Gefängnis, welches für die Personen zuständig war, die nicht der Städtischen sondern direkt der Königlichen Rechtsprechung unterlagen. Es wurde damals vom Hausvogt Wendelin Lonicerus (1675–1719) geleitet und befand sich in einem alten Turm nahe dem Schloss. Der heutige Berliner Hausvogteiplatz ist nach einem späteren Standort dieses Berliner Gefängnisses benannt. Dippel hat während seiner kurzen Haftzeit in der Hausvogtei ein Gedicht mit dem Titel „Berlinische Arrest-Gedanken" verfasst, welches allerdings erst posthum in seinen gesammelten Werken im Druck erschien. Trotzdem wollen wir uns kurz einer der insgesamt 10 Strophen widmen, da sie die Gemütslage von Dippel in dieser Zeit und seine Einschätzung des Grundes der Verhaftung recht gut wiedergeben:

> „Ihr sollt den lassen gehn in Fried,
> Den Euer Sodom plagte,
> Nehmt an, zu guter Letzt, dies Lied,
> Da man ihn selbst verjagte,
> Und doch zugleich erst halten wollt,
> Weil Ketzerei sich mit dem Gold
> in Euren Augen paarte;
> Das Gift wär worden gut und rein,
> Wenn es in güldnen Büchsen fein
> Sich klüglich selbst verwahrte."[76]

---

76 Dippel 1747 a.

So viel dazu. Man führte nun eine Untersuchung gegen Dippel,[77] wobei sein Buch auch von einem sachverständigen Theologen auf seine Vereinbarkeit mit den herrschenden religiösen Ansichten hin überprüft wurde. Der Sachverständige fand in dem Buch eine ganze Menge auszusetzen, so Dippels Haltung bezüglich der Taufe und der Beichte sowie hinsichtlich der Lehre von der Trinität, also dem Dogma, dass Gott in drei Erscheinungsformen auftritt, als Vater, als Sohn und auch noch als Heiliger Geist. Konkret schrieb der namentlich nicht bekannte Gutachter zu groben Fehlern in Dippels Schrift, Dippel sage,

> „die Taufe gehöre eigentlich nicht zum Evangelium“ und „die Kindtaufe sei eine Menschen-Satzung“, „den Beichtstuhl nenne er nicht nur einen Stuhl der Pestilenz, einen verfluchten und verteufelten Beichtstuhl, [...] sondern auch ein absurdes Gaukel- und Affenspiel.“

Schließlich nenne er „die Lehre von der Trinität einen selbstgeschnitztten Popanz der faulen Klerisei“. Dieses Gutachten verschwand aber einfach nur in den Akten, denn man hatte kein großes Interesse daran, hart gegen Dippel vorzugehen. Es wurde dann auch wenige Tage nach seiner Verhaftung festgelegt, dass Dippel gegen eine Kaution von 2.000 Talern aus der Haft entlassen werden könne, wenn er schriftlich versichere, Berlin bis zu einer Entscheidung in seiner Sache nicht zu verlassen, jederzeit der eingesetzten Kommission für Fragen zur Verfügung zu stehen und sich weiteren Schreibens zu religiösen Themen zu enthalten. Graf August von Wittgenstein übernahm eine Bürgschaft für die 2.000 Taler Kaution für seinen Schützling, der sich wieder in sein Laboratorium begab. Aber Dippels Briefschaften waren nach wie vor beschlagnahmt und lagen bei General-Fiscal Wilhelm Duhram (1658–1735), der das Verfahren gegen Dippel führen sollte. Das ließ Dippel keine Ruhe, denn er wusste einen Brief, den er 1705 an den schwedischen König schicken wollte, unter den beschlagnahmten Unterlagen. In diesem Brief hatte er sich auch sehr negativ über den preußischen König und seine Regierung geäußert. Was Dippel nicht wusste war, dass man seine schriftlichen Unterlagen nur nach alchemis-

77 Geheimes Staatsarchiv Preußischer Kulturbesitz Berlin, Signatur: I. HA Geheimer Rat, Rep. 9 Allgemeine Verwaltung, D 4 c Hausvogtei, Spezialia, Fasz. 24 – Haft des Theologen Dippelius, Entlassung, Kaution des Grafen August von Wittgenstein, 1707.

tischen Rezepten durchsuchte, ansonsten aber kein weiteres Interesse an den Briefen bestand. Daher hat Dippel dann am 21. Februar 1707 einen für ihn fatalen Brief an den General-Fiscal Wilhelm Duhram geschrieben. Er schreibt in diesem Brief, dass unter seinen nach wie vor beschlagnahmten Briefschaften auch ein Brief sei, den er 1705 an den schwedischen König geschrieben habe. Er würde befürchten, dass er wegen dieses Briefes erneut vernommen werden würde, und möchte dieses durch die Erklärungen in dem vorliegenden Brief vermeiden. Er schreibt weiter, dass er nach seiner Ankunft in Berlin wegen seiner Kenntnisse in der Alchemie sehr bedrängt worden sei. Daher habe er Berlin wieder verlassen wollen und damals diesen Brief an den schwedischen König geschrieben, um ihm seine Dienste anzubieten. Diesen Brief habe dann sein Diener dem Schwedischen Gesandten Graf Anders Lejonstedt (1649 – 1725) übergegeben, der ihn an den schwedischen König weiterleiten sollte und wollte. Als Dippels Diener nach verabredeter Zeit wieder beim schwedischen Gesandten erschien, um die Antwort des schwedischen Königs entgegenzunehmen, stellte sich heraus, dass der Brief gar nicht abgeschickt worden war. Graf Lejonstedt hatte den Brief gelesen und dann entschieden, einen solchen Brief, der den preußischen Hof in so schlechtes Licht rückte, nicht weiterzuleiten.

Was war der Grund dafür? Schweden befand sich 1707 seit mehreren Jahren im langwierigen Großen Nordischen Krieg. Seit 1700 versuchte nämlich eine Koalition aus Dänemark, Russland und Sachsen-Polen, der Großmacht Schweden in einem weit ausgreifenden Angriffskrieg große Teile des schwedischen Reiches abzujagen. In den ersten Jahren dieses über 20 Jahre anhaltenden Konfliktes blieben die vom jungen König Karl XII. (1682 – 1718) selbst geführten schwedischen Truppen jedoch auf allen Kriegsschauplätzen siegreich. In diesem Zusammenhang rückte eine schwedische Armee unter Führung des Königs im Spätsommer 1706 von Polen kommend über das habsburgische Schlesien in Sachsen ein und besetzte das Kurfürstentum. Ein befestigtes Lager wurde in Altranstädt bei Leipzig errichtet. Auch Karl XII. selbst richtete hier sein Hauptquartier ein. Es bestand bis September 1707. Aber Schweden stand nach wie vor allein gegen eine große Übermacht an Gegnern. Daher versuchte man, ein Bündnis mit dem Königreich Preußen abzuschließen und die

Abb. 30: Denkmal des schwedischen Königs Karl XII. in Stockholm

Preußen auf schwedischer Seite zum Kriegseintritt zu bewegen. Neben dem Grafen Lejonstedt war auch noch der schwedische Sondergesandte Johan Rosenhane (1642 – 1710) in dieser Richtung tätig. Da konnte man es überhaupt nicht gebrauchen, einen von der preußischen Regierung angestellten Hofalchemisten nach Schweden abzuwerben und eventuell auch noch dessen negative Bewertungen des preußischen Hofes publik werden zu lassen.

Dippel hatte den Brief, nachdem er ihn zurück bekommen hatte, bei seinen jetzt beschlagnahmten Unterlagen mit aufbewahrt. Dippel versuchte nun in seinem Brief an Duhram weiter zu erklären, warum er in dem Brief an den schwedischen König nicht sehr schmeichelhaft über den preußischen Hof geschrieben hatte. Duhram lässt daraufhin den ihm offenbar bisher unbekannten Brief heraussuchen und schreibt über diesen Vorfall am 23. Februar 1707 an den preußischen König:

> „Nachdem Dippelius aus der Hausvogtei gelassen worden, hat er an mich geschrieben […] und zu wissen getan, dass unter seinen Briefschaften ein Schreiben an den König in Schweden vom Jahr 1705 sich finden würde, deshalb er besorgen müsste, dass man Ihn noch einmal verhören würde. […] Ich habe deshalb solches Schreiben aufsuchen lassen."

Duhram schreibt weiter, dass Dippel in dem Schreiben der

> „Königlichen Majestät in Schweden sein Arcanum in der Alchemie offenbaren wollen, als eine unerschöpfliche Quelle des Reichtums. Er

> hat aber dabei mit genugsamen Respekt von Ehrwürdiger Königlicher Majestät nicht geschrieben, und Dero Hof und Minister sehr schimpflich abgemalt."

Der lateinische Brief von Dippel an den König von Schweden, mit Datum vom 2. Mai 1705, liegt ebenfalls bei den Akten. Duhram zitiert in seinem Schreiben an den König auch zwei Stellen aus dem Brief, in denen der preußische König und sein Hof harsch kritisiert werden. Der preußische König ordnet daraufhin die erneute Festnahme von Dippel wegen Majestätsbeleidigung an. Als die Soldaten in Dippels Unterkunft auftauchten, war er gerade außer Haus. Er erfuhr dann von der geplanten Festnahme und floh zusammen mit Rosenbach aus Berlin in Richtung Süden, ohne sein Logis noch einmal betreten zu haben.

Dabei kam Dippel auch durch das schwedisch besetzte Sachsen. Um nicht aufzufallen, verkleidete er sich mit einer blauen schwedischen Offiziersuniform und erreichte dann unbehelligt den Hof des thüringischen Kleinstaates Grafschaft Reuß-Köstritz, dessen Herrscher Heinrich XXIV. Graf Reuß zu Köstritz (1681 – 1748) ein Freund von Francke war und dem Pietismus zuneigte. Er nahm Dippel vorerst auf.

Nachdem Dippel aus Berlin verschwunden war, wurde unter Trommelschlag auf allen öffentlichen Plätzen bekannt gegeben, dass jeder, der dem Flüchtigen Vorschub leisten würde, ebenso wie dieser selbst bestraft werden würde. Dippels Schrift gegen Mayer wurde öffentlich durch den Henker verbrannt und der Drucker mit 500 Taler Geldbuße belegt.

Für den Grafen August von Wittgenstein hatte die Flucht Dippels noch ein unangenehmes Nachspiel, denn er hatte ja für die 2.000 Taler Kaution persönlich gebürgt. König Friedrich erließ an den Kämmerer Wilhelm Heinrich von Stosch (1650 – 1714) im April 1707 den Befehl, dass die Kaution, „nachdem Dippelius sich aus dem Staube gemacht" hat, durch Wittgenstein an das Neue Berlinische Waisenhaus zu zahlen sei. Wittgenstein zahlte aber nicht. König Friedrich wurde nun ärgerlich und erließ im August einen direkten persönlichen Befehl an Wittgenstein, nun endlich seiner Zahlungspflicht nachzukommen und die Kautionssumme zu bezahlen. Jetzt musste Wittgenstein reagieren und das tat er nicht ungeschickt. Ein ausgebuffter Jurist verfasste für ihn eine juristische Stellungnahme zu dieser Frage. Darin heißt es unter anderem, dass Dippel ja nicht wegen der Sache geflohen wäre, für die er die Kaution gestellt hatte, sondern wegen einer anderen Sache. Daher müsste Wittgenstein auch nicht zahlen. An anderer Stelle schreibt der Jurist, dass Dippel deshalb geflohen sei, weil er trotz Kaution wieder verhaftet werden sollte. Deshalb müsste Wittgenstein nicht zahlen. Durch diese geschickten juristischen Argumente gelang es Graf August von Wittgenstein, eine Zahlung der von ihm für Dippel verbürgten 2.000 Taler zu vermeiden.

2.2 Frisch und Diesbach als Produzenten des Berliner Blaus

Nachdem Dippel aus Berlin geflohen war, tat sich Johann Jacob von Diesbach für die zukünftige Berliner-Blau-Produktion mit dem Lehrer am Gymnasium „Zum Grauen Kloster", Johann Leonhard Frisch, zusammen; wir haben ihn schon kennengelernt. Auch Frisch und von Diesbach kannten sich schon länger, nach einer kurzen Bemerkung von Frisch in einem seiner Briefe an Leibniz, bereits seit 1701. Offenbar war Frisch an Unterricht in chemisch-alchemistischen Labortechniken interessiert gewesen und er hatte sich von Diesbach solchen Unterricht geben lassen.

Die weiteren im Folgenden dargestellten Informationen über die gemeinsame Berliner-Blau-Produktion von Frisch und Diesbach haben wir aus den schon erwähnten Briefen, die Frisch aus Berlin an Leibniz nach Hannover geschrieben hat.[78] Übrigens hatte sich Leibniz von November 1706 bis Mai 1707 in Berlin aufgehalten.[79] Er wird also den Eklat um Dippel im Februar 1707 hautnah mitbekommen haben. Der erste Brief an Leibniz, in dem Frisch das Berliner Blau erwähnt, wurde etwa ein Jahr später geschrieben, im März 1708. Zu dieser Zeit hatte Frisch nach eigener Aussage schon einiges Geld mit dieser Farbe eingenommen. Im April des gleichen Jahres behauptet Frisch sogar, er habe die Qualität des Berliner Blaus verbessert, so dass es jetzt die Scheidewasserprobe aushalten würde. Es würde durch die Scheidewasserbehandlung sogar schöner. Wie das chemisch zu erklären ist, dazu etwas mehr bei der Betrachtung der Entwicklung der Herstellungsprozedur. Außerdem habe er die Produktionskosten um zwei Drittel gesenkt, schreibt Frisch noch. Scheidewasser

78 Fischer 1896. Wenn nicht anders angegeben, stammen die folgenden Angaben zu Frischs und von Diesbachs Tätigkeit aus dieser Quelle.

79 Brather 1993, 179–198.

ist eine mäßig konzentrierte Salpetersäure, die zur Scheidung, also Trennung, des Goldes vom Silber verwendet werden kann, denn Silber ist in Scheidewasser löslich, Gold nicht.

Wie lief denn nun die Zusammenarbeit zwischen Frisch und Diesbach? Nach Frischs Angaben standen er und Diesbach „wegen der blauen Farbe in Societät", wobei Diesbach wohl alleine für die eigentliche Herstellung verantwortlich war, denn Frisch schreibt auch: „H. Diesbach hat die Arbeit davon, welche mir zu viel Zeit von meinen Studien wegnehmen würde." Frisch war dann wohl für Vertrieb und Verkauf zuständig. Jens Bartoll von der Stiftung Preußische Schlösser und Gärten nennt ihn den ersten Produktmanager des Berliner Blau.[80] Frisch schätzte Diesbachs chemische Experimentierkunst sehr hoch ein, hielt ihn jedoch eher für einen Handwerker, nicht für einen Wissenschaftler. So schreibt er über Diesbach: „In Handgriffen ist er in der Chymie vortrefflich, aber er hat kein Fundament in der Wissenschaft und der Natur." Frisch war auch der Meinung, dass die Herstellung des Berliner Blaus nicht so einfach sei und nur das Rezept dafür noch nicht ausreichen würde, sie nachzumachen. So schrieb er an Leibniz: „Ich wollte einem alle umstände bei meiner Farbe sagen, er sollte doch kein Lot machen können, ohne die Arbeit selbst gesehen zu haben."

Kommen wir noch einmal zu Johann Jacob von Diesbach. In vielen Dokumenten, in denen er auftaucht, so in den Briefen von Frisch an Leibniz, in der Chronik der Friedrichstadt von Berger und anderswo, wird er immer nur Diesbach, Herr Diesbach oder Johann Jacob Diesbach genannt. Das Adelsprädikat „von" taucht dort nirgendwo auf. Woher wissen wir dann, dass er tatsächlich Johann Jacob von Diesbach hieß? Aus den entsprechenden Berliner Kirchenbüchern, in denen unser Berliner-Blau-Erfinder wiederholt auftaucht![81] Den ersten derartigen Eintrag finden wir im Kirchenbuch einer Berliner Vorstadtkirche, nämlich der Kirche vor dem Köpenicker Tor, die ab 1694 für die Cöllnische Vorstadt errichtet worden war. Das Köpenicker Tor befand sich damals etwa an der heutigen Kreuzung von Wallstraße und Neuer Roßstraße in der Nähe des U-Bahnhofs Märkisches Museum. Die Vorstadt vor dem Köpenicker Tor wurde später zum Stadtteil Luisenstadt, der heute teilweise zu Berlin-Mitte, teilweise zu Berlin-Kreuz-

80 Bartoll 2010, 221.
81 Kraft 2017.

Abb. 31: Kirchenbucheintrag der Hochzeit von „Johan Jacob von Dießbach“ mit „Eleonora Dorothea Müllerin“ aus dem Jahr 1708

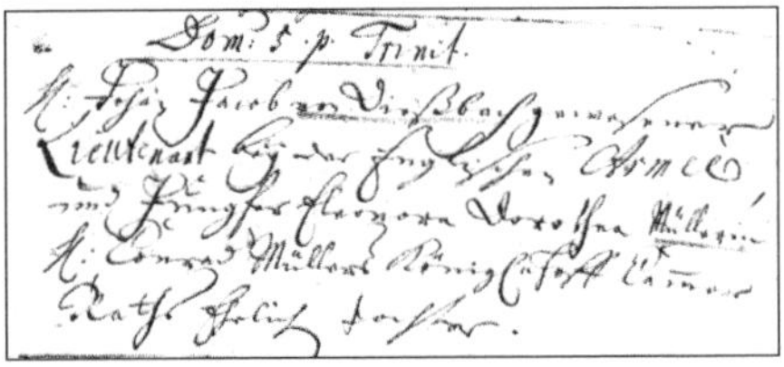

berg gehörig ist. Im Kirchenbuch dieser Kirche wurde die Hochzeit des gewesenen Lieutenants der englischen Armee Johann Jacob von Diesbach mit der ehelichen Tochter des Hofkammerrats Conrad Müller, der Jungfer Eleonora Dorothea Müllerin, verzeichnet und zwar für den 8. Juli 1708.

Alle weiteren Kirchenbucheintragungen, in denen Johann Jacob von Diesbach oder seine Familienmitglieder auftauchen, finden sich in den Aufzeichnungen von Kirchen des Stadtteils Friedrichstadt. Wir können also annehmen, dass die Familie von Diesbach in diesem Stadtteil wohnte. Erster Prediger der lutherischen Gemeinde in der Friedrichstadt war übrigens Joachim Ernst Berger, der Autor der handschriftlichen Chronik über die Friedrichstadt, in der die Erfindung des Berliner Blau durch Diesbach für das Jahr 1706 vermerkt ist. Johann Jacob von Diesbach gehörte allerdings der reformierten Gemeinde an.

Kurz nach der Hochzeit wurden dem frischgebackenen Ehepaar von Diesbach zwei Söhne geboren, die Zwillinge Johann Jacob und Conrad Gottlieb. Conrad Gottlieb von Diesbach starb dann schon Anfang Januar 1711, während Johann Jacob von Diesbach Junior später in die Fußstapfen seines Vaters treten sollte und ebenfalls Berufssoldat wurde. Er schaffte es bis zum Capitain in der holländischen Armee.

Im gleichen Jahr 1708, in welchem von Diesbach heiratete, stieg sein Kompagnon Frisch in der Hierarchie des Gymnasiums „Zum Grauen Kloster“ die erste Stufe vom Subrektor zum Konrektor auf, nachdem der vorige Rektor, der auch als Dichter bekannte Samuel Rodigast (1649–1708) gestorben und Christian Friedrich Bodenburg (1678–1726) an seine Stelle gerückt war.

Wie kommt es, dass der Schweizer Adlige und ehemalige Offizier im allgemeinen Umgang offenbar nur als Bürgerlicher unter Weglassung seines Adelsprädikates auftrat? Es ist ja ganz offensichtlich so, dass von Diesbach nach der Beendigung seiner Armeekarriere den Beruf eines Laboranten gewählt hatte. Das war ganz sicher nicht standesgemäß für einen Adligen. Zwar war es ganz normal, dass man als Adliger in einem alchemistischen Laboratorium aktiv war, aber man musste dann schon auf Gold und Silber experimentieren. Der simple Broterwerb als chemisch-alchemistischer Laborant war sicher nicht das Richtige für einen Adligen. Das wird der Grund dafür gewesen sein, dass man Johann Jacob von Diesbach in seiner Berliner Umgebung dann eben nur als Herrn Diesbach kannte. Nur bei offiziellen Anlässen, wie bei den in den Kirchenbüchern festgehaltenen Hochzeiten, Taufen und Trauerfällen, fand der offizielle Name von Diesbach Verwendung.

Doch weiter mit der Berliner-Blau-Produktion von Frisch und von Diesbach in Berlin. Frisch berichtet an Leibniz, dass nur sie beide, er und Diesbach, das „Secretum" der Herstellung des Berliner Blaus hätten. Von 1709 an erfährt Leibniz immer mal wieder etwas über die kommerziellen Erfolge, die Frisch und Diesbach mit ihrer blauen Farbe haben und über renommierte Maler, die sie verwenden. So erfährt man im September 1709, dass Tobias Querfurt (1660 – 1734) in Wolfenbüttel diese Farbe seit einiger Zeit nutzt und immer wieder für sich und andere Maler nachbestellt. Überhaupt würde jeder Maler, der sie einmal verwendet hat, bei dieser blauen Farbe bleiben. Tobias Querfurt war Hofmaler des Herzogs Anton Ulrich von Braunschweig-Wolfenbüttel (1633 – 1714), der wiederum mit Leibniz befreundet war. Leibniz war auch Bibliothekar im Nebenamt in der von Herzog Anton Ullrich stark ausgebauten und auch heute noch bedeutenden Herzog August Bibliothek in Wolfenbüttel. Von Tobias Querfurts Werken ist leider kaum etwas erhalten.

Zur Information von interessierten Malern hatte von Diesbach ein Informationsblatt drucken lassen. Einen solchen „Zettel" schickte Frisch 1709 nach Hannover. Der in Berlin lebende Schweizer Maler Joseph Werner, er war bis 1700 Präsident der Akademie der Künste in Berlin gewesen, würde die neue Farbe schon länger verwenden und sie an Malerkollegen verschicken, berichtet Frisch auch 1709.

1710 wurde Berliner Blau erstmals nach England exportiert[82] und 1716 wurde auch Russland zu einem Abnehmerland für Berliner Blau. Über

82 Brief von J. L. Frisch and G. W. Leibniz vom 7.11.1710, in: Gottfried Wilhelm Leibniz: Sämtliche Schriften und Briefe, Reihe I, Allgemeiner, politischer und historischer

Leibniz gelangten Proben des Berliner-Blau-Pigments auch an einige von dessen Briefpartnern, so 1711 an den Basler Mathematiker Johann Bernoulli (1667–1748) und im gleichen Jahr an den deutsch-französischen Chemiker Guillaume (Wilhelm) Homberg (1652–1715) in Paris.

Es gibt aber auch Probleme. Schon Mitte 1709 taucht in Berlin gefälschtes Berliner Blau auf, wahrscheinlich auf der Basis von Indigo. Es würde die Probe nicht halten und die Maler betrügen. Frisch bemüht sich daher, von der Akademie der Künste und der Sozietät der Wissenschaften jeweils eine Approbation zu erhalten. Und zwar soll die Sozietät der Wissenschaften die Erfindung bestätigen und die Akademie der Künste auf die „Tüchtigkeit und Güte dieser Farbe" hinweisen. Frisch schwebt dabei eine Art Zertifikat vor, auf dem steht „mit Approbation der Societät der Wissenschaften und Akademie der Künste Seiner Königlichen Majestät in Preußen und den Preußischen Adler mit der blauen Farbe dazu gedruckt." Ob es dazu kam, bleibt ungewiss, denn bis heute wurde kein Exemplar eines solchen Zertifikates gefunden.

Das Berliner Blau wurde zumindest in den Anfangsjahren der Produktion in Berlin von Frisch zum Preis von 30 Talern pro Pfund verkauft. Das sei ein Zehntel des Preises von Ultramarin, dem schärfsten Konkurrenzprodukt zum Berliner Blau gewesen. Wie groß war der Umsatz von Frisch und von Diesbach in dieser Zeit? Das wissen wir leider nicht, aber vielleicht können wir es abschätzen: Frisch schreibt nämlich im Oktober 1712 an Leibniz, dass ihm einige Italiener viel Geld für das Geheimnis der Berliner-Blau-Produktion geboten hätten. Die angebotene Summe sei aber nicht hoch genug gewesen, da er, Frisch, jährlich Einnahmen habe, die den Zinsen von 12.000 Talern angelegten Geldes entsprechen würden und so viel hätten ihm die Kaufinteressenten nicht geboten. Wenn wir einen, damals nicht unüblichen Zinssatz von 5 % annehmen, würden die Einnahmen 600 Taler im Jahr betragen. Wenn man annimmt, dass das der jährliche Gewinn ist und der Umsatz dieses Monopolproduktes bei 1.200 Talern gelegen hat, würde das einer jährlichen Produktionsmenge von 40 Pfund Berliner Blau entsprechen. Aber das ist nur eine Annahme.

Briefwechsel, Transkriptionen 1710, Internetpublikation 17.10.2018: <http://www.gwlb.de/Leibniz/Leibnizarchiv/Veroeffentlichungen/Transkriptionen1710roh.pdf>, 296 (letzter Abruf am 3.1.2019).

Schon 1715 wurden allein nach Paris 100 Pfund Berliner Blau geliefert. Zwei Ultramarinfabriken mussten dort schließen, weil ihr Produkt vom preiswerteren Berliner Blau verdrängt worden war. Die hohen Einnahmen von 3.000 Talern allein aus dem Paris-Geschäft des Jahres 1715 verwendete Frisch, um 20 (!) Grundstücke vor dem Spandauer Tor zu kaufen. Dort legte er eine private Seidenraupenzucht an. Frisch beklagt sich auch bei Leibniz, dass er gar nicht so viel Berliner Blau herstellen könne, wie im Voraus bestellt werden würde. Aber natürlich hat nicht nur Frisch finanziell von dem Berliner Blau profitiert, sondern auch sein Geschäftspartner Johann Jacob von Diesbach, der ja einer der Erfinder des Produkts und offenbar auch der eigentliche Produzent war. So heißt es in einem Frisch-Brief von 1715, Diesbach habe „sein reichliches Auskommen, so dass er seinem Schwiegervater schon einige Male" ausgeholfen habe. Damit kennen wir eine ganze Menge Einzelheiten aus den ersten Jahren der Berliner-Blau-Produktion in Berlin. Mit dem Tod von Gottfried Wilhelm Leibniz im November 1716 endet natürlich auch dieser Briefwechsel und die Informationsquelle versiegt. Somit wissen wir nun, wie es in den ersten zehn Jahren nach der Erfindung des neuen Pigmentes mit einem der Erfinder, nämlich Johann Jacob von Diesbach, und mit der Erfindung selbst weiter gegangen ist.

2.3 Caspar Neumann in Berlin

Wir hatten gesehen, dass der Züllichauer Apothekergeselle Caspar Neumann 1705 nach Berlin gekommen war. Hier begann er als Apothekergeselle in der Apotheke „Zum schwarzen Adler" „vor dem Königs-Thor an der Ecke bey St. Georgii Kirchen", also im Bereich des heutigen Alexanderplatzes, zu arbeiten. Nach kurzer Zeit wurde Neumann vom Königlich Preußischen Reiseapotheker Johann Caspar Conradi für die Hofapotheke am Schloss abgeworben. Nach einigem Widerstreben trat Neumann in die Hofapotheke ein, in der er nun etwa sieben Jahre lang tätig sein sollte. Als Geselle des Reiseapothekers begleitete er den König Friedrich I. und dessen Hofstaat auf seinen Reisen unter anderem zweimal, 1706 und 1711, nach Holland, ebenfalls 1706 nach Hannover, 1708 ins Karlsbad, im gleichen Jahr nach Schwerin und 1709 nach Preußen. Während der Reise nach Preußen erhält Neumann in Marienwerder, wo sich König

Friedrich mit dem russischen Zar Pjotr trifft, von dessen Leibarzt Areskin das Angebot, gegen gute Bezahlung in russische Dienste zu treten. Dieses Angebot, wie auch einige andere, die er in seiner Zeit bei der Reiseapotheke erhält, nimmt er nicht an. Während der Berlin-Aufenthalte des Königs war der Reiseapotheker Neumann in der Berliner Hofapotheke tätig, die in einem Seitenflügel des Schlosses untergebracht war. Dabei wird Caspar Neumann sicher auch die Erfindung und beginnende kommerzielle Auswertung des neuen Blaupigmentes mitbekommen haben. Vielleicht hat er auch schon überlegt, wie man hinter das Geheimnis der Produktion kommen könnte. Aber noch war es nicht so weit.

Als er in einem Sommer im Schloss Charlottenburg, wo sich der Hofstaat aufhielt, Klavier spielte, wurde der König auf ihn aufmerksam. Fortan musste Neumann, der nicht nur musikalisch talentiert sondern auch gut ausgebildet war, des Öfteren vor dem König musizieren. Der König, in dessen besonderer Gunst Caspar Neumann nun stand, wollte ihm auf Anraten seines Leibarztes Friedrich Hoffmann ein Medizinstudium in Halle ermöglichen. Der Erste Königliche Leibarzt Andreas von Gundelsheimer (1668 – 1715), mit dem sich Neumann nicht so gut verstand und der ein erbitterter Gegner Hoffmanns war, hintertrieb dies aber. 1711 beschloss der König dann, Neumann eine Bildungsreise durch Europa zu finanzieren, bei der er seine chemische und pharmazeutische Ausbildung verbessern sollte, um später für eine Führungsposition ausreichend qualifiziert zu sein. Doch dazu später, denn jetzt kommen wir endlich wieder zu unserem Theologen und Alchemisten Johann Conrad Dippel.

2.4 Dippel in den Niederlanden

Wir erinnern uns, Dippel war im Februar 1707 nach einer kurzen Inhaftierung im Berliner Hausvogtei-Gefängnis zusammen mit Johann Georg Rosenbach aus Berlin geflohen und bis in die pietistenfreundliche Grafschaft Reuß-Köstritz in Thüringen gelangt. Hier hielten sich die beiden einige Zeit in Hohenleuben und dem heute durch sein Schwarzbier bekannten Köstritz auf, reisten dann aber weiter in Richtung Westen nach Frankfurt am Main. Damit war Dippel wieder in seinem heimatlichen Hessen. Sicher wird Dippel bei dieser Gelegenheit seine noch in

Nieder-Ramstadt lebende Familie besucht haben, seine erst 1710 verstorbene Mutter Anna Eleonora Dippel, geborene Münchmeyer und seinen Bruder Johann Albert Dippel mit dessen Familie. Hier in Hessen wurde Dippel wieder mit alten Problemen konfrontiert, aber es taten sich auch neue Chancen auf. Zuerst zu den Problemen: Er hatte sich ja vor seinem Weggang nach Berlin in Hessen Geld für den Aufbau und Betrieb eines chemischen Laboratoriums geliehen. Das verlangte man nun von ihm zurück. Das ergibt sich zumindest aus einem Antwortbrief von Dippel, den er am 22. Mai 1707 in Darmstadt geschrieben hat.[83] Aus diesem Brief erfährt man, dass der Fürstlich Hessen-Darmstädtische Bergrat Michael Adam Brumm auf Befehl seines Herrn für den Fürsten von Hessen-Homburg bei Dippel die Rückzahlung der Schulden gefordert hat. Dippel lehnt das in seinem Antwortbrief rundweg ab, aber damit wird er sicher nicht auf längere Sicht durchkommen. Daher war schnell klar geworden, dass Dippel nicht längere Zeit in Hessen würde bleiben können.

Da traf es sich ganz gut, dass er vom dänischen Hof angesprochen wurde, ob er nicht mit dem Titel eines dänischen Kanzleirates nach Altona kommen wolle. Vermutlich wollte man so einen vielversprechenden Alchemisten ins dänische Herrschaftsgebiet holen. Für Dippel war das die Chance, auf die er gewartet hatte. Dippel überlegte nicht lange, sondern griff zu. Wahrscheinlich weil er in seiner Heimat noch das eine oder andere zu erledigen hatte, schickte er seinen Begleiter Rosenbach schon mal als Vorhut nach Altona, um etwas später selbst nachzukommen. Im Juni 1707 finden wir Rosenbach in Altona, spätestens im September desselben Jahres ist auch Dippel in dieser Nachbarstadt und von Dänemark geförderten Konkurrentin zum großen Hamburg.[84]

Kurz ein paar Worte zum damaligen Altona. Das war eine im Herzogtum Holstein liegende, der Freien Reichsstadt Hamburg benachbarte Handelsstadt. Die Herzogtümer Holstein und Schleswig gehörten schon längere Zeit zu Dänemark, beziehungsweise, so ist es korrekter, der dänische König war auch Herzog von Holstein und von Schleswig. Das Herzogtum Holstein war auch Teil des Deutschen Reiches, Schleswig nicht.

83 Historisches Archiv des Germanischen Nationalmuseums Nürnberg, Signatur: DE-611-HS-171168.

84 Fritz 1949, 54.

Als Herzog von Holstein war der dänische König mithin auch Reichsfürst und hatte eine Stimme im Deutschen Reichstag.

Dippel und Rosenbach blieben höchstens einige Monate in Altona. Was ist der Grund? Eine im Zweiten Weltkrieg zusammen mit dem Altonaer Stadtarchiv vernichtete Urkunde gab darüber Auskunft.[85] Demnach soll Dippel,

> „jetziger Einwohner unserer Stadt Altona" von „dem gemeinen Pöbel daselbst […] in seinem Wohnhaus […] insultieret und angefallen worden sein". Es ergeht der Befehl, dieses abzustellen, so dass Dippel und „dessen gesamte Domestiquen […] unmolestieret und ungehindert sein Domicilium daselbst fortsetzen und behalten könne".

Offensichtlich waren Teile der Bürgerschaft mit dem Aufenthalt Dippels in Altona nicht einverstanden. Ob es daran lag, dass er Alchemist war oder ob seine theologischen Ansichten dafür entscheidend waren, wissen wir nicht. Nur soviel ist klar: noch im Laufe des ausgehenden 1707er Jahres verließen Dippel und Rosenbach Altona und gingen in die Niederlande nach Amsterdam. Doch sie sollten beide noch einmal nach Altona zurückkehren, allerdings jeder für sich.

In den Niederlanden, man wohnt vorerst in Amsterdam bei einem Medicus, verlässt Rosenbach Dippel, weil er Zweifel hat, dass Dippels Weg der Richtige ist. Wir werden später noch einmal kurz auf Rosenbach zurückkommen, der 1708 als Erstes wieder nach Halle geht.

Was macht Dippel nun eigentlich in den Niederlanden? Zuerst einmal wohnt er inkognito bei einem Arzt in Amsterdam. Er ist weiter als Chemiker-Alchemist aktiv, möchte aber auch Arzt werden. Viele Informationen, die wir zu Dippels Aufenthalt in den Niederlanden haben, stammen aus erhaltenen Briefen, die er seinem Freund Baron Friedrich Philipp von Geuder, genannt Rabensteiner (1659 – 1727) nach Utrecht geschickt hat.[86]

Baron Geuder, genannt Rabensteiner stammte aus der über Jahrhunderte in Franken und speziell in Nürnberg und Heroldsberg ansässigen Ritterfamilie der von Geuder.[87] Der Familienzweig der von Geuder, ge-

85 Gierlinger 1928.

86 Briefe an den Baron von Geuder, genannt Rabensteiner, Landesarchiv NRW Abteilung Westfalen, 6507, Msc. VII, Regierungsbezirk Arnsberg, Fürstentum Nassau-Siegen, 1705 – 1737, Briefe von Johann Conrad Dippel von 1706 bis 1715.

87 Biedermann 1748, hauptsächlich Tabula LIII, LV.

nannt Rabensteiner wurde von seinem Großvater Johann Philipp von Geuder (1597–1650) begründet. Dieser Johann Phillipp von Geuder war in zweiter, kinderloser Ehe mit Anna Elisabeth verheiratet, einer geborenen Rabensteiner von Döhlau. Sie war der letzte Nachkomme des Rabensteiner-Geschlechtes, einer alten Ritterfamilie aus Franken. Die Kinder aus Johann Philipps erster Ehe nahmen daher die Bezeichnung Rabensteiner in ihren Namen auf.

Unser Baron Geuder, genannt Rabensteiner, Freund von Johann Conrad Dippel, stammte aus der dritten Generation der Familie mit diesem etwas umständlichen Titel. Er war eine ganz erstaunliche Persönlichkeit. Anders als seine drei Brüder wurde er von seinen Eltern nicht für das Kriegshandwerk sondern, wie man sagte, für die Gelehrsamkeit bestimmt. Nach seinem Studium in Altdorf und Frankfurt an der Oder wurde er Prinzenerzieher und war für verschiedene Familien des deutschen Hochadels tätig. Zuerst führte er 1686 drei der jüngsten Raugrafen zu Pfalz nach Holland und nach Wolfenbüttel an die dortige Ritterakademie. Da kam es zu einer Katastrophe: Der knapp 16-jährige, unter seiner Aufsicht stehende Karl Kasimir kam nach einem Streit und anschließendem Duell mit einem gleichaltrigen Grafen Anton Ulrich von Waldeck ums Leben. Später wurde Geuder, genannt Rabensteiner Kammerjunker des Erbprinzen von Braunschweig-Wolfenbüttel. 1691 trat er dann als Geheimer Rat und Hofmeister in Fürstlich-Nassauische Dienste in Siegen. Dort traf er offenbar die Frau seines Lebens, die noch nicht dreißigjährige verwitwete Herzogin Ernestine Charlotte von Nassau-Siegen (1662–1732). Ihr Mann war im Januar 1691 gestorben und sie hatte für die minderjährigen Söhne die vormundschaftliche Regentschaft übernommen. Herzogin Ernestine Charlotte und Baron Johann Philipp heirateten heimlich, weil ihre Verbindung nicht standesgemäß war. In der Zeit der Minderjährigkeit des Erbprinzen wurde das Herzogtum Nassau-Siegen von Baron Geuder, genannt Rabensteiner als Gouverneur regiert. Nachdem Ernestine Charlottes Sohn Friedrich Wilhelm Adolf (1680–1722) im Jahr 1701 die Regierung von Nassau-Siegen übernommen hatte, lebte das Ehepaar im niederländischen Utrecht, um Nachforschungen, ob sie nun verheiratet wären oder nicht, aus dem Wege zu gehen. Offiziell fungierte Baron Geuder, genannt Rabensteiner bis an sein Lebensende als Geheimrat (Conseiller privé) der Herzoginwitwe. Sie gehörten beide zur reformierten Kirche und hatten Verbindungen zu pietistischen Kreisen um Johann Henrich Reitz (1665–1720), die von Baron Geuder, genannt Rabensteiner und seiner Frau tatkräftig unterstützt wurden.

Aus Dippels Briefen an Baron Geuder, genannt Rabensteiner erfahren wir, dass Dippel seine chemisch-alchemistischen Arbeiten weiterführt und auch versucht, damit Geld zu verdienen. Dabei drehen sich die Briefe auch um Tinkturen für die Goldgewinnung, viel mehr aber um konkrete Medikamente, wie zum Beispiel eine Tinctura Antiscorbutica, und um typische Laborantenprodukte, wie rektifizierter Spiritus Vini. Von Letzterem versprechen sich Dippel und Baron Geuder, genannt Rabensteiner offenbar, ein gutes Geschäft in den Niederlanden machen zu können, was sich dann aber doch nicht realisieren lässt. Spiritus Vini, wörtlich Weingeist, ist ein destillierter Wein mit erhöhtem Alkoholgehalt. Rektifizierter Spiritus Vini ist dann ein Produkt mit noch mehrmals wiederholter Destillation, wodurch der Alkoholgehalt immer höher wird. Idealerweise ist es reiner Alkohol (Ethanol), den die beiden offenbar an Amsterdamer Apotheker und „diese oder jene Laboranten“ verkaufen wollten. Das Vorhaben wurde dann aber nach einer detaillierten Marktanalyse wegen zu geringer Erfolgsaussichten abgebrochen. Wir erfahren auch, dass sich Dippel wohl seit seinem Eintreffen in den Niederlanden Ende 1707 bis etwa Mitte 1710 hauptsächlich in Amsterdam aufhielt. Danach ging er nach Warmond, einem kleinen Ort direkt nördlich der holländischen Universitätsstadt Leiden. Doch dazu später.

In den Niederlanden fand Dippel auch Zeit, seine bisherigen theologischen Schriften noch einmal in einer Art Gesamtausgabe herauszugeben. 1709 erschienen sie in Amsterdam unter dem schönen Titel „Eröffneter Weg zum Frieden mit Gott und allen Creaturen durch die Publication aller bis hierher editierten Schriften des Christianus Democritus“ in deutscher Sprache.[88]

---

88 Dippel 1709.

2.5 Notitia Coerulei Berolinensis: Die erste Veröffentlichung zum Berliner Blau von 1710

Erstmals wurde eine Nachricht zum Berliner Blau im ersten Band der neuen wissenschaftlichen Zeitschrift der Königlich Preußischen Sozietät der Wissenschaften, der „Miscellanea Berolinensia ad incrementum Scientiarum" im Jahr 1710 im Druck veröffentlicht.[89] Dieser zweiseitige lateinische Text hat den Titel „Notitia Coerulei Berolinensis nuper inventi", was sich in etwa mit „Nachricht über das neu erfundene Berliner Blau" übersetzen lässt. In diesem Artikel wird aber weder beschrieben, wie das Berliner Blau hergestellt werden kann, noch wer die Erfinder sind und wann und wie es dazu gekommen ist. Es wird nur ausgesagt, dass das Berliner Blau vor kurzem in Berlin erfunden wurde und es werden die hervorragenden Eigenschaften dieses neuen Pigmentes angepriesen, mit dem Hinweis, dass man das Pigment beim Buchhändler der Königlichen Sozietät der Wissenschaften beziehen kann. Das Berliner Blau sei ungiftig und koste auch weniger als den zehnten Teil des Ultramarins. Es ist also mehr eine Werbeschrift, was für einen wissenschaftlichen Beitrag auch in der damaligen Zeit sehr ungewöhnlich ist. Diese ohne Autorenangabe abgedruckte Veröffentlichung wurde von Johann Leonhard Frisch verfasst und gehört sicherlich zu seinen Marketingaktivitäten beim Vertrieb des Berliner Blaus.[90]

Eigentlich war die jährliche Veröffentlichung von einigen „Miscellanea" oder „Collectanea", wie es verschiedentlich bezeichnet wurde, ein frühes Ziel der im Jahr 1700 gegründeten Königlich Preußischen Sozietät der Wissenschaften. Aber erst nach zehn Jahren kam es 1710 zur Herausgabe des ersten Bandes. Was ist der Grund dafür?

Die ersten Jahre der Sozietät waren mit Arbeiten um die Aufnahme von Mitgliedern, die Organisation der Veranstaltungen und nicht zuletzt mit Finanzierungsfragen ausgelastet. Erst 1706 hatte man so viel Luft, dass man sich wieder um die geplante wissenschaftliche Veröffentlichungsreihe kümmern konnte.[91] Im Dezember 1706, bei einem Treffen der Sozietät unter der Leitung von Leibniz, wurde die Publikation – min-

89 Frisch 1710.

90 Kraft 2011 b.

91 Kraft 2011 a.

Abb. 32: Erste Seite von Frischs Veröffentlichung über das Berliner Blau von 1710

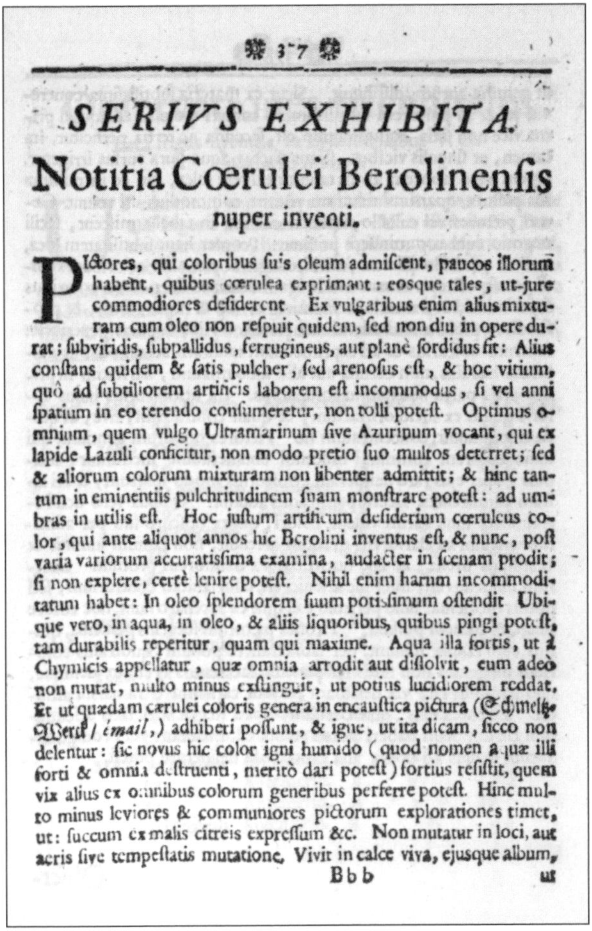
317

SERIUS EXHIBITA.

Notitia Cœrulei Berolinenſis nuper inventi.

Pictores, qui coloribus ſu'is oleum admiſcent, paucos illorum habent, quibus cœrulea exprimant: eosque tales, ut jure commodiores deſiderent Ex vulgaribus enim alius mixturam cum oleo non reſpuit quidem, ſed non diu in opere durat; ſubviridis, ſubpallidus, ferrugineus, aut planè ſordidus fit: Alius conſtans quidem & ſatis pulcher, ſed arenoſus eſt, & hoc vitium, quô ad ſubtiliorem artificis laborem eſt incommodus, ſi vel anni ſpatium in eo terendo conſumeretur, non tolli poteſt. Optimus omnium, quem vulgo Ultramarinum ſive Azurinum vocant, qui ex lapide Lazuli conficitur, non modo pretio ſuo multos deterret; ſed & aliorum colorum mixturam non libenter admittit; & hinc tantum in eminentiis pulchritudinem ſuam monſtrare poteſt: ad umbras in utilis eſt. Hoc juſtum artificum deſiderium cœruleus color, qui ante aliquot annos hic Berolini inventus eſt, & nunc, poſt varia variorum accuratisſima examina, audacter in ſcenam prodit; ſi non explere, certè lenire poteſt. Nihil enim harum incommoditatum habet: In oleo ſplendorem ſuum potisſimum oſtendit Ubique vero, in aqua, in oleo, & aliis liquoribus, quibus pingi poteſt, tam durabilis reperitur, quam qui maxime. Aqua illa fortis, ut à Chymicis appellatur, quæ omnia arrodit aut diſſolvit, eum adeò non mutat, multo minus exſtinguit, ut potius lucidiorem reddat. Et ut quædam cærulei coloris genera in encauſtica pictura (Schmeltz-Werck / *email*,) adhiberi poſſunt, & igne, ut ita dicam, ſicco non delentur: ſic novus hic color igni humido (quod nomen aquæ illi forti & omnia deſtruenti, meritò dari poteſt) fortius reſiſtit, quem vix alius ex omnibus colorum generibus perferre poteſt. Hinc multo minus leviores & communiores pictorum explorationes timet, ut: ſuccum ex malis citreis expreſſum &c. Non mutatur in loci, aut aeris ſive tempeſtatis mutatione. Vivit in calce viva, ejusque album,

Bbb ut

destens jährlich einmal – „gewisser Miscellanea, darin sowohl Communicationes curiosae von denen Membris und Andern als einige Recensiones und Excerpta neuer Bücher enthalten sein möchten" beschlossen.

Daraufhin begannen die Mitglieder der Sozietät im Frühjahr 1707 Manuskripte für die „Miscellanea Berolinensia" einzureichen. Für die Redaktion waren Leibniz in Hannover und Chuno in Berlin zuständig. An Letzteren wurden auch die Texte gesandt. Im Oktober 1707 wurden die bis dahin eingegangenen „Collectanea" von Berlin an Leibniz nach

Hannover zur „Revision“ geschickt. Im März 1708 sandte Leibniz, der selbst eine Vielzahl von Beiträgen verfasste, die korrigierten Texte zurück nach Berlin.

Als Herausgeber war im Juni 1707 Johann Christoph Hartmann aus Frankfurt an der Oder gewonnen worden, der hier auch als Factor der Sozietät tätig war. Nun, im April 1708, schlägt er aber den „Verlag der Miscellaneorum“ rundweg ab, nachdem er „der Factorei entsetzet worden“. Als neuer Verleger bietet sich Johann Christoph Papen an, mit dem man dann schließlich zum Vertragsabschluss kommt.

Papen war zwischen 1700 und 1723 Buchhändler und Verleger in Berlin, außerdem zwischen 1702 und 1722 Sozietätsfactor in Berlin. 1723 musste er sein Verlagsgeschäft wegen wirtschaftlicher Probleme an Ambrosius Haude (1690 – 1748) verkaufen. Später entstand daraus das noch heute in Berlin bestehende Verlagshaus Haude & Spener.

Im Juli 1708 sollte der Druck der „Miscellanea Berolinensia“ beginnen, aber er verzögerte sich noch einmal, weil der ausgewählte Drucktypensatz zu abgenutzt war und ein neuer gegossen werden musste. Im Februar 1709 leitete Leibniz nochmals eine Zusammenkunft in Berlin. Jetzt wurden die letzten Entscheidungen hinsichtlich der Veröffentlichung der „Miscellanea“ getroffen. Der Druck begann dann endlich im Mai 1709, ausgeführt vom Buchdrucker Johann Wessel, den Frisch als den „Ungeschicktesten, den wir hier haben, sobald etwas außer seinem Schlendrian zu tun ist“, bezeichnete. Erst im November 1709, der Druck des Buches lief schon seit sechs Monaten, reichte Frisch seine „lateinische Relation von der blauen Farbe“ bei Leibniz ein. Letzterer befahl im Januar 1710 „des Herrn Frischen Caeruleum“ hinten mit anzuhängen.[92] Dieser Artikel war dann auch der vorletzte des voluminösen Werkes. Frisch wollte die Überschrift seines Artikels eigentlich mit seinem Berliner Blau in Blau drucken lassen, traute es dem Buchdrucker Wessel aber nicht zu und verzichtete darauf.

Im Mai 1710, nach zwei Jahren Vorbereitung und einem Jahr Druck, war die erste Ausgabe der „Miscellanea Berolinensia“ fertig. Der Kupferstich des Frontispiz wurde übrigens vom ersten Direktor der Berliner Akademie der Künste Joseph Werner entworfen und von seinem Sohn

92 Harnack 1897, 69.

Christoph Joseph Werner (1670 – 1750) gezeichnet. Im Mai 1710 begann auch der Verkauf der „Miscellanea Berolinensia" auf der Leipziger Jubilate Messe. Zu dieser Zeit war das Buch in Berlin aber noch nicht veröffentlicht, da hier erst ein Exemplar in einer feierlichen Zeremonie dem König überreicht werden musste. Das geschah schließlich Anfang Juni.

Der erste Band der „Miscellanea Berolinensia" enthält insgesamt 60 wissenschaftliche Beiträge auf 425 Seiten inklusive der 31 Seiten mit 80 Abbildungen am Ende des Buches.

Leibniz war mit zwölf Beiträgen der schreibfreudigste Autor. Als Universalgelehrter verfasste er Aufsätze zu allen Themenfeldern. Er beschrieb unter anderem die Geschichte der Erfindung des Phosphors, diskutierte verschiedene Aspekte der Alchemie, entwarf eine Theorie über die Ursprünge der Völker, hauptsächlich auf der Basis sprachlicher Beobachtungen und lieferte eine kurze Beschreibung seiner Rechenmaschine. Der Astronom der Sozietät der Wissenschaften Gottfried Kirch (1639 – 1710) brachte es immerhin auch auf neun wissenschaftliche Mitteilungen. Einige weitere Beiträge seien im folgenden genannt: Chuno lieferte einen mathematischen Aufsatz zur Potenzrechnung. Eine Abhandlung über ein Saurierfossil im Thüringer Kupferschiefer wurde vom Arzt Christian Maximilian Spener verfasst und unser Lehrer und Berliner-Blau-Produzent Frisch ist auch Autor eines zweiten Artikels zu einem sprachwissenschaftlichen Thema.

Der nächste, also der zweite Band der „Miscellanea Berolinensia" erschien erst 1723, 13 Jahre nach dem ersten Band, obwohl man schon gleich nach dem Erscheinen des ersten Bandes mit dem Sammeln neuer Artikel begonnen hatte.

2.6 Zur Namensgebung des Berliner Blaus

Wie kam es eigentlich zur Namensgebung des Berliner Blaus? Einiges Weniges erfahren wir dazu aus den Briefen des Lehrers Frisch an Leibniz. In einem Brief vom August 1709 nennt Frisch sein Pigment erstmals beim Namen, und der lautete „Preußisch Blau". Im November desselben Jahres schickt Frisch seinen Textentwurf für den im vorigen Abschnitt diskutierten Berliner-Blau-Artikel der „Miscellanea Berolinensia" an Leibniz zur Korrektur. Frisch bemerkt in dem dazugehörigen Anschreiben: „Wegen des Titels kann leicht eine Änderung geschehen und kann das Berlinisch Blau genannt werden". Und so kam es dann auch, der Titel, der wohl zuerst „Preußisch Blau" hieß, wurde dann, wahrscheinlich auf Wunsch von Leibniz, in „Coeruleum Berolinense" geändert, also Berliner Blau.

In den frühen Quellen tauchen aber auch noch andere Namen auf. So werden die Bezeichnungen Preußisches Ultramarin oder auch Chemisches Ultramarin verwendet. Man sieht, es gab verschiedene Möglichkeiten, aber im deutschen Sprachraum setzte sich letztendlich die Bezeichnung Berliner Blau durch. Erst in den letzten Jahrzehnten kommt die alternative Bezeichnung „Preußisch Blau" durch wörtliche Übersetzung aus dem Englischen von „Prussian Blue" im Deutschen immer mehr zur Geltung und ist dabei, die alte deutsche Bezeichnung Berliner Blau zu verdrängen.

Der englische Sprachraum gehört neben dem Französischen und einigen weiteren zu denen, wo das neue Blaupigment nach dem Land der Erfindung benannt wurde, während im Deutschen, Russischen und Japanischen die Stadt der Erfindung den Namen prägte. In Tabelle 1 sind einige Namensvarianten in verschiedenen Sprachen dargestellt.

Für Berliner Blau als Handelsprodukt kamen später eine Vielzahl von Bezeichnungen auf, die sich zum Teil vom Ort der Herstellung, dem Namen des Fabrikanten oder auch von einer Marketingidee ableiteten.[93] Im deutschen Sprachraum bezeichnete man lange Zeit die reinste dunkelste Sorte des Berliner Blaus als Pariser Blau, ohne dass dieses in Paris hergestellt werden musste. Turnbulls Blau und Miloriblau wurden ursprünglich nach dem Besitzer der entsprechenden Fabrik benannt, also John Turnbull in Schottland beziehungsweise Sylvain Milori in Frankreich, wurden aber später zu allgemein verwendeten Handelsnamen. So verkaufte die Berliner Kali-Chemie ihr Berliner Blau unter dem Namen Miloriblau. Die Oranienburger Chemische Produkten-Fabrik nördlich von Berlin verkaufte eine Sorte ihres Berliner Blaus unter dem Namen eines der Erfinder als Diesbacher Blau. Heute wird Berliner Blau im Handel einheitlich als „Eisenblau", international „Iron Blue", bezeichnet.

93 Jones 2013, 124 f.

Tabelle 1: International übliche Bezeichnungen für Berliner Blau

	Berliner Blau		Preußisch Blau
Deutsch	Berliner Blau	Englisch	Prussian Blue
Russisch	Берлинская лазурь (Berlinskaja Lasur)	Französisch	Bleu de Prusse
Japanisch	ベロ藍 (Bero-Ai)	Spanisch	Azul de Prusia
Kroatisch	Berlinsko modrilo	Italienisch	Blu di Prussia
Dänisch	Berlinerblåt	Polnisch	Błękit pruski
Schwedisch	Berlinerblått	Niederländisch	Pruisisch blauw

2.7 Die frühe Verwendung des Berliner Blaus in der Malerei

Es wurden von Johann Leonhard Frisch in seinen Briefen an Leibniz nur zwei Maler konkret mit Namen genannt, die Kunden von ihm waren und daher das Berliner Blau schon früh verwendet haben dürften: Tobias Querfurt in Wolfenbüttel und Joseph Werner in Berlin. Beide sollen das Pigment 1709 schon einige Zeit verwendet haben, seit wann genau, bleibt unklar. Aber es wäre schon interessant zu wissen, ab welchem Jahr Berliner Blau in der Malerei verwendet wurde und vielleicht auch, was das älteste Gemälde ist, welches unter Verwendung von Berliner Blau geschaffen wurde. Generell wissen wir aus der bisher erzählten Geschichte, dass Diesbach schon 1706, im Jahr der Erfindung, einen Contract mit einigen Malern gemacht haben soll. Also ist es natürlich auch möglich, dass es schon aus diesem Jahr Gemälde mit Berliner Blau gibt.

Aber lange kannte man als vermeintlich ältestes Gemälde, in welchem auch Berliner Blau verwendet wurde, nur das Bild „Jakob segnet die Söhne Josefs“ von Adriaen van der Werff (1659 – 1722), einem renommierten holländischen Maler, der vorwiegend in Rotterdam und Düsseldorf tätig war.[94] Das Gemälde befindet sich heute im Allen Memorial Art Museum in Oberlin, Ohio, USA. Man nahm an, dass mit diesem Gemälde die Verwendung von Berliner Blau für spätestens 1722 nachgewiesen wäre. Weitere Forschungen zeigten aber, dass van der Werff das Gemälde vor seinem Tod nicht mehr fertigstellen konnte. Erst 1728 wurde es von seinem

94 Buck 1965.

Schüler Hendrik van Limborch (1681 – 1759) zu Ende gebracht. Das im Gemälde nachgewiesene Berliner Blau stammt also wahrscheinlich von van Limborch. Das ist umso wahrscheinlicher, als bei Untersuchungen von 16 anderen Gemälden des Malers Adriaen van der Werff auf keinem einzigen Berliner Blau festgestellt werden konnte.

Durch Bildanalysen des Naturwissenschaftlichen Labors der Stiftung Preußische Schlösser und Gärten (SPSG) in Potsdam konnten in den letzten gut zehn Jahren zahlreiche Maler namhaft gemacht werden, die Berliner Blau schon früh verwendeten, also etwa 1710 oder wenig später.[95] Das waren, sicherlich nicht verwunderlich, zum Einen zahlreiche Berliner Hofmaler, wie Antoine Pesne (1683 – 1757), Samuel Theodor Gericke (1665 – 1730) und Adam Manyoki (1673 – 1757) sowie Friedrich Wilhelm Weidemann (1668 – 1750). Im Berliner Raum wurde das neue Blaupigment nicht nur bei Gemälden eingesetzt. Das zeigt ein anderes frühes Beispiel für die Verwendung von Berliner Blau: Das sogenannte Ehrenhofgitter des Schlosses Charlottenburg wurde im Jahr 1712 unter anderem mit diesem Material bemalt.

Zum anderen wurde Berliner Blau nachweislich aber auch schon ab 1710 in Paris von Antoine Watteau (1684 – 1721) verwendet.

Das älteste Gemälde, in welchem bisher Berliner Blau nachgewiesen werden konnte, stammt bereits aus dem Jahr 1709 und wurde in den Niederlanden, in Rotterdam, gemalt. Der Künstler war Pieter van der Werff (1665 – 1722), ein Bruder des oben kurz diskutierten Adriaen van der Werff. Dieses kleinformatige Bild mit dem Titel „Die Grablegung Christi" ist heute in der Bildergalerie Sanssouci in Potsdam zu bewundern,[96] wobei in einer frühen Beschreibung der Bildergalerie Sanssouci aus dem 18. Jahrhundert noch angegeben wird, es hätten „beyde Brüder" an diesem Gemälde gearbeitet.[97] Friedrich Nicolai schreibt 1779 sogar, „Die Grablegung Christi" sei „von den Brüdern von der Werf".[98] Das Gemälde war 1763 im Auftrag des preußischen Königs Friedrich II. für 1.200 Gul-

95 Bartoll 2010.
96 Bartoll et al. 2007.
97 Oesterreich 1770, 102 f.
98 Nicolai 1779, 923.

Abb. 33: Das kleine, 1709 entstandene Gemälde „Die Grablegung Christi" von Pieter van der Werff in der Bildergalerie in Potsdam-Sanssouci ist das bisher älteste Gemälde, auf dem Berliner Blau nachgewiesen werden konnte

den aus der Sammlung des verstorbenen Willem Lormier (1682 – 1758) in Den Haag erworben worden.[99]

Von den Brüdern van der Werff gibt es auch mindestens noch vier weitere, weitgehend motivgleiche Gemälde, und zwar je eines im Museum Boijmans van Beuningen in Rotterdam, in den Bayerischen Staatsgemäldesammlungen in München, im Muzeum Narodowe in Wroclaw, Polen und im Museum Ons' Lieve Heer op Solder in Amsterdam. Die ersten drei werden Adriaen van der Werff zugeschrieben, das vierte der Werkstatt Adriaen van der Werff. Die Zuschreibung des in der Bildergalerie Potsdam befindlichen Gemäldes auf seinen Bruder Pieter van der Werff bezieht sich auf die entsprechende Signatur „P van der Werff".[100]

Mittlerweile konnten auch im Jahr 1715 in Österreich beziehungsweise in Amsterdam entstandene Bilder mit Berliner Blau identifiziert werden. 1716 kaufte das Benediktinerkloster Stift Melk in Niederösterreich größere Mengen Berliner Blau.[101]

Ein besonders eindrucksvolles frühes Beispiel der Verwendung von Berliner Blau ist die Innenraumgestaltung der 1719 fertiggestellten Pagodenburg im Münchner Schlosspark Nymphenburg. Alle Räume sind nur in Blau und Weiß gehalten, zum Teil durch die Verwendung von holländischen Fayencefliesen, zum Teil aber eben auch durch Bemalung mit Berliner Blau durch den Theatermaler Johann Anton Gumpp (1654 – 1719).[102] In Dänemark wurde Berliner Blau von den beiden Hofmalern Benoit le Coffre (1671 – 1722) und Hendrik Krock (1671 – 1738) irgendwann zwischen 1717 und 1721 erstmals verwendet, ab 1722 war es ihr wichtigstes Blaupigment.[103]

Aber nicht nur in der Malerei auf Leinwand und in der Dekorationsmalerei fand Berliner Blau schon früh Verwendung. Man hat nämlich bei Untersuchungen von schwarz lackiertem Böttgersteinzeug in der Porzellansammlung der Staatlichen Kunstsammlungen Dresden im dortigen Zwinger festgestellt, dass Berliner Blau zwischen etwa 1710 und 1719

99 Locker 2015, 358, 376.
100 Bartoll et al. 2007, 44.
101 Koller 1995, 61.
102 Reitinger 2016, 22 – 24.
103 Ludvigsen et al. 2015.

Abb. 34: Mit Berliner Blau als Kaltmalfarbe bemalte Vase aus schwarz lackiertem Böttgersteinzeug

auch als Kaltmalfarbe auf dem schwarz lackierten sächsischen Steinzeug verwendet wurde.[104]

Diese Kunstgegenstände aus dem damals so genannten „sächsisch schwarz lackierten Porzellan" bestanden in der Tat aus dem roten Böttgersteinzeug, welches mit einer glänzenden schwarzen Lackschicht überzogen war, die nach dem Brand des keramischen Materials, also im Kalten, aufgetragen wurde. Auf dieser schwarzen Lackschicht wurden dann mit Kaltmalfarben Dekorationen, wie Tiere, Pflanzen oder Menschen aufgebracht. Das dafür am häufigsten verwendete Blaupigment war Berliner Blau. Ansonsten lässt sich noch die Verwendung von Azurit nachweisen.

104 Miliani et al. 2009.

Es ist sicher nicht überraschend, dass Berliner Blau offenbar auch in Sachsen zügig Verwendung fand. Insbesondere wenn man bedenkt, dass der Lackierer Martin Schnell (1675 – vor 1740) von 1703 bis 1709 in Berlin gearbeitet hatte und erst 1710 nach Sachsen kam. Schnell hatte sicherlich in Berlin das neue Blaupigment kennengelernt und es dann möglicherweise in Sachsen eingeführt.

Diese zahlreichen neuen Forschungsergebnisse kamen aufgrund neu entwickelter, sogenannter „zerstörungsfreier Analysetechniken", zustande. Sie zeigen, dass sich das neue Blaupigment offenbar schnell auf dem Markt etablieren konnte und von den Malern gut angenommen wurde. Das klappt ja nicht bei allen Erfindungen und Neuentwicklungen so gut. Was war das Erfolgsgeheimnis? Dazu mehr im nächsten Kapitel.

2.8 Blaupigmente vor der Erfindung des Berliner Blaus

Ja, warum schlug das neue Blaupigment so erfolgreich ein? Welche Lücke konnte es füllen? Dazu müssen wir uns jetzt einmal genauer anschauen, welche Blaupigmente den Malern in Europa um 1700 vor der Erfindung der neuen Farbe zur Verfügung standen. Einen Anhaltspunkt dafür finden wir übrigens in Frischs Artikel Coeruleum Berolinense von 1710.[105] Dort beschreibt er die verfügbaren Blaupigmente, ohne sie beim Namen zu nennen:

> „Die Maler, die ihre Farben mit Öl mischen, haben wenige blaue Farben, und diese sind so beschaffen, dass sie mit Recht geeignetere begehren können. Eine der gewöhnlichen Farben lässt sich zwar mit Öl mischen, aber sie hält sich nicht lange im Gemälde, sie wird grünlich, blass, rostfarbig oder sogar ganz schmutzig."

Damit beschreibt Frisch das Azurit oder Azurblau, ein basisches Kupfercarbonat mit der Formel $Cu_3(CO_3)_2(OH)_2$. Azurit ist jedoch nicht langzeitstabil und wandelt sich, je nach Umgebungsbedingungen, schneller oder langsamer in das grüne Malachit um. Frisch fährt in seinem Artikel zu den verfügbaren Blaupigmenten fort:

> „Eine andere ist zwar beständig und schön genug, aber auch sandig; und dieser Mangel, der bei feinerer künstlerischer Arbeit lästig ist, kann

105 Frisch 1710; die Übersetzungen aus dem Lateinischen ins Deutsche stammen von Manfred Kraft.

nicht beseitigt werden, selbst wenn man sie ein Jahr lang zerreiben würde."

Damit beschreibt Frisch Smalte, ein mit Cobalt(II)-oxid blau gefärbtes gepulvertes Kalium-Silikatglas, welches vor allem im Erzgebirge um Schneeberg herum in Blaufarbenwerken hergestellt wurde. Dann geht es bei Frisch weiter:

> „Die beste von allen, die man allgemein Ultramarin oder Azurinum nennt und aus Lapis Lazuli hergestellt wird, schreckt nicht nur viele durch ihren Preis ab, sondern mischt sich auch nicht gern mit anderen Farben; und daher kann sie nur in Lichtpartien ihre Schönheit zeigen, in Schattenbereichen ist sie nutzlos."

Der Rohstoff für das Ultramarin, der Lapis Lazuli,[106] auf Deutsch Blaustein, wurde hauptsächlich im heutigen Afghanistan bergmännisch abgebaut und musste von dort nach Europa importiert werden. Daher auch der Name des Pigmentes Ultramarin, von jenseits des Meeres. Dieser lange Transportweg und die aufwendige Gewinnung des Ultramarins aus dem Blaustein, er musste pulverisiert werden und es mussten Beimengungen wie Pyrit oder Calcit entfernt werden, führten zu dem außerordentlich hohen Preis.

Damit haben wir die drei Konkurrenten des neu erfundenen Berliner Blaus kennengelernt, mit ihren Stärken, aber vor allem ihren Schwächen. Insbesondere das Ultramarin war ein sehr hoch eingeschätztes Material, aber eben auch extrem teuer. So konnten Frisch und von Diesbach ihr Berliner Blau für ein Zehntel des Preises des Ultramarins verkaufen und trotzdem noch sehr gut dabei verdienen.

Frisch nennt in dem Artikel aber nicht nur die Nachteile der Konkurrenten, sondern auch einige Vorteile des Berliner Blaus. So würde die Farbe gerade in Öl ihren Glanz zeigen.

> „Es wird sich zeigen, dass sie sogar überall, in Wasser, in Öl und in anderen Flüssigkeiten, mit denen gemalt werden kann, sowohl dauerhaft als auch etwas Besonderes ist. Selbst das von den Chemikern sogenannte Scheidewasser, das alles anfrisst oder sogar auflöst, verändert sie nicht, noch löscht es die Farbe aus, sondern macht sie vielmehr noch leuchtender. Daher fürchtet sie noch weniger die einfacheren und gewöhn-

---

106 Seel et al. 1974.

> licheren Prüfungen der Maler, wie die mit Zitronensaft usw. Sie wird nicht verderben bei Änderung des Ortes, der Luft oder des Wetters."

Also großes Lob bis hierhin. Die nächste Behauptung von Frisch stimmt aber nicht. Er behauptet nämlich über die neue blaue Farbe, „Sie hält sich in ungelöschtem Kalk, dessen weiße Farbe sie schmückt, wie der Edelstein das Gold". Kalkuntergründe reagieren aber alkalisch beziehungsweise basisch und im Alkalischen ist Berliner Blau nicht stabil. Daher kann es gerade auf Kalk nicht eingesetzt werden. Der Rest, den Frisch erzählt, stimmt aber wieder: „So, wie sie aus feinstem Material entstanden ist, kann sie auch zum feinsten Pulver zerrieben werden."

Interessant ist auch die Sorteneinteilung des Berliner Blaus. Frisch:

> „Daher gibt es zwei Sorten: eine dunklere, für die Darstellung des Schattens geeignetere, und eine hellere, die nicht mit Bleiweiß oder einer anderen weißen Farbe vermischt worden ist, sondern gleich bei der Herstellung so zum Vorschein kommt. So ist die dunklere Farbensorte aus der helleren gemacht worden, gerade als ob die hellere zusammengezogen, oder wie manche sagen, konzentriert worden sei."

Das ist eine interessante Beschreibung. Die chemische Erklärung dafür ist Folgende: Bei der Berliner-Blau-Herstellung nach den frühen Herstellungsverfahren fällt neben dem tiefblauen Pigment noch weißes Aluminiumhydroxid aus. Die sich ergebende Mischung ist hellblau und die preiswertere Sorte, wie wir weiter unten bei der Preisbetrachtung noch sehen werden. Wenn man dieses Fällungsprodukt mit ausreichenden Mengen einer Säure, sei es Salzsäure oder Scheidewasser, behandelt, löst sich das weiße Aluminiumhydroxid auf. Zurück bleibt nur das tiefblaue Pigment. Man hat die teurere dunkle Sorte Berliner Blau, die, wie Frisch schreibt, „aus der helleren gemacht worden."

Frisch fährt dann mit dem Anpreisen seines Produktes fort, indem er schreibt:

> „Im Übrigen ist sie unschädlich, sie enthält kein Arsenik und nichts der Gesundheit Schädliches, sondern vielmehr Heilsames. Gefahrlos können Zuckersachen mit dieser Farbe bemalt und verzehrt werden. Die Malerlehrlinge können die Pinsel, mit denen sie diese Farbe auf die Gemälde streichen, sorglos durch die Lippen ziehen, was sie mit anderen Malerfarben nicht ohne Lebensgefahr tun würden."

Das ist doch auch ganz beruhigend. Lebensgefahr beim „Pinsel durch die Lippen ziehen“ gab es übrigens bei den damals viel verwendeten roten und gelben Arsen-haltigen Pigmenten Rauschrot und Rauschgelb (Auripigment), beides Arsen-Schwefel-Verbindungen unterschiedlicher Zusammensetzung, aber auch beim roten Zinnober, einem Quecksilbersulfid oder beim Neapelgelb, einem Bleiantimonat.

Bevor wir diesen Abschnitt beenden, wollen wir nach der Betrachtung der Blaupigmente noch einen kurzen Blick auf die blauen Farbstoffe dieser Zeit werfen, die vor allem zur Färbung von Textilien dienten. Solch ein Farbstoff war eigentlich nur das Indigo, welches, wie der Name schon sagt, aus Indien stammt, aber mit dem europäischen Waid-Farbstoff chemisch identisch ist. Indigo ist chemisch eine organische Verbindung mit dem Namen „2,2'-Bis(2,3-dihydro-3-oxoindolyliden)“, auch Indigotin genannt.

Indigo wurde in Indien aus den dort heimischen Indigopflanzen (z. B. Indigofera tinctoria) gewonnen, während es in Europa aus dem Färberwaid (Isatis tinctoria) extrahiert wurde.[107] In Europa hatten sich bestimmte Regionen auf den Färberwaidanbau spezialisiert und zum Teil ihre gesamte Wirtschaft darauf ausgerichtet. Dazu gehörte in Deutschland Thüringen und in Frankreich die Landschaft Languedoc. Man lebte dort gut vom Färberwaid und der Herstellung des entsprechenden blauen Farbstoffs.

Allerdings ist es so, dass der Indigogehalt in der indischen Indigopflanze wesentlich höher ist als im Färberwaid. Nach und nach begann der Anbau von Indigopflanzen in tropischen und subtropischen Kolonialgebieten europäischer Kolonialmächte, so in der Karibik und in Louisiana. Dieser Indigo, mit Sklavenarbeit gewonnen, war deutlich preiswerter als der in Europa aus dem Färberwaid produzierte Farbstoff, so dass die europäischen Produzenten schließlich vollkommen vom Markt verdrängt wurden.

Später ging es dem tropischen Indigoanbau aber genauso. Nachdem nämlich Chemiker Ende des 19. Jahrhunderts günstige chemische Synthesewege für Indigo gefunden hatten, wurde das tropische Naturprodukt ebenso vom Markt gefegt wie es vorher mit dem Produkt aus dem europäischen Färberwaid geschehen war.

107 Pastoureau 2013, 50 – 51 und 100 – 106.

Beim Indigo ist noch eine Besonderheit erwähnenswert: Es kann prinzipiell auch als Pigment verwendet werden. Indigo ist nämlich in seiner blauen Anwendungsform wasserunlöslich, eben wie ein Pigment. Trotzdem zählt man es gemeinhin zu den Farbstoffen, weil es in seiner chemisch reduzierten farblosen, sogenannten Leuco-Form, sehr wohl wasserlöslich ist. Zum Färben werden die entsprechenden Textilien in eine wässrige Lösung der farblosen Leuco-Form des Indigos getaucht. Nachdem die Textilien aus der Lösung gezogen werden, wird das Leuco-Indigo durch Luftsauerstoff zum blauen, nicht wasserlöslichen Indigo oxidiert und die Textilien sind damit blau eingefärbt.[108] – Noch eine kurze Bemerkung zum Gebrauch des Indigos als Pigment:[109] Aufgrund der mangelnden Langzeitstabilität, insbesondere unter Sonneneinstrahlung, blieb die Verwendung von Indigo als Pigment immer sehr begrenzt.

2.9 Die politischen Geschehnisse in der preußischen Hauptstadt

Was geschah eigentlich politisch in der preußischen Hauptstadt? Wir hatten das ja etwa bis 1707, bis zur Flucht von Dippel aus Berlin verfolgt. Zu dieser Zeit regierten immer noch die drei großen Weh des Landes Brandenburg, Premierminister Graf Wartenberg, Dippels Mentor Graf August von Wittgenstein und Feldmarschall von Wartensleben. Aber ihre Herrschaft war nicht mehr unumstritten. Insbesondere der schon 1704 als Sechzehnjähriger für volljährig erklärte Kronprinz war ein Gegner des Dreigrafenkabinetts vor allem der Herren Wartenberg und Wittgenstein. Aber er kam vorerst nicht gegen den Günstling seines Vaters, den Grafen von Wartenberg, an.

Der erste Schritt zum Sturz des Triumvirats war der Großbrand in Crossen an der Oder in der Neumark, dem heutigen Krosno Odrzańskie im Jahre 1708. Der Wiederaufbau sollte durch Gelder aus der sogenannten Feuerkasse bezahlt werden, der ersten 1705 eingerichteten Feuerversicherung in Preußen, die unter der Aufsicht des Grafen Wittgenstein stand. Doch diese Kasse, in der seit Jahren Gelder eingezahlt worden waren, war nahezu leer. Wittgenstein hatte die Gelder zum Teil für sich selbst, zum

108 Orna 2013, 111 – 112.

109 Sarah Lowengard: Indigo as a pigment. In: Lowengard 2005, <http://www.gutenberg-e.org/lowengard/C_Chap35.html> (letzter Zugriff am 29.3.2019).

größten Teil aber zum Stopfen von Löchern in der Staatskasse genutzt. Als das bekannt wurde, sank die Beliebtheit des Grafen Wittgenstein auf einen neuen Tiefpunkt, da er vorher die Beiträge zur Feuerkasse mit aller Härte eingetrieben hatte und nun ein Großteil des Geldes verschwunden war. Dem Kronprinzen Friedrich Wilhelm gelang es, eine Untersuchung der Amtsführung des Oberhofmarschalls durchzusetzen. Aber es sollte bis Mitte 1710 dauern, bis sich immer mehr dunkle Wolken über Wittgensteins Haupt zusammenzogen. Der merkte das natürlich auch und verfasste eine Denkschrift, in der er seine großen Verdienste um den preußischen Staat herausstrich. So seien in der Zeit seiner Amtsführung die jährlichen Einkünfte des Staates um 500.000 Taler gewachsen. Aber es war zu spät. Im November 1710 trat eine Untersuchungskommission zusammen und ihre wenige Wochen später vorgelegten Ergebnisse waren so eindeutig, dass König Friedrich I. die Inhaftierung des Grafen Wittgenstein anordnete. Graf August von Wittgenstein wurde auf die Festung Spandau gebracht. Eine schwere Demütigung für einen Reichsgrafen. Hof-Fiscal Voswinckel wurde mit der Prozessführung gegen Wittgenstein beauftragt. Es wurde für den Grafen schnell klar, dass er den Beginn eines Prozesses vermeiden musste. Nach längerem Feilschen kam man zu einer Einigung: Graf Wittgenstein musste 70.000 Taler zahlen, versichern, dass er nach dem Verlassen des Landes nicht gerichtlich gegen das Königreich Preußen vorgehen und keine Informationen aus seiner Tätigkeit in der Regierung des Königreiches preisgeben würde. Er hatte das Königreich Preußen zu verlassen und durfte es nur mit speziell einzuholender Erlaubnis des Königs jemals wieder betreten. Im Mai 1711 konnte Wittgenstein die Festung Spandau dann endlich verlassen. Er kehrte in die kleine Grafschaft Sayn-Wittgenstein-Hohnstein zurück, wo seit dem 1701 erfolgten Tod ihres Vaters sein knapp fünf Jahre älterer Bruder Heinrich Albrecht von Sayn-Wittgenstein-Hohnstein (1658–1723) regierte. Graf August von Wittgenstein wurde erst 1719 gleichberechtigter Mitregent und konnte schließlich nach dem Tod seines Bruders 1723 die alleinige Regentschaft übernehmen.

Mit dem Sturz seines Protegés Wittgenstein ging auch die gute Zeit für den Premierminister Graf Wartenberg zu Ende. Schon am Tag von Wittgensteins Verhaftung wurde Wartenberg darüber informiert, dass er kein Premierminister mehr sei und sein entsprechendes Siegel eingezogen werden würde. Von seinen vielen Ämtern – er hielt neben dem Amt des Premierministers unter anderem auch das des Oberkämmerers, des Oberstallmeisters, des Generalökonomiedirektors, des General-Erb-Postmeisters und des Oberhauptmanns aller Schatull-Ämter –, durfte er nur das des Erb-Postmeisters vorerst behalten. Schon wenig später verlor er aber auch dieses Amt und musste das Königreich Preußen so wie Graf Wittgenstein verlassen. Allerdings hatte er nicht, so wie Wittgenstein, eine hohe Summe Geldes zu bezahlen. Ganz im Gegenteil, Wartenberg erhielt eine Pension von jährlich 23.000 Talern, eine sehr hohe Summe. Er ließ sich in Frankfurt am Main nieder, wo er allerdings schon 1712 verstarb, so dass der finanzielle Schaden durch seine Pension für den preußischen Staat in Grenzen gehalten wurde. König Friedrich I. ernannte nach dem Abgang des Grafen Wartenberg keinen neuen Premierminister mehr, sondern übernahm dessen Funktion als Regierungschef nun selbst. So sollten es später auch sein Sohn der Soldatenkönig Friedrich Wilhelm I. und sein Enkel Friedrich der Große handhaben.

Damit waren zwei der drei großen Weh des sogenannten Dreigrafenkabinetts entmachtet und aus Preußen ausgewiesen worden. Es blieb der Generalfeldmarschall von Wartensleben. Ihm war aber kaum etwas nachzuweisen, und vielleicht war er auch nur in Verruf geraten, weil er im Kabinett eben der dritte Graf war, dessen Name mit einem „W“ begann. Graf Wartensleben blieb jedenfalls im Amt, und zwar bis zu seinem Tod 1734. Allerdings war er ab 1712 nicht mehr der einzige Generalfeldmarschall in Preußen, denn im Dezember 1712 wurde auch der Vertraute des Kronprinzen, Fürst Leopold von Anhalt-Dessau (1676 – 1747), der später legendäre Alte Dessauer, ebenfalls zum Generalfeldmarschall befördert.

In dieser Zeit kam es in Berlin auch zu einem schweren Konflikt zwischen dem Ersten Leibarzt des Königs Andreas von Gundelsheimer und dem von Halle nach Berlin berufenen Medizinprofessor Friedrich Hoffmann, der als weiterer, allerdings dem von Gundelsheimer untergeordneter Leibarzt, tätig war. Ihre ausgeprägte Konkurrenzsituation eskalierte, nachdem schon 1711 der erst 1710 geborene zweite Sohn des Thronfolgers verstorben war. Auch sein erster Sohn war bereits verstorben, die spätere Thronfolge schien gefährdet. Hoffmann beschuldigte von Gundelsheimer, er habe durch fehlerhafte Behandlung den Tod des jungen Hohenzollern-Prinzen herbeigeführt. Doch von Gundelsheimer wehrte sich und im Ergebnis der Auseinandersetzung musste Hoffmann Berlin verlassen und nach Halle an die Universität zurückkehren. Formell wurde sein Hallescher Kollege und Konkurrent Georg Ernst Stahl 1712 ein weiterer Leibarzt des preußischen Königs, allerdings ohne Aufenthaltspflicht am Hof in Berlin.

2.10 Dippel wird zum Doktor der Medizin

Mindestens zwischen Oktober 1710 und Juni 1711 lebte Dippel nicht mehr im weltstädtischen Amsterdam, sondern in dem kleinen Ort Warmond direkt nördlich der Universitätsstadt Leiden, wo er sich wohl auch ein Anwesen gekauft hatte. Warum das? Dippel wollte nun, im Alter von 35 Jahren, Arzt werden, und dazu an der berühmten Universität Leiden einen Doktortitel erwerben.

Am 1. April 1711 schrieb sich unser Theologe und Alchemist in die Matrikel der Universität Leiden ein, und zwar als „Johannes Conradus Dippelius, Hassus" in der medizinischen Fakultät.[110] Dort forschten und lehrten zu dieser Zeit neben dem berühmten Hermann Boerhaave, der in eine Liga mit den Halleschen Professoren Hoffmann und Stahl einzuordnen ist, die Ärzte Bernhard Friedrich Albinus (1653 – 1721) und Frederik Dekkers (1644 – 1720), aber auch der Chemiker und Arzt Jacobus le Mort (1650 – 1718). Le Mort hatte in der Apotheke des berühmten Johann Rudolph Glauber (1604 – 1670) in Amsterdam gearbeitet und nach dessen Tod ein eigenes Chemielabor in Leiden eröffnet.

Nach eigener Aussage hatte Dippel aber mit le Mort nichts zu tun und der alte Dekkers habe ihm nur manchmal freundlich auf der Straße die Hand gedrückt. Dippels Promotion fand am 17. April 1711 unter dem Anatomen Bernhard Friedrich Albinus statt. Zu dieser Zeit war Boerhaave Dekan der medizinischen Fakultät. Bei der Promotionsveranstaltung habe sich Boerhaave eigentlich vorbereitet, gegen Dippel „scharf zu opponieren", als er aber merkte, dass Dippel gut vorbereitet und sehr schlagfertig war, habe er darauf verzichtet, so Dippel zu seinem Freund Senckenberg. Die Immatrikulation von Dippel war also erst gut zwei

110 Rieu 1875, 820.

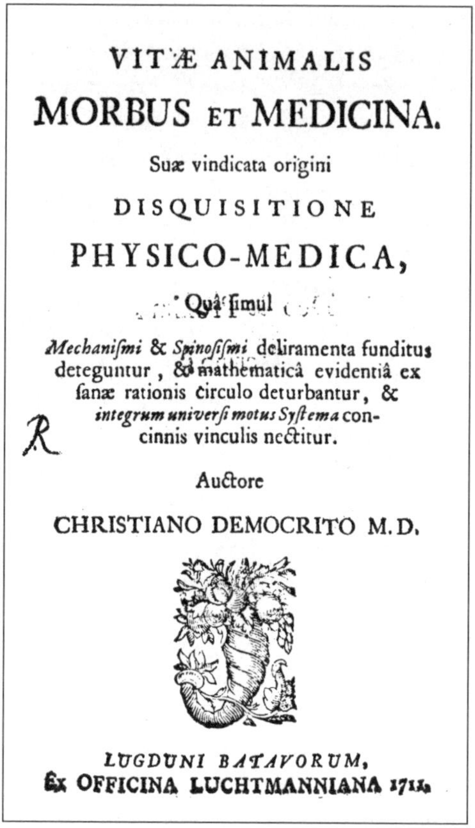
VITÆ ANIMALIS

MORBUS ET MEDICINA.

Suæ vindicata origini

DISQUISITIONE

PHYSICO-MEDICA,

Quâ simul

Mechanismi & *Spinosismi* deliramenta funditus deteguntur, & mathematicâ evidentiâ ex sanæ rationis circulo deturbantur, & *integrum universi motus Systema* concinnis vinculis nectitur.

Auctore

CHRISTIANO DEMOCRITO M.D.

LUGDUNI BATAVORUM,

Ex OFFICINA LUCHTMANNIANA 1711.

Abb. 35: Titelblatt von Dippels Promotionsschrift „Vitae Animalis Morbus et Medinica“, Leiden 1711

Wochen vor seiner Promotion erfolgt. Allerdings hatte er sich länger im Umkreis der Leidener Universität aufgehalten und dabei wahrscheinlich an seiner Dissertationsschrift gearbeitet. Diese Schrift hatte den lateinischen Titel „Vitae Animalis Morbus et Medicina“.[111] Sie erschien in späteren Jahren auch verschiedentlich in deutscher Übersetzung als „Die Krankheit und Arznei des tierischen Lebens“.[112]

Mit diesem Werk, für das er auch sein Pseudonym Christianus Democritus nutzte, wurde Dippel ähnlich wie mit seinen theologischen Büchern weithin bekannt. Das lag hauptsächlich an einer Wunderarznei, die er auf nur wenigen Zeilen des Buches kurz vorstellt und anpreist. Es ist – das Dippelsche Tieröl! Dippel schreibt in seiner Dissertation, es sei

> „ein destilliertes, von seinem Salz geschiedenes Öl aus allen Teilen der Tiere, welches durch die Retorte ohne einigen Zusatz eines anderen Dinges so lange rektifiziert und gereinigt wurde, bis es keinen verbrannten schwarzen Bodensatz mehr zurück lässt.“

111 Dippel 1711.

112 Dippel 1727.

Es müsse dafür etwa 15 Mal rektifiziert werden. Dieses Öl würde, wenn man 30 bis 40 Tropfen einnimmt, jedes Fieber, „wenn man es auch nur ein einziges Mal eingenommen, sehr oft" vertreiben. Der Kranke würde nach Einnahme des Medikaments in einen langen tiefen Schlaf fallen und dabei gesunden. Auch gegen epileptische Anfälle würde diese „Universal-Arznei" helfen, die allerdings einen „sehr durchdringenden, und ziemlich widrigen Geruch" habe. Ein zeitgenössischer Kommentator von Dippels Dissertation merkt an, dass man das Tieröl aus Hirschhorn oder aus Ochsenfleisch und -blut herstellen würde. Es würde auch nicht ausreichen, das Öl nur immer wieder zu destillieren um es ganz klar zu bekommen, sondern man müsse es von Pottasche, also Kaliumcarbonat, oder ungelöschtem Kalk, also Calciumoxid, abdestillieren. Übrigens warnt dieser ungenannt bleibende Kommentator auch bezüglich Dippels Tieröl: „Wem sein Leben lieb, der lasse das Zeug aus und vom Leibe."[113]

2.11 Thronwechsel in Berlin im Jahr 1713

Seit dem Sommer 1712 war der preußische König Friedrich I. schwer krank. Im Februar 1713 starb er. Mit dem Tod des ersten Preußenkönigs endete auch eine Epoche, denn sein Sohn und Nachfolger sollte den preußischen Staat binnen kurzem grundlegend umgestalten. Dem neuen König Friedrich Wilhelm I. war die Prunksucht, der aufgeblähte Hofstaat und das überbordende Schuldenmachen seines Vaters zutiefst zuwider. Aber das Begräbnis des ersten Preußenkönigs ließ er im Mai 1713 noch einmal mit all dem Pomp, den sein Vater so geliebt hatte, zelebrieren. Am nächsten Tag begann dann das neue Regiment des Soldatenkönigs.

Die laufenden Kosten des Hofstaats und der Regierung wurden radikal gesenkt, einesteils durch massive Entlassungen, andererseits durch heute unvorstellbare Gehaltskürzungen der verbleibenden Angestellten. Nur das Militär wurde nicht verkleinert, ganz im Gegenteil. Zwar wurde die teure Schweizer Garde zügig entlassen, denn mit dem dadurch eingesparten Geld konnten wesentlich größere und wahrscheinlich auch leistungsfähigere militärische Formationen finanziert werden.

113 Christiani Democriti 1736, 194–206 (kritisch kommentierte Übersetzung des lateinischen Originals).

Abb. 36: Friedrich Wilhelm I., König in Preußen, Gemälde von Antoine Pesne

Der Thronwechsel hatte auch Folgen für einige unserer Protagonisten. Natürlich war der inzwischen in den Niederlanden lebende Dippel davon nicht betroffen, während die in Berlin aktiven Berliner-Blau-Produzenten Johann Jacob von Diesbach und Johann Leonhard Frisch sicherlich einen Umsatzeinbruch auf dem heimischen Markt zu verkraften hatten. Da sie ihr Produkt aber bereits europaweit vermarkteten, werden sich die finanziellen Folgen für sie in Grenzen gehalten haben. Nur der auf Reisen befindliche Caspar Neumann bekam wirklich Schwierigkeiten.

Wir hatten ja gesehen, dass Neumann 1711 seine vom König finanzierte Bildungsreise begonnen hatte. Die Reiseroute führte zuerst in den Harz, wo Neumann Berg- und Hüttenwerke besichtigte und sich mehrere Monate in den Bergbauorten Clausthal, Andreasberg, Zellerfeld und Goslar aufhielt. Dann setzte er seine Reise durch Deutschland fort und besuchte in verschiedenen Residenz- und anderen größeren Städten die Hofapotheken, Laboratorien, medizinischen Gärten, Universitäten sowie Glashütten und Gießereien. Danach zog es ihn nach Holland, das er nun zum dritten Mal bereiste. Er hielt sich längere Zeit in Leiden, Amsterdam und Utrecht auf und interessierte sich hauptsächlich für die Laborantenarbeiten der sogenannten „Stookers". In Leiden blieb er längere Zeit bei

Hermann Boerhaave, der ja als Professor an der Universität Leiden neben seinen Spezialgebieten Medizin und Botanik auch Chemie unterrichtete. Über ihn als Chemiker äußerte sich Neumann aber später kritisch, indem er ihn einen „von vielen unchymischen Leuten angenommenen großen Chymicus" nannte. Möglicherweise war Neumann bei seinem Aufenthalt in den Niederlanden auch mit Dippel zusammengetroffen. Aber das können wir nur vermuten, wirklich wissen tun wir es nicht.

Sein Aufenthalt in den Niederlanden war sicher ganz besonders lehrreich und interessant für Neumann, weil dieses Land in seiner Zeit ökonomisch weit fortgeschritten war und auch ein Monopol auf die Einfuhr und Weiterverarbeitung verschiedener, seinerzeit wichtiger und begehrter pharmazeutischer Grundstoffe wie Kampfer, Gewürznelken und anderer hatte. So besichtigte er eine Fabrik zur Kampfer-Raffination in Amsterdam, über die er später schrieb:

> „so dass ich zu meiner Zeit die grösseste Rafinerey, da etliche 50 Ofen in einem deshalb gebaueten Laboratorio zugleich kunten gebrauchet werden, in gemeiner Weibes-Leute Händen vor der Leidenschen Poorte gesehen."

Bezüglich der Gewürznelken schrieb er:

> „Es haben heute zu Tage [...] die Holländer [...] den Nelken-Handel ins grosse gantz allein, wie man denn in den Oost-Indischen Häusern in Amsterdam [...] gantze Kammern voll, vom Fuß Boden an bis an die Balcken-Decke zu, angefüllet und dazu deren nicht wenig, siehet."[114]

Generell hatte er aber aufgrund seiner Erfahrungen, insbesondere auch hinsichtlich der Verfälschung der Produkte, keine sehr positive Meinung über die Holländer:

> „Diese Geld-begierige Nation hat weder Gott in all seiner weisen Schöpfung und Anordnung, noch der Natur ihren Lauff, viel weniger die angebohrne Eigenthümer, Landes-Herren und andere Einwohner respectiret."

Als nächste Station der Bildungstour war England vorgesehen. Als Neumann dort 1713 ankam, erreichte ihn ein Brief des Berliner Königlichen Leibarztes Andreas von Gundelsheimer, der ihm mitteilte, dass der

114 Neumann 1730, 167.

alte König Friedrich I. gestorben sei und dass ihn der neue König Friedrich Wilhelm I. aus seinen Diensten entlassen habe. Gundelsheimer, dem ja die königlich finanzierte Bildungsreise des Caspar Neumann sowieso nicht gefallen hatte, schrieb ihm weiter, dass „er nicht die allergeringste Hoffnung haben solle, künftig einiges Geld oder Beförderung vom Berlinischen Hofe zu erhalten." Er solle auch, so fügte von Gundelsheimer süffisant hinzu, Zeit seines Lebens nicht wieder an Berlin denken, sondern sein Glück im Ausland suchen. Das war deutlich!

Caspar Neumann stand nun vollkommen mittellos in London da. Was sollte er tun? Es fand sich recht schnell eine Lösung. Neumann wurde nämlich in London mit zwei deutschen Malern bekannt, die ihm mit Geld aushalfen und an Abraham Cyprianus (1656–1718) verwiesen. Dieser war ein holländischer Chirurg, ehemaliger Professor der niederländischen Universität Franeker, der es in England durch seine Chirurgenkunst, insbesondere durch die Entfernung von Blasensteinen, zu großem Wohlstand gebracht hatte[115]. Er war nebenher sehr an der Chemie interessiert und hatte sich ein privates chemisches Labor eingerichtet, möglicherweise auch, um ein blasensteinlösendes Medikament zu finden. Neumann wurde nun von Cyprianus als Direktor dieses Labors angestellt und erhielt zwei möblierte Kammern im Haus zur Unterkunft. Er musste täglich im Auftrag seines Arbeitgebers experimentieren und diese Experimente am Abend mit ihm besprechen.

Schnell lernte Neumann Englisch, kam in Bekanntschaft mit vielen Chemikern, Ärzten, Apothekern und anderen Gelehrten und wurde auch zu Zusammenkünften der Apothekergilde und der Royal Society, der damals bedeutendsten Gelehrtengesellschaft Europas, eingeladen. Unter anderem lernte er auch den berühmten Phosphorhersteller Ambrosius Gottfried Hanckwitz (1660–1741) kennen, über den er später schrieb: „einem meiner ältesten Freunde, Herrn Ambrosio Gottfried Hanckwitz, dem erfahrenen Chymico in London". Hanckwitz war ein deutscher Chemiker, der in England unter dem Namen Ambrose Godfrey Karriere machte. Er war berühmt als Phosphorhersteller und gründete ein chemisches Unternehmen, welches bis 1917 in London existierte.

115 Oxford Dictionary 2004, Vol. 14, 868 f.

Als Neumann 1715 ein Schreiben des Berliner Leibarztes von Gundelsheimer mit dem Angebot erhielt, als Feldapotheker im preußischen Heer am Feldzug gegen die Schweden nach Pommern teilzunehmen, lehnte er das ab, wobei er ihn an sein Entlassungsschreiben erinnerte, dass er zeitlebens nicht mehr an Berlin denken solle, an was er sich nun halten wolle. Auch habe er, Neumann, kein Interesse, unter einem so unbarmherzigen Arzt, wie es von Gundelsheimer sei, zu dienen.

Dieser kurze Feldzug der preußischen Armee nach Pommern war Teil des noch immer tobenden Großen Nordischen Krieges zwischen Schweden einerseits und der Koalition aus Dänemark, Russland und Polen-Sachsen andererseits. 1715 griff auch Preußen in den Konflikt ein, um Teile des schwedischen Vorpommerns mit Stettin zu erobern. Der preußische König Friedrich Wilhelm führte die Truppen selbst. In seiner Begleitung befand sich natürlich auch sein Leibarzt Andreas von Gundelsheimer. Als sich im preußischen Feldlager bei Stettin eine Fleckfieberepidemie ausbreitete, steckte sich auch von Gundelsheimer an und starb im Juni 1715 innerhalb weniger Tage.

Ein Nachfolger war schnell gefunden: Georg Ernst Stahl, der schon seit 1712 formell einer der Leibärzte war, wurde im September 1715 zum „wirklichen ersten Leib-Medicus“ des preußischen Königs. Als Gundelsheimer im Juni starb, hielt sich Stahl, aus Kopenhagen kommend, gerade in Berlin auf. In Dänemark hatte er den dortigen König erfolgreich behandelt. Dafür hatte er seit dem Herbst 1714 eine Auszeit an der Universität Halle genommen.

Mit seiner Ernennung zum „ersten Leib-Medicus“ endete Stahls aktive Tätigkeit an der Universität. Formell behielt er aber seine Stelle an der medizinischen Fakultät nebst einem Restgehalt von 100 Talern. Diese 100 Taler wurden seinem Nachfolger beziehungsweise Vertreter von dessen Gehalt abgezogen. So die Entscheidung des Königs.

Insgesamt stieg Stahls jährliches Einkommen durch die neue Stelle beträchtlich an. Statt der bisher 500 Taler verdiente er nun ein Spitzengehalt von 1.700 Taler pro Jahr. Dazu kamen dann noch die 100 Taler von der Universität Halle. Man sieht, der eigentlich sehr sparsame König Friedrich Wilhelm konnte, wenn es ihm wichtig war, auch tief in die Tasche greifen, um wichtige Persönlichkeiten an seinen Hof zu holen.

Stahl war ohne Zweifel einer der bedeutendsten Gelehrten im Königreich Preußen, aber er war kein Mitglied der Königlich Preußischen Sozietät der Wissenschaften. Wie schon sein Vorgänger Andreas von Gundelsheimer und auch der neue König Friedrich Wilhelm I. hatte er eine tiefe Abneigung gegen diese Vereinigung. Warum das so war, wissen wir nicht, sein Hallescher Konkurrent Friedrich Hoffmann war jedenfalls Mitglied in der Gelehrtengesellschaft.

Nach der Thronbesteigung des Soldatenkönigs stand der Fortbestand der Sozietät der Wissenschaften mehrere Jahre in Frage. Der neue König liebäugelte nämlich längere Zeit mit der Abschaffung der in seinen Augen weitgehend nutzlosen Vereinigung. Was ihn interessierte, waren eine große, gut ausgebildete Armee, ein einen Überschuss abwerfender Staatshaushalt und eine florierende Wirtschaft. Er sah nicht, wo die Sozietät der Wissenschaften da Nützliches beitragen konnte. Was für eine starke Armee aber wichtig war, und das erkannte auch der Soldatenkönig ganz klar, war ein geordnetes Medizinalwesen und eine ausreichende Anzahl gut ausgebildeter Ärzte, Chirurgen und Apotheker. Denn die meisten Verluste erlitt eine Armee nach wie vor nicht durch Tod und Verwundung bei Kampfhandlungen, sondern durch schlecht behandelte Verletzungen und durch Seuchenausbrüche. Das war die Rettung für die Sozietät der Wissenschaften.

Der neue König verlangte von der Sozietät die Übernahme des sogenannten Anatomischen Theaters, in dem öffentliche Sektionen menschlicher Körper durchgeführt werden sollten, um so die Ausbildung junger Ärzte und Chirurgen verbessern zu können. Den Fortbestand der Sozietät machte Friedrich Wilhelm von der Organisation und Finanzierung des Anatomischen Theaters durch die Sozietät abhängig. Die Sozietät, die die Einrichtung eines Anatomischen Theaters schon 1711 prinzipiell beschlossen hatte, aber noch nicht ernsthaft tätig geworden war, sträubte sich einige Zeit hartnäckig, die vollen Kosten von jährlich 1.000 Talern für diese Einrichtung zu übernehmen. Dieses Anatomische Theater war unter dem neuen König 1713 eingerichtet und der Direktion des von Gundelsheimer unabhängig von der Sozietät der Wissenschaften unterstellt worden.

Als harter Verhandlungspartner stand der Sozietät in dieser Frage ab 1716 der vom König beauftragte Leibmedicus und Präsident des Collegium Medicum, Georg Ernst Stahl, gegenüber. Obwohl die Sozietät lange Zeit versuchte, „diesen gefährlichen Streich entweder ganz abzuwenden" oder nur die Hälfte der geforderten Summe übernehmen zu müssen, bleibt ihr letztendlich nichts weiter übrig, als die vollen 1.000 Taler jährlich zu bezahlen.[116] Davon waren 500 Taler für den Unterhalt des Theatrum Anatomicum und 500 Taler „für die Besoldung des Professoris Anatomiae gedacht". Letzterer war Heinrich Henrici (1673 – 1728), „eine Creatur des Herrn Gundelsheim", wie man in der Sozietät abfällig urteilte.

2.12 Dippel in Maarssen bei Utrecht

Wir hatten Dippel in den Niederlanden verlassen, als er 1711 seinen Doktorhut in der Medizin erworben hatte. Nun kehren wir wieder zu ihm zurück. Inzwischen hatte er Warmond verlassen und verlagerte seinen Lebensmittelpunkt von Amsterdam immer mehr in Richtung Utrecht, wo auch sein Freund Baron von Geuder, genannt Rabensteiner lebte. Dippel ließ sich in dem kleinen Ort Maarssen, direkt nördlich von Utrecht gelegen, nieder. Er kaufte ein ansehnliches Haus am Straatweg, der alten Straße zwischen Utrecht und Amsterdam. Vor dem Haus fließt die Vecht vorbei, ein kleiner Fluss, der von Utrecht zum Gooimeer, einem Randsee des Ijsselmeeres fließt. Dieses Haus, Vredenhoef genannt, gibt es interessanterweise in einem komplett umgebauten und etwas vergrößerten Zustand auch heute noch. Es wurde Mitte des 17. Jahrhunderts im holländisch-klassizistischen Stil erbaut; vermutlich wurde 1666 mit dem Bau begonnen. Wer das Haus gebaut hat, ist nicht bekannt. Zum Haus gehörte zu Dippels Zeit ein Stall, ein Garten, dazu noch ein Obst- sowie ein Gemüsegarten.

In der Mitte des 18. Jahrhunderts wurde das Haus im Louis-quinze-Stil modernisiert. Diese Renovierung wurde wahrscheinlich im Auftrag von Jan Leonard van Ewijk durchgeführt, der das Haus 1778 gekauft hatte. In der ersten Hälfte des 19. Jahrhunderts wurde das Haus, wie so viele Fassaden aus dieser Zeit, mit einer Putzschicht versehen. Aus dieser Zeit stam-

116 Archiv der Berlin-Brandenburgischen Akademie der Wissenschaften Berlin, Signatur: I-IV-6, Abschrift 2. Teil 1716 – 1720, 235, 240, 252.

Abb. 37: Der Vredenhoef in Maarssen 1836

men auch die Empire-Fenster und die aktuelle Doppeltür. In der Zeit des Zweiten Weltkrieges wurde die Putzschicht wieder entfernt, möglicherweise aufgrund der damit verbundenen hohen Instandhaltungskosten.

Eine Stuckdecke und zwei Kaminsimse aus dem 19. Jahrhundert sind im Inneren erhalten geblieben. Die Fenster haben hölzerne Innenflügel und der Flur hinter der Eingangstür hat einen Marmorboden. Die Küche befindet sich im Keller. Dieser Keller hat die gleichen Fenster wie die darüber liegende Etage. Der Eingang ist über eine Doppeltreppe mit 6 Stufen und einer Plattform erreichbar. Vor 1940 wurde das Haus für einige Zeit als Hotel genutzt und im Zweiten Weltkrieg wurden Soldaten im Haus untergebracht. Heute ist es in Privatbesitz, steht aber auch auf der Denkmalsliste. Also zusammengefasst: Dippels Haus in Maarssen gibt es noch, es sieht aber heute ganz anders aus als damals.

Dippel betrieb in diesem Anwesen nun offenbar eine Arztpraxis, wie verschiedene Berichte aus dieser Zeit nahelegen, und natürlich durfte ein ordentliches chemisches Laboratorium nicht fehlen. Wahrscheinlich in diesem Labor stellte er auch das von ihm miterfundene Pigment Berliner Blau her.

Ein Dippel-Biograf, Karl Buchner (1800 – 1872), schrieb über Dippel in dieser Periode etwas poetisch: „Das Gold der reichen Holländer flockte in seinen Schoos".[117] Er wäre aber nicht reich geworden, weil er das eingenommene Geld gleich wieder an Arme verschenkt habe. Ob das so stimmt, muss aber doch bezweifelt werden und Buchner gibt auch keine Quelle für seine Aussagen an.

Dass Dippel jedenfalls tatsächlich auch in der Berliner-Blau-Produktion tätig war, folgt aus einem Brief, den ein Heinrich Hasperg († 1732) im August 1714 aus Paris an Gottfried Wilhelm Leibniz geschrieben hatte.[118] Hasperg war Kirchenrat und Sekretär des Herzogs Anton Ulrich von Braunschweig-Wolfenbüttel und in dessen Auftrag 1714 nacheinander in den Niederlanden, England und Frankreich. Auf dieser Reise führte er auch Aufträge von Leibniz aus und berichtete regelmäßig an ihn. Er teilte Leibniz nun in dem besagtem Brief mit, dass der Pariser Chemiker Guillaume Homberg wissen möchte, ob Leibniz nicht das Verfahren kenne, mit dem man die blaue Farbe für die Miniatur herstelle, die man in Berlin macht. Weder Hasperg noch Homberg wüssten, wer der Erfinder sei. Ein Deutscher in Holland, der „Dipelius" heiße, stelle sie ebenfalls her. Hasperg habe ein Muster davon nach Paris mitgebracht, welches aber nicht so schön sei wie das Berliner Blau aus Berlin. – Wir erinnern uns, Homberg hatte vor etwa drei Jahren schon einmal eine Berliner-Blau-Probe von Leibniz zugesandt bekommen.

Auf jeden Fall macht dieser Brief klar, dass zu dieser Zeit Berliner Blau nicht nur von Frisch und von Diesbach in Berlin, sondern auch von Dippel in den Niederlanden hergestellt wurde. Und Dippel hatte es sicher auch

117 Buchner 1858, 272 f.

118 Gottfried Wilhelm Leibniz, Sämtliche Schriften und Briefe, Transkriptionen des Briefwechsels 1714, N. 47, 97 – 100. Internet-Version vom 22.10.2018: <http://www.gwlb.de/Leibniz/Leibnizarchiv/Veroeffentlichungen/Transkriptionen1714bea.pdf> (letzter Zugriff am 10.7.2019).

schon in Amsterdam produziert, denn in einer zeitgenössischen Beschreibung der holländischen Metropole wird berichtet, dass auch der „berühmte Dippelius“ hier leben würde, der „vor kurzer Zeit aus Coctinellen eine über die Maßen schöne blaue Farbe erfunden“ habe.[119]

2.13 Dippel verlässt die Niederlande

Eigentlich schien es so, dass sich Johann Conrad Dippel gut in den Niederlanden eingelebt hatte und hier nun zur Ruhe kommen könnte. Er war promovierter Arzt, arbeitete offenbar auch als erfolgreicher Chemiker, besaß ein ganz ordentliches Haus mit Grundstück in guter Lage und hatte auch Freunde und Bekannte wie zum Beispiel den Baron Geuder in Utrecht oder einen Herrn Delles in Amsterdam. Aber irgend etwas muss nicht richtig gewesen sein. Was es war, wissen wir leider nicht, denn am 19. September 1714 verließ Dippel die Niederlande ganz überstürzt. Wir sind darüber informiert, weil er am Abreisetag noch seinen Freund Baron von Geuder, genannt Rabensteiner in Utrecht darüber informiert hatte. Dippel schrieb konkret in diesem Brief, der „raptim“, also in Eile geschrieben war:

> „Heute gehe ich mit Gott von hier zu Wasser auf Hamburg, welchen Ort ich zu meinem Verbleib vor einige Zeit lang erkoren“.

Dippel war von Maarssen nach Amsterdam gereist und nahm von dort den Seeweg nach Hamburg. Er bat von Geuder, seinen neuen Aufenthaltsort geheim zu halten. In Dippels Begleitung befanden sich ein Neffe (der Sohn seiner ältesten Schwester) und ein anderer Freund, der Baron von Hohenems.

Dippels älteste Schwester Clara Anna Maria Dippel (1663 – 1715) hatte 1684 den Amtsschultheiß im damals hessischen Katzenelnbogen Philipp Jakob Forst geheiratet. Dieser Neffe Abraham war ein Sohn aus dieser Ehe.

Der Baron von Hohenems, genauer Maximilian Emanuel Vabres von Hohenems (geb. um 1687) stammte aus der Pfalz, gehörte aber eigentlich zu einer alten fränkischen Ritterfamilie. Er hatte schon ein recht abwechslungsreiches Leben hinter sich. Als sprachbegabter junger Mann von

---

119 Anon. 1732, 71.

17 Jahren heuerte er bei den holländischen Husaren an und nahm am Spanischen Erbfolgekrieg gegen Frankreich teil. Dabei geriet er in französische Gefangenschaft. Nach seiner Rückkehr in die Niederlande studierte er ab 1710 in Leiden Medizin und wurde dort zum „Dr. Medicinae". Dann wurde er jedoch einige Zeit Mennonitenprediger, bevor er als Legationsrat für Fürst Boris Kurakin (1676 – 1727), den russischen Botschafter in den Niederlanden, arbeitete. Es ging dabei hauptsächlich um die Verhandlungen zum Frieden von Utrecht im Jahr 1713. Erst danach wurde er als Medicus in Amsterdam aktiv, wo er Dippel näher kennen lernte und sich mit ihm anfreundete. Er reiste dann mit Dippel zusammen nach Hamburg, verließ ihn aber schon nach einem halben Jahr. Sein weiterer Verbleib ist ungeklärt.

Über die Seereise von Amsterdam nach Hamburg existieren zwei Berichte, ein Brief an den Baron von Geuder, genannt Rabensteiner, den ihm Dippel nach der Ankunft in Hamburg geschickt hatte, und die Tagebuchaufzeichnungen von Senckenberg, dem Dippel die ganze Geschichte noch einmal erzählt hatte. Demnach war die Reise auf dem leichten Schiff mit etwa 160 Personen äußerst gefährlich, weil ein starker Sturm aufkam, „der uns allen den Tod drohte, denn der Mast und Segel von der Jacht lagen schon auf dem Wasser", wie Dippel berichtete. Man kam aber letztendlich nach dreieinhalb Tagen Seereise doch gesund und unverletzt in Hamburg an, nur waren durch das eingedrungene Wasser alle mitgeführten Waren und das Gepäck „verdorben".

Nochmal zur Frage, aus welchem Grund Dippel die Niederlande so überstürzt verlassen hat: In seinen Briefen an den Baron von Geuder ist darüber nichts zu finden. Von manchen Autoren wird angegeben, dass seine kleine Schrift „Alea Belli Musulmannici" der Grund dafür gewesen wäre. Dort habe er die in Holland vorherrschende reformierte Religion mit dem Islam verglichen und deshalb habe er das Land verlassen müssen. Aber schon rein zeitlich ist das nicht sehr wahrscheinlich, denn das besagte kleine Buch erschien schon 1711, aber erst drei Jahre später hat Dippel den Niederlanden den Rücken gekehrt.

Eine andere übliche Vermutung ist, dass Dippel hohe Schulden hatte, die er nicht zurückzahlen konnte, weshalb er dann fliehen musste. Da ist schon mehr dran. Aus seinen Briefen an den Baron von Geuder geht klar hervor, dass Dippel Schulden hatte, kleinere und größere, aber eigentlich ergibt sich aus den Briefen nicht, dass er diese Schulden nicht im Griff hatte. So sendet er Baron Geuder Anfang November einen Wechsel, also eine Art Scheck, über 3.000 Taler aus Hamburg nach Amsterdam, mit genauen Anweisungen, an wen was zu bezahlen ist. Allerdings hatte er auch sein Haus in Maarssen noch nicht bezahlt, besaß aber andererseits offenbar irgendwo anders in den Niederlanden, vielleicht in Warmond, noch ein zweites Haus, wie man aus den besagten Briefen entnehmen kann.

Dippel kam jedenfalls nie mehr für längere Zeit in die Niederlande zurück, obwohl er seinem Freund Baron von Geuder im März 1715 geschrieben hatte, dass er „im Übrigen aber, so Gott es so fügen wollte" seine „ganze Lebenszeit in Holland und um Sie, [...] beschließen" wolle. Allerdings lässt es sich nicht ausschließen, dass er von Altona aus kurze Reisen zum Beispiel nach Amsterdam durchgeführt hat.

An dieser Stelle können wir vielleicht noch einfügen, was über Dippels Umgang mit Geld überliefert ist: So notierte Senckenberg in seinem Tagebuch eine diesbezügliche Bemerkung des Frankfurter Kaufmanns Albert Adolf Diesterweg (1681 – 1744) über Dippel:

> „sonst hat Dippel auch die böse Art, dass er von Leuten Geld leiht und es ihnen nicht wiedergibt, und es sich allezeit wohl sein lässt."

Das wird durch die Aussage eines seiner Gießener Professoren, Johann Heinrich May (1653 – 1719), bestätigt. In einem aus dem hessischen Gießen abgeschickten Brief aus dem Jahr 1710 berichtete er an Friedrich Breckling (1629 – 1711) in Den Haag, dass ihm der „Goldmacher Dippel" noch 10 Taler schulden würde.[120] Er habe sie damals, also vor 1698, schon von ihm zurückverlangt, um das Geld einem anderen armen Schlucker zu leihen. Darauf habe er aber von Dippel, wie es seine Art gewesen wäre, nur die höhnische Antwort bekommen, wenn er es nötig hätte, könne er die Zinsen auf die geliehene Summe bekommen. Und Dippel berichtete selber an Senckenberg, wenn er brieflich Geld für einen medizinischen Rat geschickt bekommen und er sehen würde, dass er nichts tun könne, würde er bei großen Leuten das Geld behalten, Ihnen aber mitteilen, dass

120 Johann Heinrich May: Brief vom 10.4.1710 aus Gießen an Friedrich Breckling in Den Haag, Forschungsbibliothek Gotha: Signatur Chart B 198, Bl. 316 r – 317 v.

er ihnen nicht helfen könne. Bei kleinen Leuten würde er das Geld behalten, ohne Ihnen zu antworten. Das hätten ihm schon viele übel genommen. So viel dazu.

2.14 Dippel in Altona und Hamburg

Nun sind wir wieder mit Dippel zusammen in Norddeutschland. Er hatte ja 1707 schon einmal ein kurzes Zwischenspiel mit seinem damaligen Freund Rosenbach in Altona gegeben. Jetzt war er in Begleitung eines Neffen und des Barons von Hohenems in der Nachbarstadt Altonas, in Hamburg, angekommen.

Aber das Altona, welches er im Herbst 1714 sah, war ein ganz anderes, als das von 1707, denn inzwischen war der Krieg, der schon öfter erwähnte Große Nordische Krieg, über die Stadt hinweg gegangen und hatte nicht viel von ihr übrig gelassen. Im Januar 1713 war eine schwedische Armee unter General Stenbock ins dänische Holstein einmarschiert. Als Vergeltung für die brutale Beschießung der damals noch schwedischen Stadt Stade, wurde Altona nach der Eroberung durch die Schweden planmäßig zerstört. Man spricht von der Einäscherung Altonas oder auch vom Schwedenbrand von 1713. Im gleichen Jahr setzte der dänische König den verdienstreichen Christian Detlev Graf von Reventlow (1671 – 1738) als Oberpräsidenten mit umfassenden Vollmachten in Altona ein. Er gilt als der Neugründer Altonas.

Kurz einige Informationen zu Reventlow: Er hatte, bevor er Oberpräsident von Altona wurde, eine im Wesentlichen militärische Karriere hinter sich gebracht. Dabei hatte er sehr verantwortungsvolle Kommandos im Spanischen Erbfolgekrieg übernehmen können. Seit 1702 kommandierte er ein dänisches Hilfskorps für die Habsburger in Italien, trat dann zeitweise direkt in die Kaiserliche Armee ein. Während der Abwesenheit des Oberkommandierenden Eugen von Savoyen kommandierte er die gesamten Kaiserlichen Truppen in Italien, verlor aber 1706 die wichtige Schlacht von Calcinato gegen die Franzosen. Ab 1707 war Reventlow Oberkommandierender des dänischen Heeres, erkrankte dann aber Anfang 1710, so dass er sein Kommando abgeben musste. Seitdem kränkelte Reventlow und war nicht mehr für den Armeedienst tauglich. Bevor Reventlow zum Oberpräsidenten von Altona wurde, hatte er noch den

Abb. 38: Christian Detlev von Reventlow, dänischer Oberpräsident in Altona

Posten als Amtmann in seiner Geburtsstadt Haderslev in Nordschleswig inne. Er bewies dort, dass er auch ein guter Verwaltungsfachmann war. Graf Reventlow war mit Benedikta Margarethe von Brockdorff (1678 – 1739) verheiratet, von der wir noch hören werden. Reventlows Halbschwester Anna Sophie von Reventlow (1693 – 1743) war seit 1712 mit Frederik IV. (1671 – 1730), König von Dänemark und Norwegen, in einer morganatischen Zweitehe liiert. Nach dem Tod der eigentlichen Ehefrau und Königin 1721, heiratete sie den dänischen König dann richtig. Durch diese Verwandtschaft hatte Graf Reventlow natürlich einen besonders guten Draht zum König. Dippel sollte diesen Fakt später unterschätzen, was ihm zum Verhängnis wurde.

Wie auch immer, als Dippel jetzt, im Herbst 1714, in Hamburg angekommen war, wurde er von Graf Reventlow nach Altona gerufen. Dippel, der sich ja schon seit dem Jahr 1707 mit dem Titel eines Königlich Dänischen Kanzleirates schmücken konnte, war offenbar sowohl als Arzt als auch als Alchemist für Reventlow interessant.

Wenn man den Angaben von Stefan Winkle (1911 – 2006) folgt, so wohnte Dippel zuerst direkt im Palais des Grafen von Reventlow in Altona, um dem Oberpräsidenten und seiner Familie bei einem medizinischen Notfall immer sofort helfen zu können. So wurde es jedenfalls laut Winkle von Reventlow begründet. Dippel fühlte sich jedoch dadurch mehr und mehr überwacht. Insbesondere vermutete er, dass seine alchemistischen Versuche der Hauptgrund für die tatsächliche oder auch nur vermeintliche Überwachung durch den Grafen Reventlow waren. Er konnte es letztendlich erreichen, dass er nicht mehr bei ihm, sondern bei Freunden in Stadt Altona wohnte.[121]

Wer waren diese Freunde? Sie gehörten zur kleinen christlichen Sekte der sogenannten Dompelaars, einer Abspaltung von den Mennoniten. Der niederländische Begriff der Dompelaars spielt darauf an, dass sie die Taufe durch vollständiges Untertauchen des Täuflings vollführten.

Die Dompelaars waren aber nur eine von verschiedensten Glaubensrichtungen, die gleichzeitig zusammen in Altona geduldet wurden. Das war noch ganz ungewöhnlich zu dieser Zeit und die dänische Obrigkeit versuchte mit dieser Toleranzpolitik möglichst schnell möglichst viele Menschen in die kleine Stadt zu ziehen, damit sie neben dem großen und mächtigen Hamburg bestehen konnte.

Dippel jedenfalls wohnte beim bekannten Prediger der Dompelaars, dem Blaufärber Jakob Denner (1659 – 1746).[122] Der Beruf Denners, die Blaufärberei lässt natürlich sofort wieder an Dippels Berliner Blau denken, und, ja, man kann davon ausgehen, dass Dippel auch in Altona Berliner Blau herstellte und verkaufte, auch wenn wir dafür keine direkten Belege haben. Jakob Denners Sohn Balthasar Denner (1685 – 1749) war übrigens ein bekannter Porträtmaler und auch Mitglied der Königlich Preußischen Akademie der Künste.

Aber auch ein anderer alter Freund von Dippel wohnte zu dieser Zeit in Altona: Johann Georg Rosenbach. Rosenbach war, wir erinnern uns, 1705 zu Dippel in Berlin gestoßen, hatte mit ihm zusammen laboriert und ihn auch auf seiner Flucht in die Niederlande begleitet. Dort hatte sich Rosenbach dann von Dippel getrennt und war für einige Zeit nach Halle an der Saale gegangen. Einige Jahre vor Dippel, wir wissen nicht genau wann, tauchte Rosenbach wieder in Altona auf. Dort kommt er in Beziehung zu dem wohlhabenden Chemiker Drewsen in Hamburg, der ihm ein Haus in Altona kauft und immer wieder auch Geld leiht. Rosenbach gründet eine Familie und versucht, seinen Lebensunterhalt als Händler

121 Winkle 1988, 21 f.

122 Ebd., 23.

zu verdienen. Aber zusammen mit Drewsen führt er auch zahlreiche chemische Versuche durch. Ihm wird nachgesagt, er sei „auf Laborieren und Medicinieren verfallen, und habe gelernt, verschiedene gute Dippelsche Arzneien herzustellen."[123] Erst im Jahr 1715 endet Rosenbachs Zeit in Altona, nachdem er sich mit Drewsen zerstritten hatte. Drewsen beschuldigte ihn, chemische Bücher und Chemikalien gestohlen zu haben. Rosenbach verließ daraufhin Altona und ging in die Niederlande. Er hat später darüber geschrieben, „das betrügliche Goldmachen hat mich um meinen Gott gebracht." Also Dippel und Rosenbach werden sich in Altona oder Hamburg Ende 1714, Anfang/Mitte 1715 sicher wieder begegnet sein. Wie intensiv sie dann miteinander zu tun hatten, wissen wir allerdings nicht.

Dippel war in Altona im Wesentlichen als Arzt, Chemiker und Alchemist tätig, aber er konnte es natürlich nicht lassen und musste ab und an in theologische Streitigkeiten mit eigenen Pamphleten eingreifen. Ein Anlass dafür würde sich schon finden und er fand sich auch, wie das folgende Beispiel zeigt.

Eigentlich war Altona in dieser Zeit ja ein Mekka für von der Mehrheitsreligion abweichende christliche Sekten, die man oft zusammenfassend die Separatisten nannte. Aber manchem treu lutherischem Geistlichen war das doch ein Dorn im Auge. 1718 wurde Georg Christian Fleischer (1684 – 1746) als Pastor der Hauptkirche von Altona und Probst von Pinneberg aus Rellingen nach Altona berufen. Probst Fleischer war so ein lutherischer Geistlicher, dem die liederlichen Zustände in Altona zutiefst missfielen. Voller Tatendrang kam er nach Altona und schritt auch zügig zur Tat. Er ließ zwei ungetaufte Kinder eines Altonaer Glasmachers gegen dessen Willen mit Gewalt zur Kirche bringen und taufen.[124] Die Kindstaufe war ja bei vielen Separatisten umstritten, um es vorsichtig zu sagen. Viele von ihnen waren der Meinung, dass man erst als Erwachsener getauft werden sollte, wenn man verstehen würde und könnte, um was es bei dem Sakrament der Taufe eigentlich ginge.

---

123 Fritz 1949, 54 – 56.

124 Landeskirchliches Archiv der Evangelisch-Lutherischen Kirche in Norddeutschland, Kirchenbuch Altona St. Trinitatis, Taufen 1716 – 1720, 354.

Dippel, der mit dem Glasmacher Gottlieb Grevenburg befreundet war,[125] empörte sich über das Vorgehen Fleischers und prangerte dessen Aktion in einer anonym veröffentlichten Spottschrift an. Diese ist nach meiner Kenntnis heute nicht mehr auffindbar, soll aber den Titel „Glückwünschender Zuruf an die würdigen und andächtigen Gerichtsdiener der Stadt Altona [...]“ getragen haben. Aber nicht nur Dippel war empört, sondern viele der Separatisten fürchteten um ihre vom dänischen König verbrieften Rechte. Auch Oberpräsident Graf Reventlow war mit Fleischers Vorgehen nicht einverstanden, insbesondere da er in seiner Abwesenheit ohne Rücksprache mit ihm tätig geworden war und seine Befugnisse überschritten hatte. Nachdem sich auch der dänische König eine Meinung gebildet hatte, wurde Fleischer zu Graf Reventlow einbestellt und erhielt quasi eine Abmahnung. Er habe die Rechte der vom König bestätigten Separatisten zu achten und nicht gegen sie vorzugehen. Wenn er der Meinung sei, sie würden ihre Freiheiten überschreiten, müsse er, bevor er tätig werde, bei Graf Reventlow eine dementsprechende Erlaubnis einholen. Andererseits seien alle Spott- und Hetzschriften gegen Fleischer zu verbieten, einzusammeln und zu verbrennen. Das betraf natürlich auch Dippels kleine, im spöttischen Ton gehaltene Kampfschrift. Dippel selber blieb unbehelligt. Damit war die Sache erledigt.

Jetzt zu einem ganz anderen Thema: Von Dippel heißt es ja gemeinhin, dass er nie verheiratet war und keine Kinder gehabt hätte. Dass er nie geheiratet hat, erzählte er auch selbst dem Tagebuchschreiber Senckenberg. Nun ist es aber so, dass man in dem Genealogie-Internetportal Myheritage eine dänische Familie Dippel mit umfangreicher Verwandtschaftstafel findet, die ihre Herkunft genau auf unseren Berliner-Blau-Erfinder Johann Conrad Dippel in Altona zurückführt.[126] Demnach soll am 2. April 1718 in Altona Jacob Dippel als Sohn von Johann Conrad Dippel geboren worden sein. Eine Mutter wird nicht angegeben. Dieser Dippel-Sohn soll dann 1786 gestorben sein. Eine Suche in den Altonaer evangelischen Kirchenbüchern bleibt ergebnislos. Die Geburt beziehungs-

125 Hein 1984, 194.

126 Christian Dippel Rasmussen: Verwandschaftstafel Dippel Rasmussen im Internetportal Myheritage, <https://www.myheritage.de/site-family-tree-150163651/dippel> (letzter Zugriff: 24.12.2018).

weise die Taufe eines Jacob Dippel ist dort in der fraglichen Zeit nicht verzeichnet. Aber es sind keine Kirchenbücher der Mennoniten oder Dompelaars aus dieser Zeit erhalten und es wäre sicher denkbar, dass die entsprechenden Informationen dort zu finden wären. Außerdem ist zu beachten, dass die Kirchenbücher ja nicht primär die Geburt, sondern die Taufe des Neugeborenen dokumentierten. Oft, aber nicht immer, wird neben dem Taufdatum dann auch das Geburtsdatum mit angegeben. Wenn Dippel in dieser Zeit die Kindstaufe abgelehnt hat, kann sein möglicher Sohn Jacob Dippel natürlich auch nicht in den Kirchenbüchern auftauchen.

Nach dem Myheritage-Eintrag soll der Dippel-Sohn Jacob Dippel wieder einen Sohn gleichen Namens gehabt haben. Er heißt also auch Jacob Dippel, ist gegebenenfalls der Enkel unseres Johann Conrad Dippel, und wurde nach den dem genannten Internetportal entnommenen Informationen am 18. März 1760 in einem Ort namens Askehauge geboren. Der Ort könnte sich auf eine alte Lokalität bei Hørsholm auf der Insel Seeland nördlich von Kopenhagen beziehen. Sein Tod erfolgte 1810. Erst mit dessen Sohn, ebenfalls ein Jacob Dippel, der am 19. Juli 1794 im dänischen Blovstrød geboren wurde, kommen wir an eine Stelle, wo wir durch andere Quellen Bestätigung finden. Die Geburt und Taufe dieses vermeintlichen Urenkels von Johann Conrad Dippel ist tatsächlich im Kirchenbuch der kleinen Gemeinde in der Nähe von Hørsholm vermerkt.[127] Die Eltern sind Jacob Dippel und Maria Dems. Eine direkte Verbindung zu unserem Johann Conrad Dippel kann aber so noch nicht sicher hergestellt werden. Vielleicht besteht die im Familienstammbaum eingetragene Verwandtschaft mehr auf einer Familienlegende, als auf Tatsachen? Also hier besteht noch Forschungsbedarf.

2.15 Caspar Neumann auf seinen Reisen in Europa

Wir hatten den Apothekergesellen Caspar Neumann verlassen, als er es sich ganz kommod in England eingerichtet hatte. Da er jetzt ein geregeltes, gutes Einkommen hatte, in Gelehrtenkreisen sehr geachtet war und sich auch ansonsten in London sehr wohl fühlte, beschloss Neumann, in England zu bleiben. Allerdings wollte er noch einmal nach Berlin,

127 Kirchenbuch Blovstrød 1788 – 1814, 9.

um hier seine persönlichen Angelegenheiten zu regeln. Für diese Reise schloss er sich dem Tross Königs George I. von Großbritannien an, der in Personalunion auch Kurfürst von Hannover war und im Sommer 1716 seine deutschen Stammlande besuchte. Neumann reiste dann weiter nach Berlin, wo er unter anderem mit Georg Ernst Stahl, dem Leiter des Collegium Medicum, zusammentraf. Neumann zeigte in Berlin seine chemischen Künste und führte dabei neben anderen Experimenten die Herstellung eines selbstentzündlichen sogenannten Pyrophors vor, hergestellt aus pulverisiertem Alaun und Eidotter. Stahl erkannte bei den Fachgesprächen schnell, was für ein selten talentierter und inzwischen auch erfahrener Chemiker und Apotheker Neumann war. Er versuchte daher, ihn für Berlin zurückzugewinnen. Das gelang auch, indem er ihm für die Zukunft den Chefposten in der Hofapotheke anbot und für die nächste Zeit die Fortsetzung seiner unterbrochenen Bildungsreise bei erneuter Übernahme der Kosten durch den König. Neumann konnte dieses Angebot nicht ausschlagen und ging noch 1716 als Erstes wieder nach England.

Doch woher kam auf einmal das Geld für Neumann? Der Soldatenkönig hatte ja diese Summe, wie viele andere auch, nach seiner Machtübernahme aus Sparsamkeitsgründen gestrichen. Hatte er es sich jetzt anders überlegt und griff für Neumann doch wieder in die Staatskasse? Nein, ganz so war es nicht. Er hatte es sich, auf den von ihm geschätzten Rat von Georg Ernst Stahl hin, anders überlegt, aber selbst zahlen wollte er dafür nicht. Es war wieder die Königlich Preußische Sozietät der Wissenschaften, aus deren Kasse die für Neumann bestimmten Reisegelder entnommen wurden. 1717 beschwerte sich die Sozietät sogar beim König selbst, weil ihr von Stahl zugemutet wurde, einige hundert Taler für „einen in der Fremde seienden Apotheker, Neumann"[128] zu zahlen. Übrigens sollte Neumann fünf Jahre später selbst Mitglied der Sozietät der Wissenschaften werden. Aber das konnte damals noch niemand wissen und die Sozietät musste zähneknirschend die Reisekosten Neumanns berappen.

Im Jahr 1717 wird die Leitung der Berliner Hofapotheke im Berliner Adresskalender wie folgt beschrieben:

---

128 Archiv der Berlin-Brandenburgischen Akademie der Wissenschaften Berlin, Signatur: I-IV-6, Sitzungsprotokolle des Konzils, Abschrift 2. Teil 1716 – 1720, 270.

„H. Friedrich Wilhelm Memhardt, Hof-Apotheker, wohnt auf dem Schloss in der Hof-Apotheke. H. Conradi; Controlleur bei der Hof-Apotheke, wohnt auf dem Schloss in der Hof-Apotheke.“[129]

Conradi, der Neumann einst als Geselle des Reiseapothekers an die Hofapotheke geholt hatte, starb aber schon Ende des Jahres 1717. Als Neumann diese Nachricht erhielt, war er noch in England. Friedrich Wilhelm Memhardt, der Erste Hofapotheker, starb wenig später im Juli 1718. Neumann erhielt die entsprechende Nachricht kurz nach seiner Ankunft in Frankreich. Da Neumann als Nachfolger Memhardts vorgesehen ist, wurde er jetzt zur Rückkehr nach Berlin gedrängt und musste seine Reise nun beschleunigt zu Ende bringen. Bis Neumann in Berlin eintraf, verwaltete der älteste Apothekergeselle die Hofapotheke.

Aber Neumann ließ sich nicht hetzen, sondern nutzte die ihm gebotenen Möglichkeiten voll aus. In Paris regierte seit 1715 offiziell ein Urenkel des Sonnenkönigs Louis XIV., Louis XV. (1710 – 1774), als dessen Nachfolger. Erst 1710 geboren, war er aber noch ein Kleinkind und die Regierung wurde durch den Herzog von Orléans Philippe II. de Bourbon (1674 – 1723) geleitet, einem Neffen von Louis XIV.. In Paris hielt Neumann schon selbst chemische Vorlesungen, ein sogenanntes Collegium chymicum. Mit den Brüdern Étienne François und Claude-Joseph Geoffroy, zwei bekannten Chemikern der Zeit, experimentierte er des Öfteren zusammen. Sie werden beide später auch für die Geschichte des Berliner Blaus noch wichtig werden. Auch mit dem Pariser Hofapotheker Boulduc wurde er bekannt. Neumann sagte später von den „Frantzösischen Chymicis“,

> „dass sie noch nicht recht verstählert sind, und noch nicht hinlängliche Einsicht von solchen Principio haben, sondern […] noch immer in der Finsternis herumtappen.“

Damit meinte er, dass die zu dieser Zeit noch ziemlich neue Phlogistontheorie von Stahl in Frankreich noch nicht Fuß gefasst hatte.

Von Paris aus reiste Neumann über mehrere Zwischenstationen nach Lyon und von dort weiter nach Grenoble. Besonders beeindruckte ihn das in der Nähe gelegene Kloster La Grande Chartreuse, wo er in der dortigen Apotheke auch moderne technische Einrichtungen besichtigte. Von

129 Adress-Kalender 1717, 12.

Abb. 39: Blick vom Lustgarten auf den Apothekenflügel des Berliner Schlosses. Die Hofapotheke befand sich im Erdgeschoss des Apothekenflügels, in der ersten Etage war unter anderem die Wohnung von Caspar Neumanns Familie. Foto von F. Albert Schwartz, 1883.

da ging es dann weiter über Savoyen und Turin nach Genua und dann über Livorno, Pisa und Florenz nach Rom, wo sein Ansprechpartner der päpstliche Leibarzt Lancisi war. Nach einem sechswöchigen Aufenthalt im Rom reiste Neumann an der Adriaküste nach Venedig, von wo er noch einen Abstecher in die Lombardei unternahm.

Noch einmal brauchte Neumann Geld, welches ihm auch bewilligt wurde, als der König im November 1718 an Stahl schrieb:

> „An den Stahl, dass dem Apotheker Neumann noch 200 Taler ein Mehreres aber nicht nach Italien übermacht werden und er seine Rückreise damit tun soll".

Neumann reiste dann von Venedig über Tirol, Augsburg, Nürnberg, die sächsischen Bergstädte, Dresden und Leipzig zurück nach Berlin.

Nach seiner Rückkehr nach Berlin wurde Neumann zügig zum neuen Hofapotheker ernannt. Am 24. Januar 1719 erfolgte der königliche Befehl zur Vereidigung, die dann Mitte Februar 1719 stattfand. Bei dieser Gelegenheit forderte Neumann allerdings ein um 200 Taler höheres Gehalt, mehr Mitarbeiter und höhere Gehälter für die Mitarbeiter. Er übergab einen dementsprechenden Antrag. Nach Rückfrage bei Stahl, der dem

Antrag Neumanns nicht beipflichtete, schrieb der König in seiner typischen Art unter den Antrag:

> „Alles abgeschlagen, soll im Alten und Vorigen, wie Anno 1715 gewesen, sein bewenden haben und nits neues machen, will Neumann nit, sollen ein anderen annehmen".

Die Bestallung von Caspar Neumann zum Hofapotheker erfolgte endgültig Ende Februar 1719. Ausweislich des Berliner Adresskalenders wohnte er von nun an auch im Gebäude der Hofapotheke. 1721 heiratete Caspar Neumann die Witwe seines ehemaligen Förderers Johann Caspar Conradi, Cornelia Maria Conradi, geb. Hünick. Diese brachte zwei Kinder aus ihrer ersten Ehe mit Conradi mit in die neue Verbindung: Anna Elisabeth Conradi und Johann Caspar Conradi. Eigene Kinder hatte Neumann nicht. Bezüglich dieser Zweckehe schrieb Neumann im März 1722 an seinen Freund Christoph Jacob Trew (1695 – 1769) in Nürnberg:

> „Bei meiner weitläufigen Ökonomie habe ich mir vor einigen Monaten eine Frau zugelegt, da ich täglich 19 ordinäre Personen zu füttern habe, ohne was sonsten noch extraordinäre vorfällt. Ich lebe bei dieser Veränderung, Gott sei Dank, vollkommen vergnügt".

1721 erfolgte Caspar Neumanns Aufnahme in die Preußische Sozietät der Wissenschaften. Im Jahr 1724 wurde er Mitglied des Collegium medicum (ab Ende 1725 Obercollegium medicum). Diese Organisation, die unter Leitung von Georg Ernst Stahl stand, war die oberste Medizinalbehörde Preußens. Neumann erhielt zuerst die Verantwortung über die Einnahmen und Ausgaben der Organisation, später auch die Aufsicht über das Apothekenwesen. 1724 wurde Neumann, der niemals eine Universität besucht hatte, zum Professor an dem in Berlin neu gegründeten Collegium Medico-Chirurgicum, einer Ausbildungsstätte für die Medizinberufe. Damit gehörte er nun endgültig zum Establishment.

2.16 Dippels Verhaftung und Verurteilung

Wir hatten Dippel in Altona um das Jahr 1718 herum verlassen und kehren jetzt zu ihm zurück. Wie schon zuvor in den Niederlanden schien sich Dippel auch in Altona gut eingelebt zu haben und wohl zu fühlen. Von Altona aus korrespondierte Dippel sogar mit dem pietistenfreundlichen dänischen König Frederik IV. in Kopenhagen über theologische

Themen. In dieser Korrespondenz taucht jedoch im Dezember 1717 erstmals ein Brief auf, in welchem Dippel sich für zwei mit ihm befreundete Hamburger Kaufleute, Andreas Bandau und Christian Niclas Lieben, einsetzt, von denen er glaubt, dass sie vom Altonaer Rat und von der Justiz in Altona und den gleichfalls dänischen Orten Glückstadt und Pinneberg ungerecht behandelt wurden.[130] Als der König bei Reventlow schriftlich nachfragt, bestätigt ihm dieser, dass die Vorwürfe von Dippel im Grundsatz richtig seien und er daran arbeite, die Verhältnisse in Altona kontinuierlich zu verbessern. Also hier ist Graf Reventlow noch auf Dippels Seite und wird auch von Dippel nicht angegriffen, der in dieser Zeit an den dänischen König schreibt, dass Graf Reventlow „allhier das Beste sucht, aber an allen Ecken gehindert wird".

Aber sowohl der Rat von Altona als auch die angegriffenen Justizbehörden wehren sich und gehen zum Gegenangriff gegen Dippel über. Sie stellen ihr Vorgehen in den Fällen Bandau und Lieben als völlig legal und rechtskonform dar und bezeichnen Dippel als Jemanden, der mit „fingieren, verlästern, anschwärzen und verleumden" arbeitet. Dippel beginnt unter Druck zu geraten und ist enttäuscht, dass Graf Reventlow ihn nicht unterstützt.

Zu dieser Zeit, Anfang 1719, kommt in Altona das Gerücht auf, man müsse bei den städtischen Behörden, bei der Justiz und beim Oberpräsidenten Graf Reventlow Bestechungsgelder zahlen, um eine Anfrage bearbeitet zu bekommen oder um in einem Rechtsstreit Recht zu erhalten. Dass das ein prinzipielles Problem war, zeigt dass scharfe Verbot, solche „Geschenke" anzunehmen, in einem königlichen Befehl von 1708. Man vermutete Dippel hinter den Gerüchten und die dadurch Angegriffenen, also Graf Reventlow und der Rat von Altona beschuldigen nun ihrerseits Dippel, er habe für Interventionen beim Grafen Reventlow von den Interessenten Bestechungsgelder verlangt.

In Verkennung der Machtverhältnisse bläst Dippel zum Großangriff. Er schickt nun mehrere Briefe an den dänischen König und seinen Geheimrat Johann Georg von Holstein (1672–1730), in denen er den Grafen Reventlow und seine Frau frontal angeht. Er schreibt unter anderem, in Altona wären grausame Prozeduren und Ungerechtigkeiten „im

130 Rustmeier 1957.

Schwang", „als ob kein Gott im Himmel und kein König mehr in Dänemark wäre". Es gäbe in der Stadt Rechtsbeugung, Torturen „auf Art der spanischen Inquisition", Zeugenbeeinflussung, Begünstigung und Nötigung. Schuld seien Graf Reventlow und vor allem seine Frau, der Dippel „Boßheit" vorwirft. Über die Gräfin ärgerte sich Dippel am meisten, weil sie sich nach seiner Darstellung in Regierungsgeschäfte und Rechtsangelegenheiten einmischte, von Interessenten für Ihre Interventionen Geld verlangte und Kaufleute zwang, ihr Waren weit unter dem Einkaufspreis zu verkaufen.

Graf Reventlow wies alle Vorwürfe zurück und forderte die Einsetzung einer Untersuchungskommission gegen Dippel und dessen Verhaftung. Als Dippel erfuhr, dass er verhaftet werden sollte, floh er aus Altona in das benachbarte Hamburg. Die Dänen stellten nun einen Auslieferungsantrag an die Hansestadt. Wenn Dippel gehofft hatte, dass ihn Hamburg aufgrund der Feindschaft mit Dänemark nicht ausliefern würde, hatte er sich getäuscht. Wegen eines notorisch streitsüchtigen Pietisten wollte sich das streng lutherisch-orthodoxe Hamburg keinen Ärger mit dem Königreich Dänemark einhandeln. Innerhalb weniger Tage wurde die Sache abgewickelt und Dippel war am 3. Mai 1719 in der Hand seines einstigen Mentors und jetzigen Feindes, des Grafen von Reventlow.

Letzterer setzte nun alle Hebel in Bewegung, sich Dippels ein für alle Mal zu entledigen. Er wirkte nicht nur auf den König ein, sondern korrespondierte auch mit wichtigen Mitgliedern der dänischen Regierung zu dieser Sache. Die Mitte Mai eingesetzte dreiköpfige Untersuchungskommission nahm weitere schriftliche Eingaben von Dippel nicht mehr zur Kenntnis, sondern versuchte auf königlichen Befehl hin, die Sache ohne öffentliches Gerichtsverfahren zu einem zügigen Abschluss zu bringen. Letztlich befahl der dänische König auf Graf Reventlows Wunsch, wie mit Dippel zu verfahren sei: Man habe ihm öffentlich seinen Titel eines Kanzleirates abzunehmen. Dann sollten alle gegen Graf Reventlow und seine Frau verfassten Schreiben von Dippel öffentlich vom Henker verbrannt werden. Schließlich sollte Dippel „kreuzweise geschlossen" nach Kopenhagen verbracht und von dort auf die Insel Bornholm überstellt werden, um ihn „daselbst die Zeit seines Lebens im Gefängnis sitzen zu lassen".

Der Transport von Altona nach Kopenhagen sollte durch Rittmeister Christian von Scheel erfolgen. Warum gerade er? Rittmeister von Scheel war ein Stiefsohn von Graf Reventlow. Dessen Frau Benedikta Margarethe, geborene von Brockdorff war nämlich in erster Ehe mit dem früh verstorbenen Jörgen Graf Skeel (1656 – 1695), einem sehr reichen dänischen Adligen aus Gammel Estrup in Nordjütland verheiratet gewesen. Der aus dieser Ehe stammende Christian Graf Skeel wurde im Deutschen von Scheel genannt. Er hatte also die besondere Aufgabe, Dippel, dessen linke Hand und rechtes Bein mit einer Kette verbunden waren, man nannte das „kreuzweise geschlossen", zu eskortieren.

So wie vom König beschlossen, wurde es auch gemacht. Am 28. September 1719 erfolgte im Altonaer Rathaus die Urteilsverkündung und wenige Tage später war Dippel auf Bornholm angekommen, um in der gewaltigen Burganlage von Hammershus ein Zimmer zu beziehen.

Mit Dippels Verhaftung endete sicher auch seine von mir postulierte Berliner-Blau-Produktion in Altona und die Berliner Hersteller Johann Leonhard Frisch und Johann Jacob von Diesbach waren einen lästigen Konkurrenten los. Wahrscheinlich hatten sie jetzt sogar ein Herstellungsmonopol für das Berliner Blau. Aber sicher ist das nicht, wie die Ausführungen im nächsten Abschnitt zeigen werden.

Nachdem er im Mai 1719 verhaftet worden war, waren Dippels Aussichten, nach Holland zurückkehren zu können, nun erst einmal sehr gering. Offenbar deshalb wird sein Haus Vredenhoef in Maarssen im Juni 1719 vermietet.[131] Darum kümmert sich sein Freund, der in der entsprechenden Notariatsurkunde als „Fredrik Philip van Geuder, genaamt Rabensteyner" bezeichnet wird. Er vermietet Dippels Anwesen an den Amsterdamer Kaufmann Johan van der Cloot. Der Mietpreis beträgt 325 Gulden pro Jahr. Vier Jahre später, im August 1723, verkauft „Frederick Philip Baron de Geuder alias Rabensteiner" den an Johan van der Cloot vermieteten Vredenhoef, der aus Haus, Hof und Obstplantage besteht, für 5.000 Gulden an „Jacob Ladmiral Jans" aus Amsterdam.[132] Dabei handelte es sich wahrscheinlich um den Zeichner und Kupferstecher Jacob l'Admiral

131 Het Utrechts Archief, Notar Johan Bosch, Utrecht, Urkunde vom 24.6.1719, Inventarnummer U146a002, Aktennummer 343.

132 Ebd., Urkunde vom 23.8.1723, Inventarnummer U154a003, Aktennummer 9.

(1700 – 1770), der sich auch Jacob Ladmiral Jun. nannte. Dippel ist zur Zeit des Hausverkaufs immer noch auf Bornholm inhaftiert und es war nicht abzusehen, dass er sein Gefängnis zu seinen Lebzeiten jemals wieder verlassen könnte. Aber die Bemühungen dazu hatten schon begonnen. Wir werden später mehr dazu hören.

2.17 Erste Berliner-Blau-Rezepte tauchen auf

Natürlich müssen wir davon ausgehen, dass die Berliner-Blau-Produzenten Johann Leonhard Frisch und Johann Jacob von Diesbach ihr sehr einträgliches Herstellungsrezept für das Berliner Blau unbedingt geheim halten wollten. Aber nicht nur sie, sondern mindestens auch der Miterfinder Johann Conrad Dippel kannte das Rezept. Dippel war ja auch ein Berliner-Blau-Produzent und damit Konkurrent des Berliner Duos. Aber wer wusste eigentlich zu dieser Zeit noch davon? Wir erinnern uns, an der Erfindung war damals 1706 in Berlin auch der junge Gehilfe Rösser beteiligt, der Dippels Chemikalienreste in einem Zuckerglas aufgehoben, aber falsch beschriftet hatte. Und es gab ja auch weitere Personen, die in Dippels Labor gearbeitet hatten, so Johann Georg Rosenbach mit dem Dippel damals ganz eng befreundet war und auch ein Bernhard Feldmann wird als damaliger Laborant Dippels genannt. Feldmann war ausweislich des Berliner Adresskalenders der Sozietät der Wissenschaften später auch als selbstständiger „Distillir, und Laborant“ in Berlin tätig.[133]

Aber sicher könnten noch mehr Personen davon gewusst haben, denn vielleicht hatten von Diesbach und Dippel auch Gehilfen, die ihnen im Labor zuarbeiteten und nach und nach mit der Berliner-Blau-Rezeptur vertraut wurden? Wir wissen es nicht, aber es war sicher nicht leicht, das lukrative Produktionsgeheimnis auf längere Sicht wirklich unter Verschluss zu halten. Und das gelang auch nicht.

Wenn man sich die Mühe macht, durch erhaltene Briefsammlungen der damaligen Zeit zu blättern, findet man nämlich tatsächlich Briefe, in denen Berliner-Blau-Rezepte verschickt wurden.

So gibt es aus dem Jahr 1723 ein sicher nicht sehr gut funktionierendes Berliner-Blau-Rezept, welches ein gewisser Doctor Kramer aus Dresden an den Bergrat Johann Friedrich Henckel (1678 – 1744) in Frei-

133 Adress-Kalender 1719, 39.

berg schickte.[134] Kramer selbst gibt an, das Rezept von einem Dr. Ernst Peter Meuder (1675 – 1743) erhalten zu haben. Meuder war auch Arzt und Leibmedicus in Dresden. In diesem Rezept wird Tartarus crudus, als unverarbeiteter Weinstein, mit tierischen Teilen, insbesondere Ochsenblut, calciniert und danach mit Wasser ausgelaugt. Der erhaltenen Lösung, in der sich wahrscheinlich Cyanid und etwas Hexacyanoferrat befinden, wird eine rote Tinktur aus Sandelholz oder Brasilholz zugegeben. Man sieht, der Autor des Rezeptes hat nur recht unvollständige Angaben von der Originalrezeptur bekommen. Denn dort wurde zwar eine rote Tinktur verwendet, aber das war ein Cochenilleauszug, also Karminsäure. Daraus wurden dann wahrscheinlich durch Übertragungsfehler rote Sandel- oder Brasilholzauszüge. Wie auch immer, beide, weder Cochenille noch Rotholz, tragen zur Berliner-Blau-Bildung bei, sondern ihre Zugabe ist nur der ersten zufälligen Herstellung des Berliner Blaus geschuldet, bei der eine rote Lösung aus Cochenille verwendet wurde. Was weiterhin in Kramers beziehungsweise Meuders Rezeptur fehlt, ist der Zusatz von Eisenvitriol, also Eisensulfat. Denn zum Abschluss wird einfach mit etwas Schwefelsäure („Vitriolgeist") ausgefällt. Die erhaltene Menge blaues Pigment war sehr gering, „dass es die Unkosten nicht zahlte", wie Meuder an Kramer berichtet hatte. Da kein Eisenvitriol zugesetzt wurde, kann das zur Berliner-Blau-Bildung notwendige Eisen nur aus dem Blut, durch Verunreinigungen der eingesetzten Chemikalien oder durch eiserne Tiegel oder dergleichen hinzugekommen sein, daher die schlechten Ausbeuten.

Aber es wurden auch komplett richtige, dem damaligen (geheimen) Stand der Technik entsprechende Rezepte verschickt. Ein solches finden wir auch wieder im Briefwechsel des Freiberger Bergrats Henckel und zwar in einem Brief des Hamburger Kaufmanns und Hobby-Alchemisten Detlev Klefeker (1675 – 1750) an ihn. Die Klefekers waren Gärtner, die Baumschulen betrieben und vom Handel mit Pflanzen und Sämereien lebten. Detlef Klefeker baute dieses Geschäft in größerem Maßstab aus. Er verkaufte, um nur einige Beispiele zu nennen, Rosskastanien, Linden, Eiben, Buchsbäume, Blumenzwiebeln und insbesondere exotische Oran-

134 J. G. Kramer: Brief vom 9. April 1923 an Johann Friedrich Henckel. In: Mineralogische 1794, 259 f.

geriepflanzen aus Italien vor allem an regierende Häuser, die in ihren Lustschlossanlagen oft auch Orangerien betrieben. Er lieferte unter anderem auch an den preußischen Königshof, hatte daher des Öfteren als Kaufmann in Berlin zu tun und trug außerdem den Titel eines preußischen „Garten Commissairs“.[135] Klefekers Leidenschaft galt nicht nur exotischen Pflanzen, sondern auch der Alchemie, der er zusammen mit seinem Freund, dem Hamburger Arzt Barthold Wichers nachging. 1736 veröffentlichte Klefeker sogar unter dem Pseudonym Pyrophilus auch ein alchemistisches Buch unter dem Titel „Das Fundament der Lehre vom Stein der Weisen“.[136] Als Freund der Alchemie korrespondierte er auch mit Henckel, einem außerordentlich erfahrenen und hoch angesehenen Chemiker und Bergrat, der aber auch noch einen gewissen Hang zur Alchemie hatte.

In diesem Zusammenhang wurde das Berliner-Blau-Rezept im Juni 1722 in einem Brief an Henckel in Freiberg geschickt.[137] Die Absenderangabe des Briefes mit dem Rezept ist Michael Gottheil, ein Pseudonym von Klefeker, Berlin. Aus dem Brief geht hervor, dass für das Rezept ursprünglich einmal 2.000 Taler bezahlt worden waren, allerdings nicht wann, wo und an wen. Es könnte also zum Beispiel in Berlin, von einem Mitarbeiter von Diesbachs und Frischs, oder in Hamburg vielleicht von Dippel, erworben worden sein.

Nach Klefeker wurde getrocknetes Ochsenblut mit Pottasche vermischt und „alsdann so lange gebrannt, bis keine Flamme mehr verspürt wird“. Die erhaltene „Materie“ wurde mit Wasser ausgelaugt. Dann nahm er gestoßene Cochenille und Alaun und machte daraus mit Wasser eine rote Tinktur. Eine dritte Lösung wurde aus Alaun und Eisensulfat hergestellt. Diese drei Lösungen goss man zusammen und erhielt eine blaue Ausfällung, die man mit Wasser wusch und dann trocknete. In diesem Herstellungsrezept wird erstaunlicherweise immer noch die eigentlich unnötige Cochenille verwendet, wie schon bei der ersten zufälligen Synthese.

135 Wimmer 2012, 25 – 27.
136 Klefeker 1736.
137 Klefeker 1794, 191 – 195.

Henckel scheint große Schwierigkeiten gehabt zu haben, das Rezept nachzukochen. Er schrieb nämlich 1723 in den sogenannten „Breslauischen Sammlungen", dass er

> „die Berlinische blaue Farbe nachzumachen versuchet hat. Die dazu gehörigen Sachen als Blut, Potasche, Alaun, Englischer Vitriol, Koch-Saltz und Brunnen-Wasser sind nicht unbekandt; Es ist mir auch das Verfahren mit allen nur zu beschreibenden Hand-Griffen gantz deutlich vorgemahlet worden, und doch kan ich das blaue vom Himmel nicht herunter kriegen, noch mercken wo ich gefehlet und die Fehler bessern soll".[138]

Damit haben wir zwei Rezepte in der zeitgenössischen Briefliteratur gefunden. Aber auch in Rezeptsammlungen aus dieser Zeit taucht Berliner Blau auf. In einem großen Konvolut von handschriftlichen Rezepten, die im Archiv der Porzellansammlung der Staatlichen Kunstsammlung Dresden aufbewahrt werden und die höchstwahrscheinlich aus dem Besitz von Johann Friedrich Böttger stammen, findet sich ein solches Rezept mit dem Titel „Berliner Blau zu machen".[139] Diese Rezeptur beschreibt detailliert mit genauen Mengenangaben die einzelnen Schritte zur Herstellung des Berliner Blaus und auch zu diesem Rezept gehört die Herstellung eines Cochenilleauszuges.

Da man in Sachsen also offenbar bereits vor 1719 im Besitz eines funktionierenden Berliner-Blau-Rezeptes war, konnte man hier also schon vor dem allgemeinen Bekanntwerden der Herstellungsvorschrift im Jahr 1724 selbst Berliner Blau herstellen. Wie die Dresdener beziehungsweise Böttger zu der geheim gehaltenen Rezeptur gekommen sind, bleibt unklar. Man kann nur spekulieren. So wäre es vielleicht denkbar, dass es einen Austausch gegen ein eigenes Geheimrezept gab. Möglicherweise wurde das Berliner-Blau-Rezept von Böttger gegen eine Rezeptur seines roten Böttgersteinzeugs getauscht, das ja ab etwa 1713 auch in einer Manufaktur im brandenburgischen Plaue an der Havel hergestellt wurde. Aber zurück zu dem, was wir sicher wissen.

---

138 Henckel 1723, 426.

139 Anon.: Berliner Blau zu machen. In: Verschiedene Rezepte und Konzepte, Staatliche Kunstsammlung Dresden (SKD), Archiv Porzellansammlung, 42 – 44.

Im April 1723 wendet sich Melchior Ernst von Kröcher († 1730) an die kursächsische Regierung in Dresden. Er bietet an, das Pigment Berliner Blau günstiger herzustellen und wesentlich preiswerter zu verkaufen, als es bisher verkauft werden würde. Dafür möchte er 1.000 Taler Vorschuss erhalten. Dieser Vorschlag wird von mehreren Experten geprüft und schlussendlich abgelehnt. Begründet wird das damit, dass die Berliner-Blau-Herstellung kein Geheimnis mehr sei und schon verschiedene Leute die blaue Farbe herstellen könnten und weil, wenn von Kröcher sie nur 1 oder 2 Groschen günstiger anbieten könne, ein starker Absatz ungewiss wäre.[140] Allerdings wird bestätigt, dass das Berliner Blau von Kröcher von guter Qualität sei. Melchior Ernst von Kröcher, der an anderer Stelle auch als „verkommenes Genie" geschildert wurde, sprang, vollkommen verarmt, im Jahr 1730 von einem Baugerüst an der Dresdner Frauenkirche in den Tod.[141]

Im Jahr 1724 taucht Berliner Blau auch erstmals in einem technologischen Lehrbuch auf, und zwar in der zweiten Auflage der lateinischsprachigen „Elementa Philosophiae Naturalis Experimentalis" des renommierten Jenaer Professors Hermann Friedrich Teichmeyer (1685 – 1744). Teichmeyer war Professor für Experimentalphysik und Medizin an der Salana, der Jenaer Universität. Aber er war auch ein bekannter Chemiker, der sich zum Beispiel auch mit Geheimtinten beschäftigt hat. Er schreibt in diesem Buch im Abschnitt „De Coloribus", also „Von den Farben", dass er das Berliner Blau schon mehr als zwanzigmal hergestellt habe.[142] Die Rezeptur wird allerdings von ihm nur angedeutet, aber noch nicht verraten. So kann man bei ihm an der entsprechenden Stelle nur lesen, dass man eine Lauge aus einigen Salzen zusammengeschmolzen mit Blut oder Galle von Tieren herstellen müsse. Diese Lauge würde man dann mit zwei anderen durchsichtigen Lösungen vermischen und einen Niederschlag erhalten, der nach Waschen mit Wasser blau werden würde.

140 Hauptstaatsarchiv Dresden, Signatur: Geheimer Rat (Geheimes Archiv) 10024, Loc. 9765/9.

141 Weber 1859, 144 – 148.

142 Teichmeyer 1724, 117 – 119. Die Übersetzungen aus dem Lateinischen ins Deutsche stammen von Manfred Kraft.

Also scheint, nach diesen verschiedenen Nachrichten, zu Beginn der 1720er Jahre die Rezeptur der Berliner-Blau-Herstellung schon kein allgemeines Geheimnis mehr gewesen zu sein. Aber sie war auch noch kein Allgemeingut. Wie es dazu kam, wird im nächsten Abschnitt geschildert.

2.18 Das Produktionsgeheimnis wird veröffentlicht

London 1723: John Woodward (1665 – 1728) erhält Post aus Deutschland. Der originale Brief wurde bisher leider nicht gefunden. Man kennt nur den sogenannten „Extract" dieses Briefes, wie er im Archiv der Royal Society im Register Book abgelegt wurde.[143] Dieser Brief hatte es in sich. Doch bevor wir zum Inhalt dieses Briefes kommen, noch kurz ein paar Worte zu John Woodward und zur Royal Society, also zur Königlichen Gesellschaft.

John Woodward[144] war ein englischer Arzt und zugleich Professor für Medizin am Gresham College,[145] einer öffentlichen Bildungseinrichtung in London. Als Naturforscher war Woodward vor allem Geologe, aber auch mit seinen Forschungen zum Pflanzenwachstum bekannt geworden. So konnte er zeigen, dass Pflanzen in Hydrokulturen in reinem, destillierten Wasser viel schlechter gedeihen, als in „verunreinigtem" Wasser, welches dadurch Nährstoffe enthält. Als Geologe gehörte er zu denjenigen, die von der Formung der Erdoberfläche durch die in der Bibel beschriebene Sintflut ausgingen. Aber er war auch einer der ersten Geologen, die Erdschichtenmodelle entwarfen. Auf jeden Fall war er eines der prominentesten Mitglieder der Royal Society. Diese renommierte Gelehrtengesellschaft ist eine der ältesten, heute noch bestehenden wissenschaftlichen Vereinigungen der Welt. Sie wurde 1660 im Gresham College in London gegründet. 1723 war kein Geringerer als Isaac Newton Präsident der Royal Society, und das schon seit 1703. Im gewissen Sinne war die Royal Society, ebenso wie die französische Académie des sciences in Paris Vorbild für die Gründung der Brandenburgischen Sozietät der Wissenschaften gewesen. So viel dazu und damit zurück zum Brief.

143 Archiv der Royal Society London, Signatur RBO/11/103.

144 Levine 1977.

145 Chartres/Vermont 1998.

Abb. 40: Porträt des Arztes und Naturforschers John Woodward (FRS)

Dieser nur als Exzerpt vorhandene Brief in englischer Sprache ist mit Juni 1723 datiert[146]. Als Absender wird „D. C. Neumann, Lipsick“, also Leipzig, angegeben. Neumann schreibt in diesem Brief, dass er sich tief in der Schuld der Royal Society fühlen würde und nach etwas suche, diese Schuld abzutragen. Dazu bietet er die Übersendung einer Vorschrift zur Herstellung des Berliner Blaus an, das von seinem Freund Frisch hergestellt werden würde, der auch der erste Erfinder sei. Er hätte die Rezeptur aber nicht von Frisch erhalten und auch nie mit Frisch über das Berliner Blau gesprochen. Vielmehr hätte er die Herstellungsvorschrift selbst mit viel Arbeitsaufwand und hohen Kosten entwickelt, nachdem er etwas über die verwendeten Ausgangsstoffe erfahren hatte. Er fragt, ob die Royal Society Interesse an dem Rezept habe. Bei einer eventuellen Veröffentlichung der Vorschrift fordert er allerdings, das sie nicht unter seinem Namen erfolgen sollte.

Die Royal Society war offenbar an der Herstellungsmethode für Berliner Blau interessiert, denn in einem zweiten Brief von November 1723 sendet Neumann eine detaillierte, auf lateinisch verfasste Herstellungsvorschrift nach London. Auch hier ist der Originalbrief nicht im Archiv der Royal Society vorhanden, sondern nur die Abschrift des Rezepts im Register Book der Royal Society unter dem Titel „Caspari Neumanni

146 Kraft 2009 b.

Praeparatio Caerulei Prussiaci", also „Caspar Neumanns Herstellung von Preußisch Blau", datiert mit „Lips. 17. Nov. 1723", also wieder mit Absendeort Leipzig.[147]

Gehen wir diese Informationen noch mal in Ruhe durch. Also erstens fühlt sich Caspar Neumann tief in der Schuld der Royal Society. Das ist sicher plausibel, da er ja in seinen fünf Jahren in England von 1713 bis 1718 sehr gut von den Engländern an sich, aber auch von der Royal Society, aufgenommen worden war und dort zum Beispiel auch als Nicht-

Abb. 41: Das kleine Laboratorium der Berliner Hofapotheke ca. 1750. Dieses Labor war speziell für den Hofapotheker persönlich vorgesehen. Hier hat Caspar Neumann möglicherweise die Herstellungsvorschrift für Berliner Blau ausgearbeitet.

147 Archiv der Royal Society London, Signatur RBO/11/104.

mitglied bei Veranstaltungen teilnehmen durfte. Dass Frisch Neumanns Freund war, kann man sich auch gut vorstellen, nur dass Frisch der erste Erfinder dieser blauen Farbe war, ist natürlich falsch. Aber vielleicht hat Neumann das zu diesem Zeitpunkt nicht besser gewusst, da Dippel und von Diesbach ja ihre Erfindung sicher nicht allgemein bekannt gemacht hatten. Und Frisch trat nach Dippels Flucht aus Berlin eben öffentlich als Verkäufer des Pigments in Erscheinung, während man Johann Jacob von Diesbach damit in der Öffentlichkeit weniger in Verbindung brachte.

Dass Caspar Neumann die geheime Vorschrift seines Freundes Johann Leonhard Frisch veröffentlichen will, ist natürlich etwas, was Freunde eigentlich nicht machen, denn dadurch würde Frisch ja sein Herstellungsmonopol und damit sehr große Einnahmen verlieren. Der einzige Punkt, der in dieser Hinsicht positiv für Caspar Neumann spricht, ist, dass er die Vorschrift, die er weitergeben will, nicht von Frisch übergeben bekam, sondern selbst ausgearbeitet hat. Ansonsten ist noch etwas überraschend, dass beide Briefe den Absendeort Leipzig tragen, denn eine nähere Verbindung des Berliner Hofapothekers Caspar Neumann mit Leipzig ist nicht bekannt. Dazu mehr im nächsten Abschnitt.

Die beiden Briefe waren offensichtlich direkt an John Woodward geschickt worden, der sie dann an die Royal Society zum Entnehmen der „Extracte“ weitergab. Was machte John Woodward nun mit der brisanten Information? Zweierlei: Erstens präsentierte er das Rezept für Berliner Blau am 9. Januar 1724 bei einer Sitzung der Royal Society. Aber Woodward war ja kein Chemiker, sondern Arzt und Geologe. Da er deshalb nicht beurteilen konnte, ob das Neumannsche Rezept auch wirklich Berliner Blau ergibt, bat er zweitens einen Chemiker der Royal Society namens John Brown, die Rezeptur zu überprüfen.

John Brown (manchmal auch als Browne geschrieben) war ein englischer Apotheker und Chemiker.[148] John Brown beendete 1697 seine Apothekerlehre und wurde 1721 Mitglied der Royal Society. Er starb 1735. John Brown überprüfte und bestätigte Neumanns Berliner-Blau-Rezept in seinem Laboratorium. Außerdem führte er weitergehende Experimente durch und konnte zeigen, dass zur Berliner-Blau-Herstellung nicht nur Tierblut sondern auch Fleisch, konkret Rindfleisch („Beef“) als Aus-

148 Oxford Dictionary 2004, Vol. 8, 176 f.

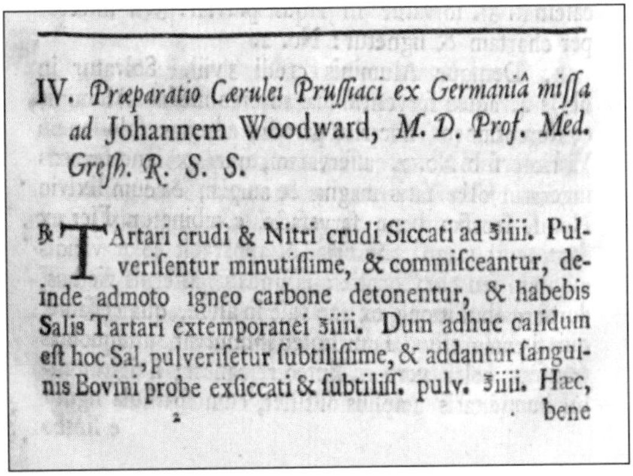
IV. *Præparatio Cærulei Pruſſiaci ex Germaniâ miſſa ad* Johannem Woodward, *M. D. Prof. Med. Greſh. R. S. S.*

℞ TArtari crudi & Nitri crudi Siccati ad ℥iiii. Pulveriſentur minutiſſime, & commiſceantur, deinde admoto igneo carbone detonentur, & habebis Salis Tartari extemporanei ℥iiii. Dum adhuc calidum eſt hoc Sal, pulveriſetur ſubtiliſſime, & addantur ſanguinis Bovini probe exſiccati & ſubtiliſſ. pulv. ℥iiii. Hæc, bene

Abb. 42: Beginn der von John Woodward 1724 veröffentlichen Herstellungsvorschrift für Berliner Blau in den Philosophical Transactions der Royal Society, die Vorschrift war Woodward aus Deutschland zugesandt worden

gangsstoff verwendet werden kann. John Brown präsentierte seine experimentellen Ergebnisse auf zwei Treffen der Royal Society am 2. und 16. April 1724.

In dem Heft der Philosophical Transactions of the Royal Society für Januar und Februar 1724 wurden Woodwards und Browns Beiträge abgedruckt. Woodwards Text war die anonyme wortgenaue Veröffentlichung der auf Lateinisch verfassten Vorschrift Caspar Neumanns. Die deutsche Übersetzung des Titels in der Zeitschrift lautet in etwa: „Herstellung von Preußisch Blau, aus Deutschland gesandt an John Woodward".[149] Das Heft erschien wahrscheinlich Mitte 1724 in Druckform. Ab diesem Zeitpunkt war die Herstellungsvorschrift für Berliner Blau allgemein zugänglich. Die Berliner Produzenten hatten ihr Herstellungsmonopol endgültig verloren.

Schauen wir uns die Herstellungsvorschrift nach Caspar Neumann einmal etwas genauer an.

Man nimmt jeweils 4 Unzen Weinstein und getrockneten Salpeter und mischt diese gut durch. Dann entzündet man diese Mischung mit einem Stückchen glühender Kohle. Die kleine Detonation ergibt 4 Unzen Pottasche, also Kaliumcarbonat. Zu diesem noch heißen Material gibt man 4 Unzen getrocknetes Ochsenblut. Das alles wird fein pulverisiert und gut durchmischt und kommt dann in einen Tiegel mit Deckel, wobei in dem

149 Anon. 1724. Die Übersetzungen aus dem Lateinischen ins Deutsche stammen von Manfred Kraft.

Deckel ein Loch sein muss. Der Tiegel darf nur zu zwei Dritteln gefüllt werden. Die Mischung wird erhitzt, zuerst bei moderatem Feuer. Wenn keine Flammen mehr aus dem Tiegel schlagen, wird der Grad des Feuers soweit erhöht, dass die Masse im Tiegel rot glüht. Wenn überhaupt keine Flammen mehr zu sehen sind, wird der Tiegel vom Feuer genommen und sein Inhalt in einen Mörser gegeben und pulverisiert. Dieses noch heiße Material wirft man dann in vier Pfund kochendes Regenwasser und kocht eine halbe Stunde. Danach wird die Lösung durch ein Leinentuch gegossen, also filtriert. Die zurückgebliebenen schwarzen Rückstände auf dem Leinentuch werden danach wieder mit frischem Wasser ausgekocht und erneut filtriert. Die durchfiltrierten wässrigen Lösungen, von John Brown „Blutlauge" genannt, werden gesammelt. Das Auslaugen der schwarzen Masse mit Wasser wird so lange wiederholt, bis das Wasser geschmacklos ist. Die gesammelte Blutlauge wird dann so lange eingekocht, bis nur noch 4 Pfund übrig sind. Das ist Lösung Nr. 1.

Man stellt dann zwei weitere wässrige Lösungen her: Für die zweite Lösung braucht man eine Unze Englischen Vitriol, also eine gute Sorte Eisen(II)-sulfat. Dieses grünliche Material wird calciniert, also erwärmt, bis es weiß geworden ist. Danach löst man es in 6 Unzen Regenwasser, das entspricht einem halben Pfund. Nach Filtration hat man Lösung Nr. 2. Eine dritte Lösung erhält man schließlich, indem man 8 Unzen Alaun in 4 Pfund kochendem Wasser auflöst.

Die Alaunlösung wird in ein ausreichend großes Gefäß gegeben. Man gießt dann die kochend heiße Lösung Nr. 2 gefolgt von der ebenso heißen Lösung Nr. 1 hinzu. Es wird dann zu einer starken Aufschäumung und zum Sprudeln kommen, wobei sich die Mischung blaugrün einfärbt, vergleichbar mit Chrysokoll oder Berggrün. Während die wässrige Lösung mit den Ausfällungen noch sprudelt, soll man mehrmals von einem Gefäß in ein anderes umgießen.

Wenn es nicht mehr sprudelt, soll man die Lösung eine Zeit lang stehen lassen und danach durch ein Leinentuch gießen. Die Ausfällung bleibt auf dem Leinentuch und wird von diesem mit einem Holzspatel herunter gekratzt und in ein Keramikgefäß überführt. Dann gießt man 2 oder 3 Unzen Salzsäure darüber und es entsteht sofort eine wunderschöne blaue Farbe. Man lässt dann über Nacht stehen, gießt am nächsten Tag eine große Menge Regenwasser darüber, wartet bis sich das blaue Pigment abgesetzt hat und gießt das überstehende Wasser ab. Das wiederholt man so lange, bis das Wasser keinen Geschmack mehr hat. Das blaue Pigment mit dem Restwasser wird dann wieder auf ein Leinentuch gegossen, so dass das Wasser ablaufen kann. Das auf dem Tuch zurückbleibende Material wird vorsichtig getrocknet. Damit ist die Berliner-Blau-Herstellung nach Caspar Neumanns, von John Woodward anonym veröffentlichtem Rezept, abgeschlossen.

Die Gewichtseinheit Unze entspricht etwa 31,1 g. 12 Unzen sind ein Pfund von etwa 373 g. Also entsprechen die 4 Unzen Weinstein, Salpeter oder getrocknetes Ochsenblut mit denen gearbeitet wurde, jeweils knapp 125 g des entsprechenden Materials. Wie viel Berliner Blau dabei erhalten wird, wurde in diesem Rezept nicht angegeben.

Bemerkenswert ist bei Neumanns Vorschrift insbesondere, dass nach dieser Herstellungsmethode keine Cochenille mehr verwendet wird und zum Ende aber zusätzlich Salzsäure zugegeben wird, während sie ansonsten im Wesentlichen der später von Stahl und vorher von Klefeker und im Dresdner Rezept beschriebenen Präparationsmethode entspricht. Der Verzicht auf die Verwendung der Cochenille wird die Qualität des Berliner Blaus verbessert und seine Herstellungskosten deutlich gesenkt haben.

Für moderne Chemiker ist interessant, dass das Kosten des Wassers damals offenbar eine ganz übliche Methode war, um die Reinheit des Wassers zu überprüfen. Das wird heute natürlich nicht mehr so gemacht.

Wir hatten ja schon erfahren, dass John Brown von Woodward gebeten worden war, das ihm aus Deutschland zugesandte Berliner-Blau-Rezept zu testen. In seinem in den Philosophical Transactions gleich hinter dem Rezept abgedruckten Artikel beschreibt Brown seine Versuchsergebnisse.[150] Er hatte exakt mit den von Neumann angegebenen Mengen gearbeitet. Das Glühen im Tiegel war nach 2 Stunden beendet. Die darin verbliebene schwarze Masse hatte ein Gewicht von 4 Unzen. Am Ende erhielt Brown gut eine Unze gut getrocknetes Berliner Blau.

Brown führte danach Versuche mit Variationen der Mengen der Ausgangsstoffe durch, wobei er immer Berliner Blau in unterschiedlicher Menge

150 Brown 1724, 17 – 24.

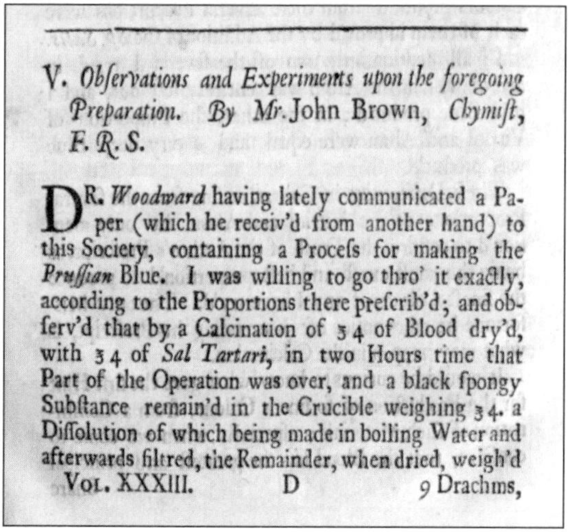

V. *Obſervations and Experiments upon the foregoing Preparation.* By Mr. John Brown, *Chymiſt*, F. R. S.

DR. *Woodward* having lately communicated a Paper (which he receiv'd from another hand) to this Society, containing a Proceſs for making the *Pruſſian* Blue. I was willing to go thro' it exactly, according to the Proportions there preſcrib'd; and obſerv'd that by a Calcination of ʒ 4 of Blood dry'd, with ʒ 4 of *Sal Tartari*, in two Hours time that Part of the Operation was over, and a black ſpongy Subſtance remain'd in the Crucible weighing ʒ 4. a Diſſolution of which being made in boiling Water and afterwards filtred, the Remainder, when dried, weigh'd

Vol. XXXIII. D 9 Drachms,

Abb. 43: Beginn des 1724 von John Brown in den Philosophical Transactions der Royal Society veröffentlichten Artikels über das Berliner Blau

und Qualität erhielt. Er stellte auch fest, dass man nicht unbedingt mit heißem oder gar kochendem Wasser arbeiten musste, sondern dass bei Verwendung von kaltem Wasser praktisch die gleichen Ergebnisse erzielt wurden. Als Nächstes testete er, ob anstatt von Blut auch Fleisch – Brown spricht von „Beef" – zur Berliner-Blau-Herstellung verwendet werden konnte. Und tatsächlich gelang es auch so, Berliner Blau herzustellen. Brown erkannte bei weiteren Versuchen, dass das zugesetzte Blut (beziehungsweise Fleisch) sowie das Eisenvitriol entscheidend für den Erfolg der Experimente waren, während der Alaun unnötig war. Daraus folgten logischerweise weitere Experimente, andere Metalle als das Eisen im Eisenvitriol zu prüfen. Brown führte Experimente mit Silber, Quecksilber, Wismut, Blei und Kupfer durch. Alle Metalle gaben mehr oder weniger unschön gefärbte Ausfällungen, die aber in keinem Fall auch nur annähernd so spektakulär blau waren wie das Berliner Blau aus Eisen und Blutlauge. Damit war aber John Browns präzise und umfassende Untersuchung auch die erste wissenschaftliche Veröffentlichung über die sogenannten Berliner-Blau-Analoga, heute meist im wissenschaftsenglischen Sprachjargon „Prussian Blue Analogues" genannt. Die „Prussian Blue Analogues" unterscheiden sich vom Berliner Blau, also Eisenhexacyanoferrat, dadurch, dass eines der beiden Eisenatome oder auch beide durch ein oder zwei andere Metalle ersetzt sind. Diese weitgefächerte Substanzklasse ist heute ein wichtiger Forschungsgegenstand für viele moderne Technologieanwendungen. Darauf werden wir im hinteren Teil des Buches näher eingehen.

2.19 Caspar Neumann oder der Apotheker Linck aus Leipzig?

Die Ausführungen im vorigen Abschnitt legen nahe, dass das Herstellungsrezept für Berliner Blau vom Berliner Hofapotheker Caspar Neumann an John Woodward geschickt wurde, wie es aus den Extracten der beiden Briefe im Register Book der Royal Society hervorgeht. Aber es bleiben doch Zweifel, dass das so stimmt, denn es wird als Absendeort nicht Berlin, sondern Leipzig genannt. Auch ist es so, dass weder in Caspar Neumanns zahlreichen erhaltenen Briefen noch in seinen umfangreichen wissenschaftlichen Veröffentlichungen an irgendeiner Stelle näher auf das Berliner Blau eingegangen wird. Das kann man natürlich damit erklären, dass er nicht wollte, dass die Übermittlung des Berliner-Blau-Rezeptes durch ihn nach London in Berlin bekannt würde, denn insbesondere Frisch würde ihm das ja sehr übelnehmen. Aber trotzdem ist das schon ungewöhnlich. Neumann erwähnt das Berliner Blau nur ganz kurz in seinem erst nach seinem Tod herausgegebenen umfangreichen Chemielehrbuch. Dort nennt er als Erfinder des „sogenannten Berlinerblaus oder Preußischen Ultramarins“ Dippel und „seinen damaligen Amanuensi Diesbach“,[151] also nicht den Lehrer Frisch. Ein Amanuensis war im übrigen ein Handlanger oder Gehilfe.

Stutzig macht zudem, dass es im Archiv der Royal Society noch eine zweite Version der beiden Briefextracte gibt und zwar in einer Sammlung mit dem Titel „Classified Papers“, also „Geheime Papiere“.[152] Die dort zu findenden Texte sind praktisch wörtlich identisch mit denen im Register Book, mit zwei Ausnahmen: Es fehlt der Name Caspar Neumann sowohl beim ersten Brief vom Juni 1723 als auch beim Rezept vom November. Während beim Rezept gar kein Name eines Absenders angegeben ist, ist der Name im Extract des ersten Briefes so durchgestrichen und mit einem Tintenklecks versehen, dass er nicht mehr zu entziffern

151 Neumann 1749, 350.

152 Archiv der Royal Society London, Signatur Cl.P/11 ii/2.

ist. Wir lesen hier: „Extract of a Letter of Mr. [unleserlich durchgestrichen] of Lipsick, to Dr. Woodward. June … 1723." Nur ist der unleserlich gemachte Platz eigentlich zu kurz für Neumann! Welcher Name könnte hier einmal zu lesen gewesen sein? Wahrscheinlich war das Linck! Denn im alten, heute kaum noch verwendeten Zettelkatalog der Royal Society werden die Extracte der beiden Briefe in den Classified Papers unter dem Absendernamen „Linck J H", also Johann Heinrich Linck geführt.

Ein zweiter Unterschied des Briefextraktes vom Juni 1723 in den Classified Papers zu dem im Register Book ist ein ebenfalls unleserlich durchgestrichener zweizeiliger Satz auf Seite 2 des Briefes. Der fehlt nämlich im Register Book. Dieser Satz folgt unmittelbar auf die Aufforderung des Briefschreibers, seinen Namen im Falle einer Veröffentlichung des Berliner-Blau-Rezeptes nicht zu nennen. Also hier könnte noch etwas Spezifischeres zu diesem Thema gestanden haben, was man später der Geheimhaltung halber unlesbar gemacht hat.

Wer war eigentlich Johann Heinrich Linck (1674–1734)? Dieser damals sehr bekannte Leipziger Apotheker wurde auch als Johann Heinrich Linck der Ältere bezeichnet. Die Apothekerfamilie Linck[153] war von 1671 bis 1807 zuerst Pächter und seit 1686 Besitzer der Löwen-Apotheke in Leipzig. Diese erste Leipziger Apotheke existiert bis heute, allerdings wurde der Standort über die Jahrhunderte mehrmals gewechselt. Unser Johann Heinrich übernahm die Apotheke zusammen mit seinem Bruder Christian Heinrich im Jahr 1710, als sich ihr Vater Heinrich Linck (1638–1717) in den Ruhestand zurückzog. Der gleichnamige Sohn J. H. Linck des Älteren, Johann Heinrich Linck der Jüngere (1734–1807), war der letzte Inhaber der Apotheke, der aus der Familie Linck kam, da sein Sohn dann schon vor ihm gestorben war. In den drei Generationen, in denen die Lincks die Löwenapotheke geführt hatten, waren sie auch als Sammler aktiv und hatten ein berühmtes Naturalien- und Kunstkabinett aufgebaut, welches auch heute noch existiert, allerdings nicht mehr in Leipzig. Diese hervorragend erhaltene Sammlung wurde 1840 an den Fürsten Otto Victor I. von Schönburg-Waldenburg (1785–1859) verkauft. Heute kann man diese wunderbare Kunst- und Kuriositätenkam-

153 Seifert 1935.

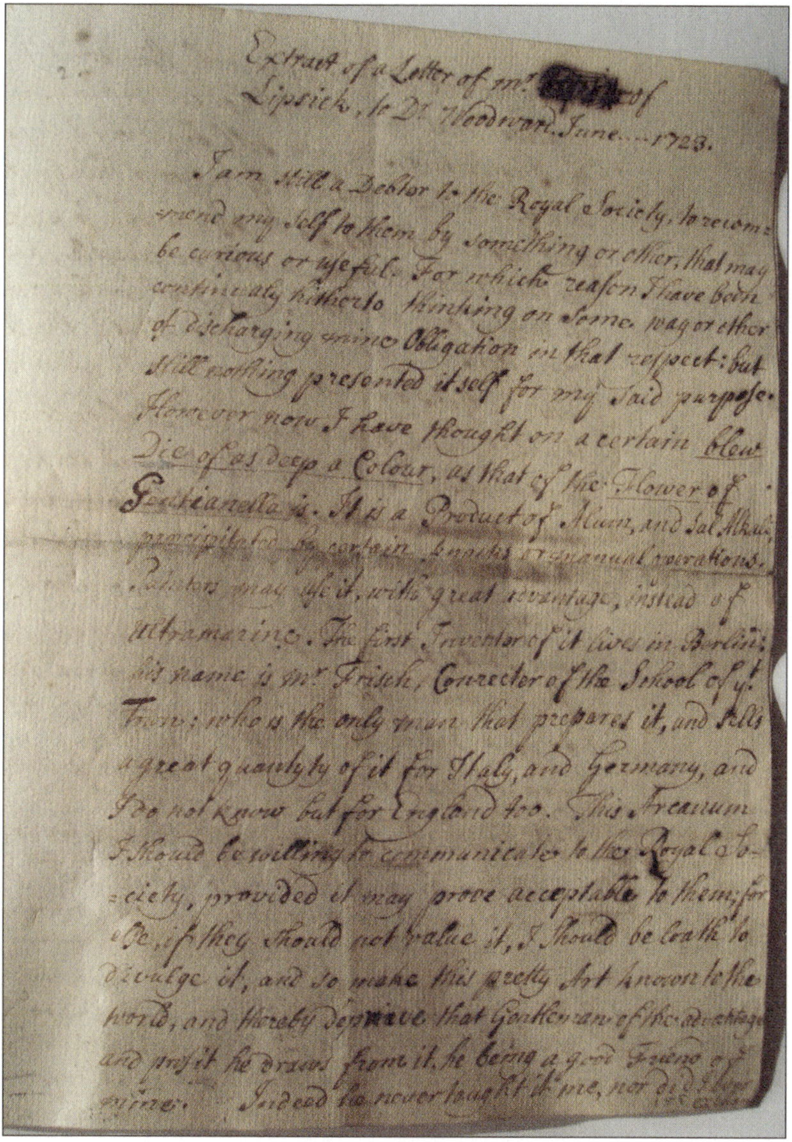

Extract of a Letter of Mr. [redacted] of
Lipsick, to Dr. Woodward June....1723.

I am still a Debtor to the Royal Society, to recom-
mend my self to them by something or other, that may
be curious or usefull. For which reason I have been
continually hitherto thinking on some way or other
of discharging mine Obligation in that respect: but
still nothing presented itself for my said purpose.
However now I have thought on a certain blew
Die of as deep a Colour, as that of the Flower of
Gentianella is. It is a Product of Allum, and Sal Alkali
precipitated by certain knacks or manual operations.
Painters may use it, with great advantage, instead of
Ultramarine. The first Inventor of it lives in Berlin;
his name is Mr. Frisch, Conrector of the School of ye
Town: who is the only man that prepares it, and sells
a great quantyty of it for Italy, and Germany, and
I do not know but for England too. This Arcanum
I should be willing to communicate to the Royal So-
ciety, provided it may prove acceptable to them; for
else, if they should not value it, I should be loath to
divulge it, and so make this pretty Art known to the
world, and thereby deprive that Gentleman of the advantage
and profit he draws from it, he being a good Friend of
mine. Indeed he never taught it me, nor did I [illegible]

Abb. 44: Erste Seite des Extraktes aus dem Brief an John Woodward vom Juni 1723 in der Variante der Classified Papers im Archiv der Royal Society

mer im Museum – Naturalienkabinett Waldenburg in der kleinen Stadt Waldenburg im sächsischen Landkreis Zwickau besichtigen.

Doch zurück zu Johann Heinrich Linck dem Älteren. Gibt es Verbindungen zwischen ihm und der Royal Society? Ja, die gibt es, und zwar ziemlich enge Verbindungen, denn nach seiner Apothekerlehre und Reisen nach Dänemark, Schweden und Danzig besuchte Linck auch England und wurde besonders mit Hans Sloane (1660–1753) und John Woodward bekannt, beides wichtige Mitglieder der Royal Society, mit denen er auch später weiterhin in brieflichem Austausch stand. Spätestens 1706 kehrte Linck nach Leipzig zurück, wo er dann ab 1710 die väterliche Apotheke weiterführte. 1718 wurde er als Mitglied in die Royal Society aufgenommen. Er publizierte auch eine Studie in den Philosophical Transactions der Royal Society, nämlich im Jahr 1726 über Kobalt, wobei er auch auf die Smalte, also das Kobaltblau einging. Seine erhaltenen Briefe nach England und seine dortige Publikation sind alle in Latein verfasst, nicht in englischer Sprache. Das fällt auf, weil die Mehrheit der Beiträge in den Philosophical Transactions in Englisch verfasst sind. Also könnte man vermuten, dass Linck, anders als Caspar Neumann, die englische Sprache nicht beherrschte. Dann könnte der erste Brief vom Juni 1723 eher nicht von ihm sein.

Linck hat in seinem Apothekenlabor ganz intensiv als Chemiker gearbeitet und war immer daran interessiert, von anderen beschriebene neue Effekte oder Substanzen, deren experimentelle Details aber geheim blieben, zu ergründen. So präparierte Linck die selbstleuchtenden Bologneser Steine, er experimentierte zum Knallgold und stellte mit dem berühmten Johann Kunckel zusammen den Phosphor her, welcher einige Jahre zuvor in Hamburg von Henning Brand entdeckt worden war.

Auch am Berliner Blau war er interessiert. Aus 1734 in einer wissenschaftlichen Zeitschrift veröffentlichten Auszügen von Briefen des Tübinger Apothekers Johann Konrad Gmelin (1707–1759) geht hervor, dass Gmelin und Linck zusammen versucht hatten, Berliner Blau herzustellen, was ihnen damals aber nicht gelungen war.[154] Also auf jeden Fall war Johann Heinrich Linck auch am Berliner Blau dran.

154 Johann Conrad Gmelin: De coeruleo Berolinensi cogitationes, Commercium litterarium ad rei medicae et Scientae naturalis incrementum institutum 1734, Woche 24,

Abb. 45: Der Leipziger Apotheker Johann Heinrich Linck der Ältere

Noch einmal taucht Berliner Blau im Zusammenhang mit Johann Heinrich Linck auf: Er bietet nämlich in einem Brief an den Freiberger Bergrat Henckel diesem die Herstellungsvorschrift für dieses Blaupigment an, indem er schreibt: „Ich kann auch Ew. Hochedl. mit der gemeinen Description dienen, das Berliner Blau zu machen.“[155] Jetzt könnte man denken, dass das der Beweis dafür ist, dass Linck und nicht Neumann derjenige war, der die Rezeptur für Berliner Blau ausgearbeitet und an die

186–187. Die Übersetzungen aus dem Lateinischen ins Deutsche stammen von Manfred Kraft.

155 Mineralogische, Chemische und Alchymistische Briefe 1794, 315.

Royal Society geschickt hat. Dem ist aber nicht so, denn dieser Brief von Linck stammt von Ende November 1724 und die Veröffentlichung der Herstellungsvorschrift durch Woodward war schon Mitte 1724 erfolgt. Also konnte sie das Mitglied der Royal Society, was Linck ja war, ganz einfach aus dem ihm zugesandten, etwa Mitte 1724 im Druck erschienenen Januar/Februar-Heft der Philosophical Transactions entnommen und dem Nicht-Mitglied Henckel angeboten haben.

Zusammenfassend muss man an dieser Stelle sagen, dass es unklar bleibt, wer von beiden, Caspar Neumann oder Johann Heinrich Linck, das Herstellungsrezept für Berliner Blau an die Royal Society geschickt hat. Gelöst werden kann das Rätsel vermutlich nur, wenn man die Originalbriefe an John Woodward finden würde. Das ist bisher leider nicht gelungen.

Bis dahin lassen wir, wie es auch das Archiv der Royal Society heute handhabt, Caspar Neumann die Ehre.

2.20 Zur Preisentwicklung des Berliner Blaus

Wir hatten aus dem Leibniz-Briefwechsel erfahren, dass die Berliner-Blau-Produzenten ihr Produkt in den Anfangsjahren der nahezu monopolartigen Herstellung zu 30 Taler das Pfund verkauften. Das wissen wir zumindest für die Jahre 1712 und 1715. Im „Curieusen und Realen Natur-Kunst- Berg- Gewerck- und Handlungslexicon" von 1714, in welchem „Berlinisch Blau" auch schon erwähnt ist, wird angegeben, dass man das Lot der feinen beziehungsweise dunkleren Sorte für 1 Taler im Buchladen des Herrn Papen am Molkenmarkt in Berlin kaufen könne.[156] Wir erinnern uns, Papen war der Sozietätsfactor der Königlich Preußischen Sozietät der Wissenschaften. Ein Lot ist eine alte Gewichtseinheit. Ein Pfund besteht aus 32 Lot, also ist der Preis für das Lot nur wenig höher als für ein Pfund. Im genannten Lexikon wird aber noch eine zweite, schlechtere Qualität, das hell-blaue Berliner Blau genannt. Das kostet dann nur „6 gute Groschen" pro Lot. Da ein Taler 24 Groschen hat, kostet also das Lot der hell-blauen Qualität nur ein Viertel des Preises der guten dunklen Variante.

156 Hübner 1714, 247.

Wie schon in einem früheren Kapitel erwähnt, entstand die hellere Blauvariante nach den damaligen Vorschriften, weil bei der Ausfällung des Blaupigments gleichzeitig weißes Aluminiumhydroxid mit ausgefällt wird. Das Aluminiumhydroxid entsteht, wenn die saure Alaunlösung durch Alkalizugabe neutralisiert wird. Bei der ursprünglichen Herstellung des Florentiner Lacks aus Cochenillerot diente das ausgefällte Aluminiumhydroxid als Träger für den roten Farbstoff. Wenn man im hellblauen Berliner Blau mit Hilfe einer Säure die weißen Beimengungen weg löst, entsteht ein reiner Berliner-Blau-Niederschlag, der dann natürlich deutlich dunkler blau ist als die Mischung mit dem weißen Material. Das Herauslösen des Aluminiumhydroxids verringert natürlich auch das Volumen des Produkts, wie auch Chiharu Asai bei ihren Versuchen, die alten Berliner-Blau-Rezepte nachzustellen, bemerkt hat.[157]

Eine „sehr schöne blaue Farbe in Berlin“ wird auch kurz von Johann Melchior Cröker (1671–1719) in seinem „wohl anführenden Mahler“ von 1719 und 1721 erwähnt.[158] Dabei ist allerdings zu beachten, dass das Vorwort zu diesem Buch mit „Friedrichstadt in Norwegen“, also Fredrikstad, am 1. Mai 1708 datiert ist, also etwa gleichzeitig wie die erste Erwähnung des Berliner Blaus in einem Brief von Frisch an Leibniz, welcher vom März 1708 stammte. Die 1721 erstmals im Druck erschienen Informationen können also schon von 1708 stammen!

Von Cröker, von dem sonst nicht viel mehr bekannt ist, als dass er aus Jena stammt, der Bruder des Jenaer Kupferstechers und Buchhändlers Heinrich Christoph Cröker († 1727) war und sich selbst als Erfurter Medizinstudent bezeichnet, werden drei verschiedene Qualitäten genannt, wobei die beste „No. 1“ sogar zwei Taler pro Lot, die mittlere Qualität „No. 2“ ein Taler und die niedrigste Qualität „No. 3“ dann schließlich 16 Groschen pro Lot kosten soll. Die bei Cröker genannten Preise sind wesentlich höher als die im „Curieusen und Realen Natur- Kunst- Berg-Gewerck- und Handlungslexicon“ von 1714. Die beste Qualität kostet, umgerechnet auf ein Pfund, nach Cröker 1708 beziehungsweise 1719 64 Taler, im Lexicon von 1714 32 Taler, bei Frisch gemäß seinen Briefen an Leibniz 1712–1715 30 Taler. Die schlechteste Qualität soll nach

157 Asai 2004.
158 Cröker 1721, 94.

Cröker immer noch umgerechnet 20 Taler pro Pfund kosten, gemäß dem Lexikon von 1714 nur 7 ½ Taler. Es könnte also sein, dass wir mit Crökers Preisangaben einen Preis aus der ganz frühen Zeit des Berliner Blaus von vor 1710 vorliegen haben!

Den kurzen Abschnitt über das Berliner Blau mit den Preisangaben findet man unverändert auch in den späteren Ausgaben von Crökers Werk von 1729, 1736, 1753 und 1764. Hier sind sie aber nicht mehr für voll zu nehmen, da sie offenbar ohne Aktualisierung einfach nur aus den früheren Ausgaben nachgedruckt wurden. Ab der Ausgabe von 1729 enthält Crökers Buch an anderer Stelle sogar ein Rezept zur Herstellung von Berliner Blau,[159] welches dem zu dieser Zeit üblichen aus „Rinds-Blut" und ohne Cochenille entspricht.

Eine weitere frühe Preisangabe zum Berliner Blau haben wir aus dem Jahr 1722 aus den Niederlanden. In einem Archiv in Alkmaar gibt es das sogenannte Eikelenberg-Manuskript. Dort ist für 1722 vermerkt, dass der Porträtmaler Joan George Collazius Berliner Blau von einem Herrn Mak aus Leipzig verkaufen würde und zwar das Pfund für 40 Gulden, die beste Sorte für 54 Gulden![160] Herr Mak aus Leipzig, wer ist das? Kann damit unser Apotheker Linck gemeint sein? Wohl eher nicht, denn ein Blick in die Adressbücher der Stadt Leipzig aus dieser Zeit zeigt, dass es dort damals einen Maler namens Christoph Macke gab, über den aber außer seinem Namen und dass er „im Barfuß-Gäßgen im Buchwaldischen Hause" wohnte, nichts weiter bekannt ist.[161] Vielleicht hat der niederländische Maler Collazius das Berliner Blau bei dem sächsischen Maler Macke eingekauft, um es dann selbst weiter zu verkaufen, denn nach Dippels Weggang aus den Niederlanden im Jahr 1714, wurde dort ja sehr wahrscheinlich kein Berliner Blau mehr produziert.

Wie ist der Preis von Collazius im Vergleich zu dem von Frisch und von Diesbach einzuschätzen? Nehmen wir nur die gute Sorte für 54 Gulden pro Pfund (Collazius, 1722) und der Preis von 30 Taler pro Pfund bei Frisch (1712–1715) beziehungsweise 32 Taler pro Pfund nach dem Handlungslexikon von 1714. Wenn wir davon ausgehen, dass zu der frag-

159 Cröker 1729, 535–536.
160 Schendel 1964.
161 Anon.: Das Anno 1720 florierende Leipzig, Leipzig 1720, S. 102

lichen Zeit ein Taler 1 ½ Gulden entsprach, dann hat Collazius sein Berliner Blau für 36 Taler pro Pfund verkauft, also 20 % mehr als der Preis der Berliner Originalhersteller. Wenn man aber bedenkt, dass es hier mit Herrn Ma(c)k(e) in Leipzig vielleicht noch einen Zwischenhändler gab, dass das Produkt zu versenden war und Collazius ja auch noch etwas daran verdienen wollte, ist der Preis von Collazius als eher recht niedrig einzuschätzen. Es kann natürlich auch sein, dass die Berliner Produzenten mittlerweile ihren Verkaufspreis etwas gesenkt hatten, zumindest für Wiederverkäufer.

Ernst Melchior von Kröcher, wir haben schon von ihm gehört, behauptete in seiner Bittschrift an die kursächsische Regierung aus dem Jahr 1723, dass Berliner Blau pro Lot für 1 Taler und 12 Groschen, also 1 ½ Taler, verkauft werden würde.[162] Wenn das stimmt, würde der Verkaufspreis in Dresden 1723 50 % höher gelegen haben als der im Lexikon von 1714 angegebene Preis von einem Taler pro Lot. Die von der kursächsischen Regierung befragten Experten waren allerdings der Meinung, dass die Farbe inzwischen schon von verschiedenen Herstellern verkauft werden würde und nur noch 10 bis 12 Groschen das Lot koste! Damit wäre der Preis von 1714 schon um die Hälfte oder mehr gesunken (1 Taler = 24 Groschen). Wenn es in dieser Zeit tatsächlich schon kein Monopol der Berliner Hersteller Frisch und von Diesbach mehr gegeben hat, ist das auch die wahrscheinlichere Annahme.

In Tabelle 2 habe ich die Preise für das frühe Berliner Blau noch einmal zusammengefasst, wobei jeweils in der ersten Zeile die Preisangaben der Autoren und in der zweiten Zeile, wenn nötig, die Preise umgerechnet auf ein Pfund angegeben werden.

Für die beste Qualität ging der Preis von anfangs ca. 64 Taler pro Pfund schnell auf etwa 30 bis 32 Taler pro Pfund herunter, dieser Preis war dann einige Zeit in etwa konstant, wobei Wiederverkäufer natürlich etwas mehr verlangten. Wenn wir davon ausgehen, dass von Kröchers Angabe nicht stimmt, sondern eher die im Gutachten zu seiner Bittschrift, dann ging der Preis auch schon vor der öffentlichen Bekanntmachung der Vor-

162 Hauptstaatsarchiv Dresden, Signatur: Geheimer Rat (Geheimes Archiv) 10024, Loc. 9765/9.

Tabelle 2: Preise für das frühe Berliner Blau

Nr.	Jahr	Berliner-Blau-Qualität beste	mittlere	schlechtere	Quelle
1	1708 ?	2 Taler/Lot 64 Taler/Pfund	1 Taler/Lot 32 Taler/Pfund	16 Groschen/Lot 20 Taler/Pfund	Cröker 1719
2	1712	30 Taler/Pfund			Briefwechsel Leibniz - Frisch
3	1714	1 Taler/Lot 32 Taler/Pfund		6 Groschen/Lot 8 Taler/Pfund	Handlungs-lexicon 1714
4	1715	30 Taler/Pfund			Briefwechsel Leibniz - Frisch
5	1722	54 Gulden/Pfund 36 Taler/Pfund		40 Gulden/Pfund 26,67 Taler/Pfund	Collazius 1722
6	1723	1,5 Taler/Lot 48 Taler/Pfund			Kröcher 1723
7	1723	10 - 12 Groschen/Lot 13,33 - 16 Taler/Pfund			Gutachten zu Kröcher 1723

schrift deutlich nach unten. Sicher ein Zeichen, dass es schon mehr als nur ein oder zwei Produzenten gab.

So war also der Stand der Preise für Berliner Blau kurz bevor die Herstellungsvorschrift öffentlich bekannt wurde.

2.21 Teichmeyer und Stahl: Die Erfinder werden bekannt

Nachdem Woodward Mitte 1724 das Rezept für Berliner Blau in den Philosophical Transactions veröffentlicht hatte, kannte man in der westlichen Welt eine Herstellungsvorschrift für Berliner Blau, aber man kannte noch nicht die Erfinder dieser neuen Substanz. Jedenfalls waren sie nicht allgemein bekannt, sondern wahrscheinlich nur einem kleinen, sie umgebenden Personenkreis. In den folgenden Jahren sollte sich das Schritt für Schritt ändern.

Zuerst wurde Johann Conrad Dippel quasi offiziell als Berliner-Blau-Erfinder genannt und zwar in einem lateinischsprachigen Chemielehrbuch des Jenaer Gelehrten Hermann Friedrich Teichmeyer, den wir schon kurz kennengelernt haben. In dem von ihm 1729 veröffentlichten Buch, mit dem aus dem Lateinischen ins Deutsche übersetzten Titel „Unterweisungen in theoretischer und experimenteller Chemie", wird erstmals ein Erfinder für das Berliner Blau im Druck genannt. Teichmeyer schreibt über das „Ultramarinum chemicum", also das Chemische Ultramarin, wie er das Berliner Blau nennt, es sei

> „zufällig in Berlin zu Dippels Zeit entdeckt worden. Denn dieser sehr berühmte Chemiker hat einem anderen Chemiker eine gewisse Alkalilauge gegeben, die durch Calcination mit tierischem Blut vorbehandelt war. Jener hat dann die Lauge mit Alaun- und Vitriollauge vermischt und zufällig einen blauen Niederschlag bewirkt, welcher nachher durch Versuche mehr und mehr in die Form des sehr stolzen Pigments gebracht worden ist."[163]

Also hier werden die Erfinder Dippel und ein anderer nicht namentlich genannter Chemiker, was natürlich unser Johann Jacob von Diesbach ist, schon einmal genannt. Auch ein detailliertes Rezept wird von Teichmeyer vorgestellt.

Endgültig offiziell wird die Erfindergemeinschaft durch zwei Chemiker, Dippel und von Diesbach, mit der Bekanntgabe ihrer beider Namen in Georg Ernst Stahls schon erwähntem Buch „Experimenta, Observationes, Animadversiones, CCC Numero, Chymicae et Physicae"[164] im Jahr 1731, also 25 Jahre nach der Erfindung. Beide Erfinder leben zu dieser Zeit noch, Johann Jacob von Diesbach sogar, genau wie Stahl, in Berlin. Johann Conrad Dippel befindet sich zu dieser Zeit in Berleburg in der Grafschaft Sayn-Wittgenstein-Berleburg. Stahl geht es in seinem Buch, wie schon kurz erwähnt, eigentlich um seine Phlogistontheorie, die er mit verschiedenen Beispielen zu untermauern versucht. Das Buch ist in 300 einzelne Kurzabhandlungen oder Traktate eingeteilt, von denen die Traktate 230 bis 234 vom Berliner Blau handeln und in denen unsere beiden Helden als Dippel und Diesbach namhaft gemacht werden. Seitdem kennt die Welt zumindest die Nachnamen der Erfinder.

---

163 Teichmeyer 1729, 214–218, Abschnitt Ultramarinum chemicum. Die Übersetzungen aus dem Lateinischen ins Deutsche stammen von Manfred Kraft.

164 Stahl 1731, 280–285.

Stahl nimmt im Übrigen an, dass die blaue Farbe des Berliner Blaus auch durch sein Phlogiston verursacht wird. Konkret soll das Alkali, also die Pottasche, beim Calcinieren mit dem getrockneten Blut aus letzterem den „Feuerstoff", also Phlogiston extrahieren. Wenn man dann dieses gewonnene Phlogiston mit dem gelösten Eisen einer Eisenvitriollösung kombiniert, würde die färbende Materie des Berliner Blaus entstehen; so jedenfalls Stahl.

3 WIE GEHT ES MIT UNSEREN PROTAGONISTEN WEITER?

Im Folgenden kehren wir noch einmal zu unseren vier wichtigsten Protagonisten rund um die Erfindung des Berliner Blaus zurück und werden ihren restlichen Lebensweg bis an ihr Ende begleiten.

3.1 Diesbach in Paris?

Es gibt in der bisherigen Literatur über die Geschichte des Berliner Blaus einige Berichte, in denen behauptet wird, Diesbach wäre von Berlin nach Paris gegangen und hätte dort die Berliner-Blau-Produktion eingeführt. Das wird in verschiedenen Varianten berichtet, wobei Diesbach auch ein Schüler namens de Pierre angedichtet wird.[165] Diese und ähnliche Behauptungen sind allesamt falsch und es gibt auch keinerlei Originalquellen, die so etwas belegen könnten.

Aber wie konnte es dazu kommen, dass überhaupt jemand auf die Idee kommen konnte, unser Erfinder Johann Jacob von Diesbach wäre nach Paris gegangen?

Ein Blick in die Archives de la Bastille in Paris hilft da weiter. In der Bastille, dem damaligen französischen Staatsgefängnis, war nämlich im Jahr 1715 ein gewisser Diesback, ein Alchemist, inhaftiert. Die Namensähnlichkeit zu unserem von Diesbach und der Fakt, dass er Alchemist war, haben vielleicht zu dem Irrtum geführt, dass dieser Staatsgefangene des französischen Königs mit dem Berliner-Blau-Erfinder identisch sein könnte.

165 Bearn 1925, 85 – 93.

Alexander Kraft: Berliner Blau. Vom frühneuzeitlichen Pigment zum modernen Hightech-Material. © 2022 GNT-Verlag GmbH, Berlin, Germany. DOI: ‣ <https://doi.org/10.47261/1519>.

Kurz zur Geschichte dieses Mannes, soweit sie sich aus den im Archiv der Bastille befindlichen Dokumenten rekonstruieren lässt.[166]

Joseph Diesback, etwa 1685 in Romont bei Fribourg in der französischsprachigen Schweiz geboren, war im Dezember 1714 nach Paris gekommen und hatte hier einen Vertrag mit einem gewissen Delabaconniere und dessen Kompagnon dem Sieur de Roddes abgeschlossen. Er wollte, so hieß es, Quecksilber fixieren, um es in Gold und Silber zu verwandeln. Dafür sollte er 25 % des Nettogewinns erhalten, also nach Abzug aller Unkosten inklusive der zu zahlenden Abgaben. Joseph Diesback, der sich auch schon mal Joseph Girard nannte, war schon in jungen Jahren aus der Schweiz über Genua nach Neapel gelangt, wo er als Zwölfjähriger in den Dienst eines gewissen Dom Pietro, eines sizilianischen Chemikers, getreten war.[167] Von ihm hatte er seine Kenntnisse als Alchemist erlernt, wobei sie sich in Rom und in Messina auf Sizilien aufhielten. Später ging Diesback allein nacheinander nach Rom, Florenz und Neapel und stand dort in Diensten verschiedener Chemiebegeisterter, darunter in denen von Ferdinando de Medici (1663 – 1713) dem Sohn des Großherzogs der Toskana. Er war dann später weiter gen Norden gewandert und gelangte über das Elsass nach Paris. Wir sehen, Diesback ging den Weg eines typischen Wanderalchemisten. Ob das im Detail alles so stimmt, bleibt unklar, da die französischen Behörden diese Informationen im Wesentlichen in vier intensiven Verhören des Joseph Diesback gewannen und nur wenige dieser Fakten unabhängig davon verifiziert werden konnten.

Nachdem Diesback in der Seinemetropole etwa drei Monate für seine Auftraggeber, die im Bergbaugeschäft tätig waren, gearbeitet hatte, war er auf einmal verschwunden. Daraufhin wurde er den Behörden angezeigt, die ihn in Lyon ausfindig machen konnten, verhafteten und in die Bastille verbrachten. Hier fand nun eine umfangreiche Untersuchung gegen ihn statt. Die Untersuchungsbehörden stellten dabei fest, dass er offenbar vorgetäuscht hatte, er könne aus bestimmten Erzen größere Mengen Gold herstellen. Es stellte sich heraus, dass er bei entsprechenden erfolgreichen Proben nicht einfach Quecksilber wie behauptet, sondern gold- und silberhaltiges Quecksilber dem Erz zugesetzt hatte. Daher

166 Krampl 2000.

167 Ulrike Krampl: Persönliche Mitteilung, Email vom 28.9.2011.

hatte er bei diesen Proben tatsächlich Gold und Silber produziert und seine Auftraggeber überzeugt. Aber natürlich konnte auch Diesback kein Gold herstellen. Durch seine falschen Proben war er als Betrüger überführt, wurde jedoch nicht weiter belangt. Letztendlich wurde Diesback aus der Bastille entlassen und des Landes verwiesen. Er soll dann wieder in seine Heimat, die Schweiz, zurückgegangen sein, nur um einige Jahre später wieder nach Paris zurückzukommen, wo er weiterhin versuchte, mit Betrügereien seinen Lebensunterhalt zu verdienen. Er ist dann, vollkommen verarmt, im Jahr 1744 in Paris im Alter von ungefähr 70 Jahren verstorben.[168]

Es bleibt festzuhalten, dass sich um das Jahr 1715 herum ein Schweizer Alchemist namens Joseph Diesback in Paris aufhielt. Er hat aber nichts mit dem Schweizer Miterfinder des Berliner Blaus, dem ehemaligen Lieutenant Johann Jacob von Diesbach zu tun.

3.2 Dippels Haft auf Bornholm

Über Dippels Haftzeit auf der dänischen Insel Bornholm ist nicht allzu viel bekannt. Er selbst berichtete seinem jungen Freund Senckenberg später, dass ihn alle Leute, auch die Soldaten, in Burg Hammershus anständig behandelt hätten. Des Weiteren hatte sich Senckenberg in seinem Tagebuch notiert,[169] dass Dippel leider nicht viel chemisch hatte arbeiten können, nur einen kleinen Ofen für Extraktionen konnte er sich bauen. Dippel erhielt für einen Gefangenen relativ viel Besuch und verdiente sich wohl dabei auch Geld mit seinem ärztlichen Rat. Dippel wurde auf Bornholm aber auch wieder schriftstellerisch aktiv. Er erfuhr von einem Buch des Lübecker Pastors Jacob von Melle (1659 – 1743), der einige bemerkenswerte Fundstücke aus der Insel Bornholm beschrieb, die Teil seiner Raritätenkammer geworden waren. Dabei handelte es sich um kleine, nur zentimetergroße, aus dünnem Goldblech hergestellte Figuren. Von Melle hielt sie für kleine Haus-, Kammer- und Küchengötter der Vorfahren der heutigen Bornholmer, aus einer Zeit, in der sie noch nicht dem Christentum angehört hatten. Dippel hatte auf Bornholm genug Zeit, sich intensiv

168 Perez 2013.

169 Senckenberg 1732, 356 (Eintrag für den 12.8.1732). <http://senckenberg.ub.uni-frankfurt.de/p/5381540> (letzter Zugriff am 21.3.2018).

Abb. 46: Foto der Ruine Hammershus 2009

mit der Materie zu beschäftigen und er kam zu dem Schluss, dass es sich um Figuren aus Ägypten handelte. Dippel schrieb seine Gedanken über dieses Thema auch in einem Manuskript zusammen.

Schon seit einiger Zeit hatten verschiedene seiner Freunde und Anhänger, insbesondere Baron Geuder, genannt Rabensteiner und Graf August von Wittgenstein, damit begonnen, Wege zur Freilassung von Dippel aus dänischer Haft zu suchen.[170] Schon 1721 wurde mit einer Geldsammlung zur Befreiung Dippels begonnen. Man setzte sich das Ziel, 1.000 Taler bei Freunden und Anhängern Dippels zu sammeln und mit diesem Geld die Freilassung Dippels zu bewirken. Es geht aus den entsprechenden Schriftstücken leider nicht hervor, wie man sich die Befreiung genau vorstellte, ob man jemanden von der Wachmannschaft bestechen wollte oder ob man etwa vorhatte, Leute zu bezahlen, die Dippel gewaltsam aus Burg Hammershus befreien sollten. Diese Kollekte wurde von einem gewissen Nicolaus Samuel de Traytorang organisiert, der sowohl mit Baron Geuder in Utrecht als auch mit Graf August von Wittgenstein in Laasphe in Verbindung stand. Obwohl man in Holland bereits 556 Gulden, das entspricht 370 Talern, zusammengebracht hatte, wurde das Vorhaben dann aber offenbar aufgegeben.

Im Jahr 1724 entschloss sich Graf Wittgenstein persönlich schriftlich beim Grafen Reventlow um die Begnadigung und Freilassung Dippels zu

170 Voss 1970, 50 – 60.

bitten.[171] Das wird ihm sicher nicht leicht gefallen sein. Aber daran kann man auch sehen, dass Graf August von Wittgenstein tatsächlich große Stücke auf Dippel hielt und ihn gerne wieder in Freiheit sehen wollte. Reventlow reagierte aber nicht auf dieses Schreiben. Erst als Graf Wittgenstein 1725 ein zweites Mal an ihn geschrieben hatte und diesen Brief durch einen Beauftragten, Christian von Pagencopen, ihm persönlich übergeben ließ, bekam er eine Antwort, allerdings eine negative. Zwar schreibt Reventlow, dass er und seine Frau keinen Groll gegen Dippel mehr hegen würden und ihm seine „Infamien und Schmähungen" längst „völlig vergeben und verziehen" hätten, doch sie seien nicht zuständig für Dippel, der ja auf königlichen Befehl in Bornholm gefangen gehalten werde. Deshalb könnten sie in dieser Sache auch nichts tun und sie wollten auch nichts für diesen, „in seine eigene Vollkommenheit gar zu sehr verliebten Mann" unternehmen. Bei dieser Reise nach Norddeutschland besuchte Pagencopen auch unseren Dippel in seinem Gefängnis auf Bornholm. Bei dieser Gelegenheit nahm er auch Dippels Manuskript über die kleinen Goldblechfiguren mit zurück nach Deutschland. Es erschien noch im Jahr 1725 in Hamburg im Druck.[172]

Nachdem die Bemühungen des Grafen Wittgenstein bei Reventlow fruchtlos geblieben waren, wandte er sich als Nächstes mit einem Brief an den dänischen König Frederik IV. selbst. Christian von Pagencopen sollte ihn wieder möglichst persönlich überbringen. Das war nun schon im Jahr 1726. Doch bevor Pagencopen den Brief übergeben konnte, gab der dänische König ganz überraschend den Befehl, Dippel freizulassen. Es war wohl so, dass seine zweite Frau, die Halbschwester des Grafen Reventlow, nach der Geburt eines Sohnes um die Begnadigung Dippels gebeten hatte. Dippel wurde bei der Freilassung die Auflage gemacht, Dänemark so schnell wie möglich zu verlassen und nie wieder dänischen Boden zu betreten.

Als Johann Conrad Dippel sein Gefängnis im Juni 1726 endlich verlassen konnte, hinterließ er ein lateinisches Zitat, welches man in etwa mit „Mit Geduld wird erreicht, was mit Gewalt nicht gelingt." überset-

171 Buchner 1858, 293–297.
172 Dippel 1725.

zen kann, in seiner Kammer auf Hammershus.[173] Vermutlich wollte er damit ausdrücken, dass er fast sieben volle Jahre ganz geduldig auf seine Freilassung gewartet hatte und sich nicht selbst darum bemüht, auch keinen Fluchtversuch unternommen hatte. Er war ja auch stolz darauf, selbst kein Gnadengesuch beim dänischen König gestellt zu haben. Aber nun war er auch schon fast 53 Jahre alt!

Da nach seiner Freilassung kein Schiff nach Deutschland bereit lag, nahm er ein Boot, welches ihn nach Schweden brachte. Von dort wollte er dann möglichst schnell per Schiff nach Deutschland zurückkehren und, so nehmen wir an, sich in die Wittgensteinschen Lande begeben. Doch es sollte anders kommen, wie in einem späteren Abschnitt berichtet werden wird.

An dieser Stelle ist noch anzumerken, dass im Jahr von Dippels Freilassung 1726 das Geheimnis des von ihm mit erfundenen Berliner Blaus schon allgemein bekannt war und er damit sicher nicht mehr so viel Geld wie früher verdienen konnte.

3.3 Was macht eigentlich Frisch?

Ob Johann Leonhard Frisch und Johann Jacob von Diesbach nach der Veröffentlichung der Herstellungsvorschrift für Berliner Blau diese Farbe weiterhin produzierten und vertrieben, konnte bisher nicht ermittelt werden. Es ist aber klar, dass der Preis nach dem endgültigen Ende ihres Herstellungsmonopols drastisch eingebrochen war. Das zeigt zum Beispiel die Preisliste des Würzburger Handelshauses Venino aus dem Jahr 1727, in der auch wieder zwei Sorten Berliner Blau aufgeführt sind, nämlich „Berliener blau fein" und „Berliener blau Mitte".[174]

Die gute (feine) Sorte kostete bei Venino 10 Gulden pro Pfund. Wenn wir davon ausgehen, dass zu dieser Zeit 1 ½ Gulden gleich einem Taler sind, kommen wir auf einen Preis von 6,67 Taler pro Pfund Berliner Blau, also nur noch etwa 22 % des alten Preises von Frisch, der ja 30 Taler pro Pfund betrug. Die mittlere Sorte kostete bei Venino 1727 sogar nur 6 Gulden, also 4 Taler pro Pfund.

173 Rustmeier 1959/60, 69 – 75.

174 Burmeister 2012.

Abb. 47: Abbildung eines Eisvogels aus Johann Leonhard Frischs „Vorstellung der Vögel Deutschlands und beyläufig auch einiger Fremden", Berlin 1755

Da der Handelspreis für Berliner Blau, wenn wir die beste Qualität zugrunde legen, also um etwa 80 % eingebrochen war, ist es sehr wahrscheinlich, dass zumindest Frisch das Projekt Berliner Blau in der Folge aufgegeben hat. Er hatte ja auch genug andere Aufgaben und Interessen. Er war nämlich neben seiner Lehrertätigkeit am Gymnasium „Zum Grauen Kloster" in Berlin auch in ganz verschiedenen Richtungen als Wissenschaftler sehr aktiv. Als Erstes sind die aus seinen Bemühungen um die Seidenraupenzucht erwachsenen Beobachtungen von Insekten zu nennen. Ab 1720 bis 1740 erschien heftweise sein Werk „Beschreibung von allerlei Insekten in Deutschland." In insgesamt 13 Heften gab er die Beschreibung von 300 verschiedenen Insekten heraus, wobei die entsprechenden Kupferstiche von zwei seiner Söhne angefertigt wurden.[175]

Ähnlich angelegt war seine illustrierte „Vorstellung der Vögel Deutschlands". Dieses umfangreiche zwölfbändige Werk konnte er allerdings nicht mehr selbst fertigstellen. Es wurde erst 20 Jahre nach seinem Tod von drei seiner Söhne und einem seiner Enkel endgültig abgeschlossen. Frisch beobachtete aber nicht nur Insekten und Vögel, sondern auch verschiedene Parasiten, über die er etliche wissenschaftliche Artikel in der „Miscellanea Berolinensia" veröffentlichte. Er gehört zu den frühen Pionieren auf diesem Gebiet.

175 Greven 2011.

Aufgrund seiner großen Leistungen als Wissenschaftler wird Frisch im Mai 1725 als Mitglied in die Leopoldina aufgenommen. Sein sogenanntes Cognomen in dieser Vereinigung lautete Vegetius.

1726 stirbt der Rektor des Gymnasiums „Zum Grauen Kloster“ Christian Friedrich Bodenburg, und nun wird Johann Leonhard Frisch selbst zum Rektor der Schule, an der er schon seit 28 Jahren Lehrer war. Man sieht, das Konzept der Berentung oder Pensionierung bestand noch nicht, und man arbeitete an seiner Stelle normalerweise, wenn man nicht schwer krank wurde, bis zum Tod. So sollte es auch bei Frisch sein, wie wir noch sehen werden.

Neben seinen naturwissenschaftlichen Studien war Frisch auch noch als Philologe aktiv. Er veröffentlichte zwei umfangreiche Wörterbücher, ein deutsch-lateinisches und ein deutsch-französisches Wörterbuch, ist aber auch als Erforscher der slawischen Sprachen bekannt geworden.[176] Das Arbeitspensum von Frisch war jedenfalls enorm.

3.4 Dippel in Schweden und Dänemark 1726–1729

Wir hatten Dippel verlassen, als er im Juni 1726 schwedischen Boden betreten hatte. Er war dort nach Ystad an der Südspitze Schwedens gelangt und wartete auf das nächste Postschiff, welches zum schwedischen Stralsund in Vorpommern aufbrechen sollte. Da er aber über keinen gültigen Pass verfügte, wurde ihm die Überfahrt verweigert. So kam es, dass Dippel eine Einladung des pietistisch gesinnten Kaufmanns Johan Hoffmeister (1699–1744) annahm und sich bei ihm in Kristianstad einquartierte.[177]

In Schweden hatte sich viel geändert. Der Große Nordische Krieg, der lange recht erfolgreich gegen eine Übermacht von Nachbarstaaten geführt worden war, ging nach zwei schweren Schlägen für die Schweden endgültig verloren. Zuerst war die schwedische Hauptarmee im Jahr 1709 unter der Führung ihres kriegserfahrenen Königs Karl XII. von der russischen Armee bei Poltawa in der Ukraine entscheidend geschlagen worden. Obwohl sich die schwedische Armee davon nicht mehr erholen konnte, war sie noch in der Lage, den Krieg gegen Russland, Dänemark

176 Eichler 1967.

177 Pleijel 1945.

Abb. 48: Porträtgemälde von Johann Conrad Dippel aus dem Besitz von Johann Christian Senckenberg

und Sachsen-Polen durch geschicktes Agieren über zehn lange Jahre weiterzuführen. Der schwedische König, der in Poltawa seiner Gefangennahme nur mit knapper Not entkommen war, fiel schließlich Ende 1718 bei der Belagerung der norwegischen Festung Fredrikshald. Damit war der Große Nordische Krieg für Schweden endgültig verloren. Nachfolger von Karl XII. wurde 1720 sein Schwager Frederik I. (1676–1751), der ab 1730 als Friedrich I. auch Landgraf von Hessen-Kassel wurde. Unter Frederik wurde der lange Krieg durch eine Reihe von Friedensschlüssen beendet. Schweden verlor seine deutschen Gebiete bis auf Wismar und Nordwestvorpommern und die baltischen Besitzungen Kurland, Livland und Estland sowie Ingermanland und Ostkarelien. Hauptprofiteur war das Russland von Zar Pjotr I. In dieses kriegsgeschwächte und gedemütigte Schweden war Johann Conrad Dippel mehr durch Zufall gekommen.

In recht kurzer Zeit wurde im Land allgemein bekannt, dass sich Dippel in Schweden aufhielt. Es setzte eine öffentliche Diskussion darüber ein, wie mit ihm zu verfahren sei. Die orthodoxe lutherische Geistlichkeit forderte seine sofortige Ausweisung, während pietistisch gesinnte Kreise seine Einladung nach Stockholm forderten. König Frederik, der ja wie Dippel aus Hessen stammte, suchte seinen ärztlichen Rat und nach einigem Hin und Her reiste Dippel schließlich im Januar 1727 in die schwedische Hauptstadt. Aber auch hier gelang es ihm wieder, sich ausreichend Feinde zu machen und auf Beschluss des schwedischen Reichstages wurde er gezwungen, Schweden zu verlassen.

Im März 1728 war Dippel in Kopenhagen. Offenbar galt das bei seiner Freilassung von Bornholm vor knapp zwei Jahren ausgesprochene Verbot, niemals wieder dänischen Boden zu betreten, nicht mehr, denn er blieb nun einige Monate in der dänischen Hauptstadt. Dippel berichtete darüber selbst an den Grafen Wittgenstein und an Senckenberg, dass er vom dänischen Hofprediger Georg Johannes Conradi (1679 – 1747) zum Bleiben aufgefordert und später auch vom dänischen Königspaar zur Audienz geladen wurde. Die Einladung, dauerhaft in Dänemark zu bleiben, lehnte Dippel mit Verweis auf die Feindschaft des Grafen Reventlow und insbesondere der Frau Gräfin ab.[178] Nachdem ihm Graf August von Wittgenstein noch einmal seine Reisekasse aufgefüllt hatte, verließ Dippel im September 1728 Dänemark für immer und reiste nach Deutschland zurück, das er, wenn wir das dänische Altona mit zu Deutschland zählen, seit neun Jahren nicht mehr gesehen hatte. Einen ersten Zwischenstopp machte Johann Conrad Dippel in Hamburg, wo er ein neues Buch herausgab, die „Vera Demonstratio Evangelica“, worin er wieder einmal mit der orthodoxen lutherischen Kirche in 153 Artikeln hart ins Gericht ging. Dieses Buch wurde von den Hamburger Behörden sofort verboten, eingezogen und vernichtet. Dippel ließ es dann in Frankfurt am Main noch einmal drucken.[179] Von Hamburg aus reiste Dippel weiter durch die Hannoverschen Lande, nach Liebenburg bei Goslar im Fürstbistum Hildesheim. Als Grund für seinen Aufenthalt dort gab Dippel auf Nachfrage an, dass „er in der Einsamkeit einige chemische Experimente zur Medizin und andere Kuriositäten habe“ durchführen wollen.[180] Dieses Arbeiten in Ruhe wurde ihm aber nicht gegönnt, denn er wurde auch aus dem Fürstbistum Hildesheim ausgewiesen.

3.5 Dippels letzte Jahre 1729 – 1734

Im November 1729 kam Dippel endlich im Wittgensteinschen an. Er begab sich allerdings nicht, wie man eigentlich vermuten könnte, nach Laasphe zu Graf August von Sayn-Wittgenstein-Hohenstein, sondern nach Berleburg, welches unter der Herrschaft von Graf Casimir zu Sayn-Wittgenstein-Berleburg (1687 – 1741) stand. Letzterer schrieb darüber in sein Tagebuch:

178 Buchner 1858, 314 – 316.
179 Dippel 1729.
180 Buchner 1858, 317.

Abb. 49: In Berleburg lebte Johann Conrad Dippel zeitweise auf Graf Casimirs Schloss Berleburg (hier im August 2018)

> „sonsten ist nichts Sonderliches passiert, als daß der weltberühmte Dr. Dippelius […] hierher gekommen ist, mit welchem ich also auch bekannt geworden bin. Er ist im Umgang ein artiger, humaner, gelehrter und geschickter Mensch“.[181]

Es ist schon verwunderlich, dass Dippel nicht zu seinem alten Förderer und Unterstützer nach Laasphe, sondern eben zu dem aus einer anderen Seitenlinie des Hauses Sayn-Wittgenstein stammenden Grafen Casimir ging. Dippel selbst sagte zu diesem Thema Folgendes zu seinem Besucher Senckenberg: Er sei dem Grafen August von Wittgenstein zwar sehr dankbar für die viele Unterstützung, die er von ihm bekommen habe, und der Graf solle auch Nutzen aus seinem, Dippels, chemischen Werk ziehen. Aber er wolle ihm nicht das Werk ganz und gar übergeben. Deshalb halte er sich lieber etwas in Entfernung von Graf August auf, der „brutal mit seinen Kindern lebt, u. die unterthanen plagt“.[182]

Auf jeden Fall war es aber auch so, dass Casimir von Wittgenstein dem Pietismus sehr nahe stand und ein Anhänger einer sehr weitgehenden Religionsfreiheit war. Dadurch hatten sich in seinem kleinen Ländchen

181 Winckel 1842, 120.

182 Senckenberg 1732, 349 (Eintrag für den 8.8.1732). <http://senckenberg.ub.uni-frankfurt.de/p/5381533> (letzter Zugriff am 4.1.2019).

zahlreiche Pietisten, Separatisten und Anhänger anderer christlicher Sekten niedergelassen. August von Wittgenstein duldete solche Abweichler in seinem Herrschaftsbereich nicht. Vielleicht hat sich Dippel deshalb bei Graf Casimir auch wohler gefühlt als bei Graf August.

Dippel wohnte nun in Berleburg zuerst auf dem gräflichen Schloss und wurde auch regelmäßiger Kostgänger an der gräflichen Tafel. Nach einiger Zeit zog Dippel in das Haus des Leibmedicus des Grafen, Johann Samuel Carl. Wir haben schon von ihm gehört, und zwar im Zusammenhang mit dem Hundeexperiment mit dem Dippelschen Wundbalsam. Anfangs verstanden sich Carl und seine Frau Johanna Sophie Carl, eine geborene von Bülow, sehr gut mit Dippel, aber nach einiger Zeit gab es Zoff, zuerst zwischen Dippel und der Carlin, wie Carls Ehefrau auch genannt wurde, später auch direkt zwischen den beiden Ärzten Dippel und Carl. Dippel musste bei Carl ausziehen und sich eine andere Unterkunft suchen.

Als Johann Samuel Carl 1733 ein Buch mit dem Titel „Zeugnis chymischer Storgerey“[183] veröffentlichte, eskalierte der Streit zwischen Dippel und Carl. Carl rechnete in diesem Buch auf äußerst sarkastische Weise mit betrügerischen und unfähigen Alchemisten und Quacksalbern ab. Er nennt Dippel zwar nicht beim Namen, aber an verschiedenen Stellen kann man schon annehmen, dass er auch direkt auf seinen früheren Freund zielt, wenn er zum Beispiel das Tieröl eine „Stinck-Artzney“ nennt.[184] Dippel ist empört und verfasst, wie es so seine Art ist, eine beleidigende Gegenschrift gegen Carl, worin er ihn auch hart persönlich beleidigt. Dieses Machwerk ist allerdings aufgrund des Todes von Dippel nie im Druck erschienen, sondern existiert nur als Manuskript im Archiv der Senckenbergischen Stiftung.[185] Johann Samuel Carl wurde übrigens 1736 für etwa vier Jahre Leibarzt des pietistischen dänischen Königs Christian VI. (1699 – 1746), dem Nachfolger von Frederik IV.

Auch in seinen letzten Lebensjahren verfasste Dippel weiterhin sehr kämpferische und auch verleumderische theologische Pamphlete gegen seine Kritiker, in denen er auch immer seine religiösen Ansichten darstellte. Ein Religionswissenschaftler sprach auch von der „ätzenden Kraft

183 Carl 1733.

184 Ebd., 72.

185 Habrich 1983, 138 – 144.

Abb. 50: Der Arzt Johann Samuel Carl war zuerst Freund und später ein Gegner von Johann Conrad Dippel in Berleburg – Porträt von Gottfried August Gründler (1710–1775) aus dem Jahr 1750

von Dippels chemischer Theologie".[186] Ein Beispiel ist Dippels „Predigt vor Nürnberger Prediger" von 1732, in der er die Nürnberger auch „Narrenberger" nennt.[187] Daraufhin wurde das Buch konfisziert und er musste diese diskriminierende Benennung entfernen. Danach konnte diese kleine Schrift, die sich in die Kontroverse um die Vertreibung des pietistischen Pfarrers Victor Christoph Tuchtfeld († 1741) aus Nürnberg einmischte, dann doch noch erscheinen. In einer Rezension wird über dieses Buch geschrieben, „der unverschämte Dippel" habe „diese Läster-Piece zu seiner ewigen Schande kurz vor seinem Tode drucken lassen."[188] Doch ganz so weit sind wir noch nicht.

Den größten Teil seiner Energie verwandte Dippel wieder auf die Alchemie. Endlich wollte er Gold machen und zwar nicht nur ein bisschen Gold sondern richtig viel. Dem jungen Besucher Senckenberg zeigte er zum Beispiel „eine Particularprobe von Silber und Gold." Der Herstellungsprozess sei sehr einträglich, so dass man „ohne viel Kopfzerbrechens" Quecksilber in Gold und Silber umwandeln könne. Dabei seien 200.000 Taler im Jahr zu verdienen. Entscheidend sei die Reduktion.

186 Hein 1984, 193.
187 Dippel 1732.
188 Anon. 1734, 282.

Er, Dippel, wisse aber leider nicht, wo er „einen Platz finden" könne, dieses Werk zu bearbeiten.[189]

Auf jeden Fall war Dippel mit Graf August von Wittgenstein, den er ab und an besuchte, in Verhandlungen, ob dieser ihm ein leer stehendes Laboratorium in Schwarzenau bei Laasphe zur Verfügung stellen könne. Sie konnten sich aber diesbezüglich nie über die Konditionen, also wieviel von der Ausbeute Graf August erhalten sollte, einigen. Außerdem wollte Graf August von Wittgenstein auch das Rezept haben, welches ihm Dippel aber nicht geben wollte.

Unabhängig davon experimentierte Graf August von Wittgenstein auch selbst in seinem Labor auf Schloss Wittgenstein bei Laasphe. So können wir dem Senckenbergischen Tagebuch entnehmen, dass er auch mit Aurum Fulminans, also mit Knallgold, arbeitete, welches ihm beim Reiben im Mörser explodierte. Es soll gedonnert haben, „wie eine Carthaune", also eine sehr große Kanone. Graf Wittgenstein habe dabei schwere Verletzungen im Gesicht erlitten, unter anderem ein „böses Auge".[190]

Als sich die Verhandlungen zwischen Dippel und Graf August von Wittgenstein immer mehr in die Länge zogen, wendet sich Dippel 1732 an seinen alten Landesherren, den Landgrafen Ernst Ludwig von Hessen-Darmstadt und bietet ihm ein „besonderes Arcani Chymici" an.[191] Der Landgraf ist interessiert und es kommt zu ernsthaften Verhandlungen. Dippel, der zuerst für das Rezept 100.000 Taler verlangt, erhält erst einmal nur den Titel eines Hofrates. Später möchte Dippel anstatt Geld, für die Herausgabe seines „Arcanum chymicum", das freie adlige Gut und Schloss Frankenstein für sich und seine Geschwister sowie deren Nachkommen als Lehen erhalten! – Das lässt natürlich aufhorchen, Dippel will seinen Geburtsort als Gegenleistung für seinen großes chemisches Werk!

Wie auch immer, zu diesem Vertragsabschluss kommt es nicht und Dippel nimmt auch wieder Kontakt mit Graf August von Wittgenstein auf. Ende März 1734 reiste Dippel ein letztes Mal von Berleburg nach

189 Senckenberg 1732, 349 (Eintrag für den 8.8.1732). < http://senckenberg.ub.uni-frankfurt.de/p/5381533> (letzter Zugriff am 4.1.2019).

190 Ebd., 419 (Eintrag für den 24.8.1732). <http://senckenberg.ub.uni-frankfurt.de/p/5381603> (letzter Zugriff am 13.5.2018).

191 Diehl 1908.

Abb. 51: Auf Graf Augusts Schloss Wittgenstein oberhalb von Laasphe (hier im August 2018) führte Dippel des Öfteren alchemistische Versuche durch

Laasphe, um mit Graf August alchemistisch zu arbeiten. Ende April, in der Nacht zum Ostersonntag, starb er in Laasphe und wurde in der dortigen Kirche auch begraben.

Ein gewisser Johann Christian Edelmann (1698–1767), Pietist und Schriftsteller, schreibt in seiner Autobiografie, dass er 1737 in Berleburg und Laasphe gewesen wäre. In Laasphe habe ihm der Barbier, der mitgeholfen hatte, Dippel nach dessen Tod zu sezieren, mitgeteilt, dass er glaube, „Dippelius habe nie einem Weibsbilde beigewohnt".[192] Woraus

Abb. 52: In der Kirche von Laasphe (hier im August 2018) wurde Johann Conrad Dippel 1734 beerdigt

192 Klose 1849, 237 f.

er das geschlossen hat, wird leider nicht mitgeteilt. Eine Erklärung wäre, dass Dippels Sexualorgane möglicherweise unvollständig oder deformiert waren.

1734, im gleichen Jahr wie Dippel, war in Berlin Georg Ernst Stahl gestorben, der große Chemiker und Begründer der Phlogiston-Theorie. Und auch Graf August von Wittgenstein sollte Dippel nicht lange überleben. Er starb im August 1735.

3.6 War Dippel das Vorbild für Mary Shelleys Victor Frankenstein?

Johann Conrad Dippel, der Ende des 18. Jahrhunderts die fragwürdige Ehre erhielt, in Johann Christoph Adelungs „Geschichte der menschlichen Narrheit“ aufgenommen zu werden,[193] machte im letzten Viertel des 20. Jahrhunderts eine neue, ganz unerwartete späte Karriere. Es wurde nämlich die (falsche) These aufgestellt, er sei das Vorbild für die literarische Figur des Victor Frankenstein der englischen Schriftstellerin Mary Shelley (1797 – 1851) gewesen. Der vielfach verfilmte und zur Weltliteratur zählende Roman „Frankenstein or The Modern Prometheus“ war 1816 in der Nähe von Genf geschrieben und 1818 in London erstmals veröffentlicht worden.[194] Im Kern geht es darum, dass der Schweizer Victor Frankenstein einen künstlichen Menschen erschafft, welcher aufgrund seines grotesken Aussehens von den „normalen“ Menschen abgelehnt und gefürchtet wird. Aus diesem Grund beginnt die namenlose „Kreatur“ ihren Schöpfer Victor Frankenstein zu hassen und bringt mehrere Menschen aus seinem Umfeld um. Am Ende des Romans verschwindet die „Kreatur“ für immer im ewigen Eis.

Die Verbindung zwischen Victor Frankenstein und Johann Conrad Dippel wurde zuerst 1975 von Radu Florescu (1925 – 2014), einem rumänisch-US-amerikanischen Geschichtsprofessor geknüpft.[195] Florescu hatte wenige Jahre zuvor mit seinem Buch „In Search of Dracula“ einen sensationellen Erfolg gefeiert.[196] In diesem Werk hatte er die literarische Figur des

193 Adelung 1785, 314-347.
194 Shelley 1818.
195 Florescu 1975.
196 McNally/Florescu 1972.

Dracula[197] auf den historischen walachischen Fürsten Vlad III. Draculea zurückgeführt. Diesen Erfolg wollte er mit seiner Frankenstein-Studie wiederholen, was ihm in gewissem Sinne auch gelang.

Florescu bezieht sich in seinem Buch auf eine Reise, welche Mary Godwin (Shelley), ihr späterer Ehemann Percy Bysshe Shelley (1792 – 1822) und Claire Clairmont (1798 – 1879) im Jahr 1814 unternahmen. Sie reisten von England über Frankreich in die Schweiz und von dort über die Rheinroute zurück in Richtung England. Bei dieser Rückreise kamen sie Anfang September 1814 auch in der Nähe der Burgruine Frankenstein vorbei. Die Schiffsreise auf dem Rhein wurde in Gernsheim für einige Stunden unterbrochen. Gernsheim liegt etwa 14 km westlich der Burg Frankenstein. Aufgrund dieser Tatsachen folgert Florescu, dass Mary Godwin, die spätere Mary Shelley, dabei die eindrucksvolle Burg Frankenstein gesehen und sehr wahrscheinlich auch einen Abstecher zur Burg unternommen habe. Außerdem soll sie dabei auch von Johann Conrad Dippel erfahren haben. Das habe schließlich dazu geführt, dass der Wissenschaftler in ihrem Roman der Figur des Johann Conrad Dippel nachgebildet wurde und den Namen Frankenstein erhalten hätte.

Die Spekulationen Florescus wurden mittlerweile im Detail widerlegt:[198] So berichten weder Mary Shelley noch Claire Clairmont in ihren Tagebüchern von der Burg Frankenstein und schon gar nicht von einem Besuch auf der Burgruine, die von Gernsheim aus auch praktisch nicht zu sehen ist. Da der Reiseablauf der Gruppe bekannt ist, ist es ganz klar, dass ein Besuch auf der Burg für sie auch zeitlich gar nicht möglich gewesen wäre. Auch ansonsten gibt es in Mary Shelleys Werk und ihren erhaltenen Tagebüchern und Briefen keinerlei Hinweise auf die Burg Frankenstein und Dippel.

Trotzdem wurde die von Florescu ausgehende Spekulation von anderen weiter ausgebaut. So soll Dippel ein unehelicher Sohn eines Mitgliedes der alten Adelsfamilie von Frankenstein gewesen sein, er soll „Leichen gestohlen und mit ihnen grauenvolle Experimente gemacht“ haben. Des Weiteren wurde ihm angedichtet, auf der Burg Frankenstein ein alchemistisches Labor betrieben zu haben, sowie der Erfinder des Nit-

197 Stoker 1897.

198 Müller 2009, 367 – 396.

Abb. 53: Ansicht der Burgruine Frankenstein im Jahr 1818, Kupferstich von Johann Georg Primavesi (1774 – 1855)

roglyzerins zu sein und damit einen Turm der Burg Frankenstein versehentlich gesprengt zu haben. Außerdem gäbe es einen Brief von Jacob Grimm an Claire Clairmont, in dem er sie angeblich über Legenden rund um Dippel und die Burg Frankenstein informiert. Demnach habe Dippel von einem Friedhof Leichen gestohlen und aus ihnen mit Jungfrauenblut „einen Unhold erschaffen".[199] Das alles ist natürlich falsch und unter dem Begriff „Fake News" einzuordnen. Trotzdem wurden in den letzten Jahren diese falschen Thesen als Tatsachen unter anderem durch das Internet aber auch in Presse, Funk und Fernsehen vielfach unkritisch weiter verbreitet. Auf der Burg Frankenstein, dem angeblichen „real home of the monster", findet jedes Jahr eine große Halloween-Party auf der „echten Horrorburg" statt.[200]

199 Scheele 2015, 34 – 35 und 41 – 44.

200 <https://frankenstein-halloween.de/> (letzter Zugriff am 4.1.2019).

3.7 Caspar Neumann stirbt 1737 an einer Kolik

Mitte der 1720er Jahre, als wahrscheinlich durch ihn die Herstellungsvorschrift für Berliner Blau bekannt wurde, stand der Berliner Hofapotheker und Professor am Collegium Medico-Chirurgicum Caspar Neumann auf dem Höhepunkt seiner Schaffenskraft und Wirksamkeit. Zunehmend fand er auch Anerkennung in internationalen Gelehrtenkreisen. So wurde er im Jahr 1725 in die englische Royal Society aufgenommen. 1727 erhielt Neumann, der ja kein Universitätsstudium absolviert hatte, den Doktortitel der Universität Halle ehrenhalber ohne eine entsprechende Doktorarbeit. Im gleichen Jahr erschien aber auch eine medizinische Schrift über eine frühe Form der Pockenimpfung, die Caspar Neumann aus dem Englischen und Lateinischen ins Deutsche übersetzt und mit einer Vorrede und einem Zusatz über diesbezügliche Versuche im Londoner Newgate-Gefängnis versehen hatte, so dass er in gewissem Sinne auch eine medizinische Schrift vorgelegt hatte.

Bei dem übersetzten Text handelt es sich um den Anfang 1714 in den „Philosophical Transactions" der Royal Society abgedruckten Extrakt eines Briefes von Emmanuele Timoni aus dem damaligen Konstantinopel an John Woodward.[201] Dieser Briefextrakt war zum Teil in Englisch, zum Teil aber auch in Latein abgedruckt. Timoni beschrieb in dem Brief aus eigener Anschauung die Pockenimpfungen, die bestimmte Volksgruppen zu dieser Zeit im Osmanischen Reich durchführten. Da Neumann seit Anfang 1713 in London war, wird er sicher Zeuge der sich an die Veröffentlichung anschließenden Diskussionen in Gelehrtenkreisen gewesen sein. Er begründete seine Übersetzung des Textes damit, dass (1727) seit einiger Zeit in Berlin Nachrichten bekannt werden, dass in London im Newgate-Gefängnis an dort einsitzenden Häftlingen Pockenimpfungen nach der Art der in der Türkei üblichen durchgeführt wurden. Da sonst von dieser Technik in Deutschland praktisch nichts bekannt ist, hatte sich Neumann das „Plaisir" gemacht, den Briefextrakt aus den „Transactions" ins Deutsche zu übersetzen.[202]

201 Timoni 1714.
202 Neumann 1727.

1727 unternahm Neumann auch nochmals eine größere Reise, die ihn über Schlesien und Mähren nach Wien führte. Von dort ging es dann durch Böhmen über Teplitz (heute das tschechische Teplice), Freiberg, Dresden, Kamenz und Wittenberg zurück nach Berlin.

Am 1. März 1728 erfolgte Caspar Neumanns Aufnahme in die Leopoldina. Er war das 400. Mitglied, welches in diese deutsche, durch Kaiser Leopold privilegierte Wissenschaftlervereinigung aufgenommen wurde. Er erhielt, wie damals in der Leopoldina üblich, einen Beinamen, den sogenannten Cognomen und zwar Synesius. Heute ist die in Halle an der Saale befindliche Leopoldina die weltweit älteste noch existierende Wissenschaftsakademie und die Nationale Akademie der Wissenschaften der Bundesrepublik Deutschland. Im Jahr 1734 wird Caspar Neumann dann auch noch zum Mitglied des Institutes von Bologna, welches auch als die päpstliche Akademie bezeichnet wurde. Er ist dann also Mitglied von nicht weniger als vier bedeutenden Wissenschaftsakademien, der Preußischen Sozietät der Wissenschaften, der Royal Society in London, der Leopoldina und der päpstlichen Akademie in Bologna. Nicht schlecht für jemanden, der kein Universitätsstudium absolviert hat.

Am 11. Mai 1731 wurde Neumann vom König zum Rendanten (Rechnungsführer) der Königlichen Sozietät der Wissenschaften ernannt.[203] Dieses Amt war kurz vorher von dem des Sekretärs getrennt worden, nachdem der bisherige Sekretär Johann Theodor Jablonski (1654–1731) Ende April im Alter von 77 Jahren verstorben war. Es wird angenommen, dass die Stelle extra für Neumann geschaffen wurde, um ihm zu seinem recht niedrigen Gehalt von 200 Talern als Hofapotheker weitere 200 Taler aus der Sozietätskasse zukommen zu lassen. Wenn das stimmt, wurde also wieder einmal die Sozietät der Wissenschaften zu Zahlungen für den Königlichen Hofapotheker Neumann herangezogen, für die eigentlich die Staatskasse zuständig war. Aber König Friedrich Wilhelm I. in Preußen hatte sich eben noch nicht geändert, sondern er war so geizig wie schon immer seit seinem Amtsantritt. Davon abgesehen, wurden die Hauptrechnungen über Einnahme und Ausgabe bei der Königlichen Sozietät der Wissenschaften in Berlin von 1731 bis 1736 tatsächlich von Caspar Neumann geführt.

203 Harnack 1900, 225 f.

Eine kleinere Reise führte ihn 1735 nochmal in die heimatliche Neumark und nach Pommern. Ihn interessierte dabei vorrangig der Lapis Osteocolla, der in dieser Gegend gefunden wurde und zu dieser Zeit ein hinsichtlich seiner medizinischen Wirksamkeit kontrovers diskutierter Gegenstand war. Lapis Osteocolla, auch Beinbruch genannt, sind röhrenknochenähnliche Gebilde aus Kalkstein und Sand, die sich im Erdboden um abgestorbene Baumwurzeln herum bilden und im Innern häufig noch Holzteilchen enthalten. Als Arznei verwendet, schrieb man dieser „Droge", weil sie knochenähnlich aussah, eine heilende Wirkung bei gebrochenen Knochen zu. Neumann führte umfangreiche Untersuchungen dazu durch (auch schon in seiner Londoner Zeit) und findet diesen „besonderen chirurgischen Effekt" nicht. Er lehnt die medizinische Verwendung dieser Substanz daher ab. Im Mai 1735 starb Neumanns Frau Cornelia Maria im Alter von nur 48 Jahren an „Schlagfluß" also an einem Schlaganfall.

Caspar Neumann selbst starb dann nur etwa 2½ Jahre später ganz unerwartet im Oktober 1737 nach „1½ tägiger Kranckheit". Im Sterberegister von St. Petri in Berlin findet sich dazu folgender Eintrag:

> „Am 20. Oktober 1737 ist Herr Caspar Neumann, Doctor Medicinae, wie auch Königl. Hofrat und Hofapotheker, 54 Jahre, 4 Monat an einer Colique verstorben".

Offenbar war er ganz plötzlich von heftigen Krämpfen befallen worden und starb dann schon nach etwa 36 Stunden. Die Beisetzung erfolgte auf dem heute nicht mehr existierenden Kirchhof vor dem Cöpenicker-Thor in einem Gewölbe. Die Lehrlinge der Hofapotheke widmeten ihrem hochverehrten Lehrer ein kurzes Trauergedicht. Daraus seien im Folgenden einige Zeilen zitiert:

Bey dem
Nach des Allweisesten Rahtschluß
Den 20sten Octobr. 1737.
Erfolgeten
Wohlseeligen Absterben
Des
Hochedelgebohrnen, Hocherfahrnen
und Hochgelahrten Herrn,
HERRN
Caspar Neumanns,
Seiner Königl. Majest. in Preussen
Hof-Rahts, Medicinae Doctoris, Professoris
Chemiae, Decani des Königl. Collegii Medico-
Chirurgici, Mitgliedes des Königl. Ober-Collegii
Medici, Adiuncti der Röm. Käyserl. Academiae
Naturae Curiosorum; Desgleichen der Königl.
Groß-Britannischen und Königl. Preußischen,
wie auch Päbstl. Societät der Wissen-
schaften Mitgliedes,
Wolte sein deshalb empfindliches Leiden wehmühtig bezeugen
Ein höchstbetrübter Schwester-Sohn
Christoph Heinrich Kessel.
BERLIN, gedruckt bey des Königl. Preußischen Hof-Buchdruckers,
Daniel Andreas Rüdigers, Wittwe.

Abb. 54: Titelblatt eines gedruckten Trauergedichts für Caspar Neumann von seinem Neffen Christoph Heinrich Kessel, Berlin 1737

„[...] Wir werden Deine Treu und Deine schönen Lehren,
Wodurch Du uns den Weg in die Chymie gezeigt,
So lang die Ader schlägt, mit Danckbarkeit verehren,
und dazu ist und bleibt das Herze stets geneigt.
Wir stifften Dir hiermit das letzte Angedenken;
Wir stellen Dir hiermit das letzte Denkmal hin:
Der Himmel wird Dir die Belohnung dafür schenken,
Der Herr erfreue nun dort ewig Deinen Sinn!
Muß dann Dein Abschied uns anjetzo schmerzlich beugen,
So lassen wir den Leib dem Raube dieser Zeit;
Jedoch Dein Unterricht wird tausend Früchte zeugen:
Die Ehre und Dein Ruhm trotzt der Vergänglichkeit.“[204]

Caspar Neumanns Nachfolger als Hofapotheker wurde sein Stiefsohn Conradi. Christoph Heinrich Kessel, ein Neffe von Caspar Neumann, gab ab dem Jahr 1749 schrittweise Neumanns Werke unter dem Titel „Chymiae Medicae Dogmatico-Experimentalis“ heraus. Verlegt wurde dieses umfangreiche Werk vom Züllichauer Waisenhaus. Der letzte Band sollte erst 1755, ein Jahr nach Kessels frühem Tod und 18 Jahre nach Neumanns Tod erscheinen. Dieses zehnbändige Werk, welches auch in andere Sprachen übersetzt wurde, wurde für einige Jahrzehnte zu einem Standardwerk der Chemie.

3.8 Das Jahr 1740: Der Soldatenkönig stirbt und Friedrich II. übernimmt

Spätestens seit 1732 war der zweite König in Preußen, Friedrich Wilhelm I., genannt der Soldatenkönig, schwer krank. Er litt unter schweren Gichtanfällen und unter Wassersucht.[205] Friedrich Wilhelm hütete viele Monate das Krankenbett im Potsdamer Schloss. Da er nicht mehr laufen konnte, baute man ihm einen Räderstuhl, mit dem man ihn vor die für ihn vorbereiteten Leinwände schob. Um sich von seinen Schmerzen abzulenken und die Zeit zu füllen, malte der König nämlich in dieser Zeit wie ein Besessener. Manche der Bilder signierte er mit dem lakonischen „In Tormentis Pinxit“ – „Unter Qualen gemalt“.

204 Anon. 1737.
205 Neumann 1993.

Eine ganze Schar von Leibärzten, darunter bis zu seinem eigenen Tod auch Georg Ernst Stahl, kümmerten sich um den kranken König. Doch die Berliner Leibärzte konnten Friedrich Wilhelm kaum helfen, so dass er schließlich Friedrich Hoffmann, den alten Konkurrenten Stahls aus Halle zu sich nach Potsdam kommen ließ. Und tatsächlich, einige Wochen nachdem Hoffmann die Behandlung übernommen hatte, begann sich der Zustand des Königs langsam, aber sicher zu bessern. Im Januar 1735 war er soweit wieder hergestellt, dass er von Potsdam nach Berlin überwechselte und nun auch zunehmend wieder öffentliche Auftritte hatte. 1738 erfolgte aber der Rückschlag und von nun an war Friedrich Wilhelm bis zu seinem Tod ein schwerstkranker Mann. Er litt weiterhin unter Gicht (Podagra), Wassersucht und Fettsucht (Adipositas). Sein sich nicht ändernder, äußerst ungesunder Lebensstil – er aß viel zu üppig, trank große Mengen Alkohol und rauchte wie ein Schlot –, war seinem Gesundheitszustand nicht förderlich. Am 31. Mai 1740 starb er in Potsdam, noch keine 52 Jahre alt.

Friedrich Wilhelm war als cholerischer, prügelnder König sehr gefürchtet, hatte aber die enormen Staatsschulden, die er von seinem Vater übernommen hatte, in einen ansehnlichen Staatsschatz umgewandelt und die unter seiner Herrschaft stehenden Länder wirtschaftlich nach vorn gebracht. Unter seiner Leitung wurde die preußische Armee wesentlich vergrößert und reformiert und war nun die modernste und schlagkräftigste in Europa, wobei seine bekannte Riesengarde sicher nur als eine teure Marotte anzusehen ist.

Sein Nachfolger wurde sein ältester Sohn Friedrich II., den man später auch den Großen nannte. Er fackelte nicht lange. Ganz anders als sein Vater, der sich aus kriegerischen Verwicklungen trotz seiner gut vorbereiteten Armee weitgehend herausgehalten hatte, schritt Friedrich zügig zur Tat und begann schon im Dezember 1740 den Ersten Schlesischen Krieg mit dem Einmarsch der preußischen Armee in das bis dahin habsburgische Schlesien. Im Sommer 1742 endet dieser Krieg, der nach heutigen Maßstäben ein nur fadenscheinig begründeter, völkerrechtswidriger Angriffskrieg war, mit einem preußischen Erfolg. Schlesien wird für die nächsten ca. 300 Jahre eine preußische Provinz.

Abb. 55: König Friedrich II. in Preußen als junger Heerführer in den 1740er Jahren

Im Gegensatz zu seinem Vater ist der neue König nicht nur schnell bereit, selbst einen Krieg zu beginnen. Er ist auch sehr stark an den Wissenschaften interessiert und fördert sie wesentlich stärker und breiter als sein Vorgänger. In diesem Zusammenhang wird die inzwischen stark verkümmerte Königlich Preußische Sozietät der Wissenschaften in den Jahren 1743 und 1744 reorganisiert und am 23. Januar 1744 nach Verschmelzung mit der neuen wissenschaftlich-literarischen Gesellschaft Nouvelle Société Littéraire zur Akademie der Wissenschaften umbenannt. Ganz konkret heißt sie offiziell Académie Royale de Sciences et de Belles Lettres, trägt also einen französischen Namen. Französisch wird jetzt die dominierende Sprache gerade auch der wissenschaftlichen Publikationen und löst damit das vorher dafür vorrangig verwendete Latein ab.

3.9 Johann Leonhard Frisch stirbt 1743

Als Dritter der vier wichtigsten Personen rund um die Erfindung und die ersten Jahre des Berliner Blaus stirbt Johann Leonhard Frisch und zwar sieben Jahre nach Caspar Neumann im März 1743 im Alter von 77 Jahren. Er hinterließ acht Kinder, drei Töchter und fünf Söhne. Darunter waren die Kupferstecher Philipp Jacob (1704 – 1753) und Ferdinand Helfreich (1707 – 1758) und der Pfarrer und Wissenschaftler Jodocus Leopold Frisch (1714 – 1787). Ein sehr bekannter Enkel von Johann Leonhard Frisch war Johann Christoph Frisch (1738 – 1815), ein Sohn von Ferdinand Helfreich. Johann Christoph war ein berühmter Maler und Mitglied der Akademie der Künste in Berlin, deren Direktor er 1805 bis 1815 auch war.

Abb. 56: Porträt des Johann Leonhard Frisch aus dem Jahr 1744

Anlässlich der Beerdigung von Frisch wurde ein Buch herausgebracht, welches neben seinem Lebenslauf auch mehrere Trauergedichte enthält.[206] In diesem Buch wird aber nur an zwei Stellen andeutungsweise auf das Berliner Blau Bezug genommen: Im Lebenslauf heißt es nach einigen Ausführungen über seine Bemühungen um die Seidenraupenzucht:

> „Hiernächst kam er nicht ohne besondere göttliche Providenz auf die Untersuchung der Natur, durch Hilfe der Chymie. Ob nun gleich der Nutzen davon […] wiederum verschwand, so lehrte doch die Continuation dieser Bemühungen, daß er nicht umsonst gearbeitet hatte."

Vielleicht wird mit dieser Formulierung darauf angespielt, dass Frisch keinen Nutzen mehr aus dem Berliner Blau ziehen konnte, nachdem dessen Herstellungsweise allgemein bekannt geworden war, aber viele andere nun seine Arbeit fortsetzten. In der 13ten Strophe eines längeren Trauergedichts wird etwas deutlicher auf das Berliner Blau angespielt. Neben dem Berliner Blau werden in dieser Strophe auch seine Bemühungen um die Seidenproduktion und seine enzyklopädischen Bücher über Vögel und Insekten erwähnt:

> „Wer war es der der Farben Pracht
> Durch ein so himmlisch Blau erhoben?
> Wer zeigte wohl mit eigner Macht
> Im Seiden Bau die größten Proben?
> Wer war es, der die Kreatur

206 Wippel 1744.

Auch nach dem Tod als in Natur
Zu Gottes Ehren konnte zeigen?
Frisch war es! schwieg ich gleich; so würde sie nicht schweigen."

Obwohl Frisch das Berliner Blau nur in Societät mit einem der Erfinder, mit Johann Jacob von Diesbach, hergestellt und vielleicht auch an der Verbesserung mitgearbeitet hatte, wurde er nach seinem Tode in verschiedenen Nachschlagewerken und anderen Büchern als dessen Erfinder angegeben. So heißt es zum Beispiel in einem Buch von Oskar Schwebel, er, Frisch, „ward bei seinen chemischen Untersuchungen Erfinder des Berliner Blau."[207] Offenbar war er als Verkäufer des neuen Blaupigments so in Erscheinung getreten, dass manch einer meinte, er sei der Erfinder. Aber das war er nicht und das hat er auch nie behauptet. Frisch hatte aber auch sonst ausreichend wissenschaftliche Verdienste in seinem Leben erworben.

3.10 Johann Jacob von Diesbach stirbt 1748

Von Johann Jacob von Diesbach haben wir seit dem Ende des Briefwechsels zwischen Frisch und Leibniz im Jahr 1716 nichts mehr gehört. An dieser Stelle wollen wir jetzt fortfahren und das wenige berichten, was bisher ermittelt werden konnte. Aus den Kirchenbüchern der Berliner Friedrichstadt erfahren wir, dass von Diesbachs Ehefrau Eleonora Dorothea schon recht früh, nämlich im September 1721, gestorben ist. Das Kirchenbuch der Jerusalemkirche in der Berliner Friedrichstadt vermerkte zu ihrer Beerdigung: „H. Johann Jacob von Diesbachs, Lieutenants eheliebste Eleonora Dorothea Müllerin, alt 39 Jahre, 10 Monate". Daher errechnet sich für sie ein Geburtsdatum im November 1681. Der entsprechende Kirchenbucheintrag muss noch gefunden werden.

Was wissen wir noch über Johann Jacob von Diesbach und seine Familie? Wir hatten ja schon erfahren, dass dem Ehepaar von Diesbach 1708 zwei Söhne geboren worden waren, von denen jedoch nur ein Sohn das Erwachsenenalter erreichte. Dieser mit seinem Vater gleichnamige Sohn war als Soldat in fremden Diensten in die väterlichen Fußstapfen getreten und kam letztendlich als Capitain der holländischen Armee nach Berlin

207 Schwebel 1877.

zurück. Hier heiratete er im Jahr 1732 Maria Elisabeth Leuen, die Tochter eines ehemaligen Soldaten der preußischen Artillerie. Erstaunlich ist, dass schon vier Tage nach der Trauung die Tochter des frisch gebackenen Ehepaars Maria Dorothea Henriette von Diesbach getauft wird. Das war knapp an einer unehelichen Geburt vorbei!

Diese Enkelin unseres Berliner-Blau-Erfinders Johann Jacob von Diesbach heiratete 17 Jahre später, im Februar 1749, einen gewissen Friedrich Wilhelm Nortorff. Zu diesem Zeitpunkt waren ihr Vater und Großvater beide schon gestorben. Der Großvater, der im denkwürdigen Jahr 1706 zusammen mit Dippel zufällig auf das Berliner Blau gestoßen war, war ein Jahr vor ihrer Hochzeit, im Februar 1748 im Alter von 78 Jahren am Stickfluss in Berlin verstorben, wie ein Kirchenbucheintrag der Neuen Kirche beweist. Als Stickfluss bezeichnete man Asthma und Lungenödeme, die von Austritt von Flüssigkeit in die Lunge und dadurch bedingten röchelnden Atem begleitet waren.

Friedrich Wilhelm Nortorff, der Ehemann der von Diesbach-Tochter, war Controlleur im Neuen Arbeitshaus. Dabei handelt es sich um das 1742 unter König Friedrich II. in der Berliner Friedrichstadt eröffnete Arbeitshaus im ehemaligen Schlachthaus der Fleischer-Innung am heutigen Mehringplatz, damals noch Rondell genannt. Das Arbeitshaus war gegründet worden, um die immer mehr zunehmende Bettelei in Berlin einzudämmen. Etwa einhundert Bettler wurden hier untergebracht und zur Arbeit angehalten.

Maria Dorothea Henriette Nortorff, geborene von Diesbach bringt selbst mindestens zwei Kinder zur Welt. Der im November 1749 gebo-

Den 5ten N: L: 12 rthl: Der Herr Johann Jacob Von Diesbach alt 78 Jahr, am Stickfluß gestorben, ist bezahlt der Kirche 12 rthl: Herr Gronau 1 rthl 12 gl. H: Martini, 2 rthl 12 gl: Cantor und Küster 1 rthl Backelau: 16 gl: Pulsanten, 8 gl.

Abb. 57: Beerdigungseintrag vom 5. Februar 1748 für Johann Jacob von Diesbach im Kirchenbuch der Neuen Kirche Berlin

rene Sohn heißt genau wie sein Vater Friedrich Wilhelm Nortorff. Die Tochter Friderica Carolina starb im August 1754 im Alter von nur sechs Wochen an den Pocken.

Mit einem letzten Eintrag im Kirchenbuch der Neuen Kirche in der Berliner Friedrichstadt vom Januar 1765 enden vorerst unsere Informationen über den Berliner-Blau-Erfinder und seine Nachfahren, welche in Berliner Kirchenbüchern zu finden sind. Demnach heiratete Maria Dorothea Henriette von Diesbach in Potsdam zum dritten Male. Ehemann war ein gewisser Königlicher Commissair Hans Heinrich Bienz in Nowawes (heute Potsdam-Babelsberg). Nach dem Tod ihres ersten Ehemannes Friedrich Wilhelm Nortorff muss sie ausweislich des Kirchenbucheintrags zwischenzeitlich auch noch mit einem inzwischen auch verstorbenen Commissair Stack verheiratet gewesen sein.

Hans Heinrich Bienz, der dritte Ehemann von Maria Dorothea Henriette von Diesbach, war 1710 in Basel geboren worden, stammte also wie die Vorfahren von Diesbach aus der Schweiz. Es gab auch nochmal ein Kind, den 1769 in Nowawes geborenen Johann Michael August Bienz. Er ist ein Urenkel des Berliner-Blau-Erfinders Johann Jacob von Diesbach. Weitere Nachkommen von ihm konnten allerdings bisher nicht ermittelt werden.

Mit dem Tod von Johann Jacob von Diesbach im Jahre 1748 war der letzte unserer vier Protagonisten, die eng mit der Erfindung und Markteinführung des Berliner Blaus verbunden waren, gestorben. Johann Conrad Dippel war ja als Erster schon 1734 vorangegangen. Ihm folgten 1737 Caspar Neumann und 1743 Johann Leonhard Frisch. Eine neue Generation war mittlerweile aktiv, die Qualität des Berliner Blaus zu verbessern, die Produktion zu vereinfachen und neue Anwendungsfälle für diese chemische Verbindung zu erschließen. Dazu gehörten die französischen Chemiker Étienne-François Geoffroy (1672 – 1731), sein jüngerer Bruder Claude-Joseph Geoffroy (1685 – 1752), Jean Hellot (1685 – 1766), Pierre-Joseph Macquer (1718 – 1784), sowie ein Abbé, François Ménon († 1749). Aber auch ein Berliner war wieder dabei, diesmal sogar ein echtes Berliner Kind, Andreas Sigismund Marggraf (1709 – 1782).

4 BERLINER BLAU EROBERT DIE WELT

In diesem Abschnitt wollen wir uns anhand einiger Beispiele anschauen, wie das neue Pigment Berliner Blau im Laufe des 18. Jahrhunderts die Welt eroberte, soll heißen, wie es im Laufe dieses Zeitabschnitts in vielen Gebieten der Erde Verwendung fand und dort dann auch irgendwann selbst hergestellt wurde.

4.1 Geoffroy der Ältere und das Bleu de Prusse in Frankreich

Bevor wir zum Berliner Blau in Frankreich kommen, lernen wir jetzt erst einmal die Chemiker-Brüder Geoffroy kurz kennen.[208] Wir hatten schon von ihnen gehört, als Caspar Neumann bei seiner Bildungsreise in Paris weilte und mit ihnen zusammen regelmäßig experimentierte. Die Geoffroys waren eine bedeutende Pariser Apothekerdynastie. Étienne-François Geoffroy, auch Geoffroy der Ältere und sein Bruder Claude-Joseph Geoffroy oder Geoffroy der Jüngere waren Söhne des Apothekers Matthieu-François Geoffroy. Étienne-François ein gelernter Apotheker, wurde später praktizierender Arzt und war als Chemiker aktiv. Mitglied der Académie Royale des Sciences seit 1699 wurde er 1709 Professor für Medizin und Chemie am Collège Royal. In der Chemiegeschichte ist er für die Erstellung von Tabellen chemischer Affinitäten bekannt.[209] 1722 legte er der französischen Académie Royale des Sciences einen Bericht vor, welcher detailliert über die Techniken alchemistischer Betrügereien aufklärt.

208 Planchon 1898.
209 Kim 2003.

Alexander Kraft: Berliner Blau. Vom frühneuzeitlichen Pigment zum modernen Hightech-Material. © 2022 GNT-Verlag GmbH, Berlin, Germany. DOI: ‣ <https://doi.org/10.47261/1519>.

Abb. 58: Porträt des französischen Chemikers Geoffroy der Ältere

Claude-Joseph Geoffroy führte als Apotheker das Familiengeschäft weiter. Er war nebenher auch als Botaniker und Chemiker aktiv und seit 1711 Mitglied der Académie Royale des Sciences sowie von 1718–1720 Aufseher über die Pariser Apotheken.

Schon gut ein Jahr nach der etwa Mitte 1724 im Druck ausgelieferten Publikation der Herstellungsvorschrift für Berliner Blau in den Philosophical Transactions of the Royal Society meldete sich Geoffroy der Ältere im November 1725 zum Thema Bleu de Prusse, wie er das Blaupigment in seiner Muttersprache nannte, zu Wort.[210] Er beginnt seine Ausführungen in den Memoires de l'Académie Royale des Sciences mit der Bemerkung, dass man das Berliner Blau jetzt auch in London in großer Menge herstellen würde und dass dieses Berliner Blau lebhafter und glänzender als das der Herren in Berlin sei, entweder, weil diese, ihres Vertriebes gewiss, dieses nicht so sorgfältig oder weil sie es anders machen.

Wir können annehmen, dass beides der Fall war. Denn solange man Monopolist ist, wie es die Berliner Produzenten nach der Verhaftung von Dippel 1719 wohl waren, wird man durch die Konkurrenz nicht zu höchster Qualität gezwungen, weil man sein Produkt ja auch bei minde-

210 Geoffroy 1725.

rer Qualität verkaufen kann. Dem kann man sich nicht entziehen. Also kann schon deshalb die Qualität der neuen Produzenten aus England besser gewesen sein. Dazu kommt, dass die Berliner vermutlich noch die unnötige Cochenille im Herstellungsprozess mit verwendet haben. Das könnte ihr Berliner Blau im Farbton etwas verschoben haben. Die englischen Produzenten haben auf jeden Fall kein Cochenillerot mehr verwendet.

Geoffroy der Ältere machte das Berliner-Blau-Rezept nicht nur in französischer Sprache bekannt, sondern er untersuchte auch, ob man neben Rinderblut, wie im Originalrezept, und Rindfleisch, wie von John Brown gefunden, auch andere tierische Bestandteile zur Berliner-Blau-Herstellung verwenden kann. Geoffroy probierte geraspeltes Hirschhorn, Haare, Nägel, Knochen, Harn, Horn und Kot von Tieren und bekam in allen Fällen eine blaue Ausfällung.

Danach machte Geoffroy auch Versuche anstatt tierischer Materialien, pflanzliche einzusetzen. Dabei erhielt er aber kein Berliner Blau. Aber der Fund, dass nicht nur wertvolle Produkte wie Blut und Fleisch sondern auch tierische Abfälle zur Berliner-Blau-Herstellung tauglich sind, konnte die Produktkosten perspektivisch sicher deutlich senken.

Geoffroys Publikationen über das Bleu de Prusse machten das neue Blaupigment in Frankreich populär. Ich gehe davon aus, dass spätestens nach diesen Veröffentlichungen von Geoffroy die Berliner-Blau-Produktion auch in Frankreich begann. Aber Nachrichten darüber gibt es kaum. Man findet zwar die Angabe, dass der Président de Maisons Jean-René de Longueil (1699 – 1731) Berliner Blau in seinem Pariser Privatlabor hergestellt habe,[211] aber wahrscheinlich wurde es zuerst vorrangig in Apothekenlabors hergestellt, wie es auch, wir wir noch sehen werden, in anderen europäischen Ländern um die Mitte des 18. Jahrhundert üblich war?

Vielleicht um 1750 herum soll dann die erste französische Produktionsstätte für Bleu de Prusse in Paris im Temple von einem Herrn Auteresse gegründet worden sein.[212] Aber erst im Jahr 1764 tritt uns ein französischer Produzent des Bleu de Prusse im Rahmen eines Rechtsstreits, wirklich fassbar und archivalisch gut belegt, entgegen. Das wurde erst-

211 Fontenelle 1731.
212 Franklin 1906, 86 – 87.

mals 2005 von Sarah Lowengard berichtet.[213] In Frankreich hatte eine Malergilde, die 1776 aufgelöste Académie de St-Luc eine Zeit lang das alleinige Recht, Materialien an die Maler zu verkaufen. Die Berliner-Blau-Fabrik der Herren Gly und d'Heure im stark industriell geprägten Stadtteil Faubourg Saint-Marcel produzierte und verkaufte Berliner Blau aber auf eigene Rechnung an der Malergilde vorbei an deren Maler. Daraufhin beschlagnahmte und schloss die Académie de St-Luc diese Berliner-Blau-Fabrik. Die Besitzer wollten sich das nicht gefallen lassen und wandten sich an die Pariser Académie des Sciences, also die Akademie der Wissenschaften. Sie wären Besitzer einer chemischen Fabrik ohne jede Verbindung zur Malerei auch wenn Maler ihr Produkt verwendeten. Jean Hellot, ein stark technologisch interessierter Chemiker, der sich auch mit der Herstellung von Berliner Blau gut auskannte, untersuchte den Fall im Auftrag der Académie des Sciences und kam zu dem Schluss, dass es sich tatsächlich um eine chemische Produktionsstätte handelte, die nicht von der Malergilde zu kontrollieren sei. Daher wurde der Betrieb 1765 wieder geöffnet. Er soll danach noch etwa 40 Jahre weiter bestanden haben und Lieferant des Berliner Blaus mit der besten Qualität in Paris gewesen sein.[214] Diese Fabrikationsstätte, die Ende des 18. Jahrhunderts von Antoine Robert Dheur (1750–1814) geleitet wurde, gehörte somit zu den drei Pariser Unternehmungen, die vor der Revolution von 1789 in der Produktion des Bleu de Prusse aktiv waren.[215] Interessanterweise war der Name des Besitzers der Fabrik von d'Heure zu Dheur geändert worden, sicher mit der Absicht nicht als Adliger zu erscheinen, was nach der Revolution von 1789 für einige Jahre sehr gefährlich sein konnte.

Der mit Abstand berühmteste Berliner-Blau-Fabrikant aus Paris stammt allerdings aus dem 19. Jahrhundert. Wir werden später näher auf ihn eingehen. Jetzt nur so viel, sein Nachname, Milori, wird noch heute vielfach zur Bezeichnung des Berliner Blaus verwendet: Bleu Milori, Milori Blue oder auch Miloriblau.

---

213 Sarah Lowengard: Techniques and Innovations. Prussian Blue. In: Lowengard 2005, <http://www.gutenberg-e.org/lowengard/C_Chap32.html> (letzter Abruf am 27. Dezember 2018).

214 Lowengard 2013.

215 Garrioch 1996, 126–127.

Kurz noch zu Étienne-François Geoffroys Bruder Claude-Joseph, also zu Geoffroy dem Jüngeren. Nach dem Tod seines älteren Bruders beschäftigte auch er sich als Wissenschaftler mit dem Berliner Blau[216] und veröffentlichte seine Ergebnisse im Jahr 1743. Er versuchte dabei eine günstigere Methode zur Herstellung des Blaupigments zu finden und dann auch neue Details zur Zusammensetzung des Berliner Blaus zu ermitteln. Allerdings war er dabei wenig erfolgreich. Aber man sieht daran, dass insbesondere in Frankreich die Forschung zum Berliner Blau intensiv betrieben wurde. Das war kein Zufall, denn nachdem Ende des 17. und in der ersten Hälfte des 18. Jahrhunderts die deutschen Chemiker, gerade auch durch die Entwicklung der Phlogistontheorie durch Georg Ernst Stahl, führend in Europa und damit in der Welt waren, änderte sich das langsam, aber sicher. Die Krönung des Aufstiegs der französischen Chemie war natürlich am Ende des 18. Jahrhunderts die Entwicklung der damals sogenannten antiphlogistischen Chemie durch Antoine Laurent de Lavoisier. Lavoisier konnte, auf Grundlage neuer Entdeckungen wie der Gase Sauerstoff, Stickstoff und Kohlendioxid zeigen, dass die Phlogistontheorie falsch ist.

4.2 Berliner-Blau-Produktion und -Verwendung in Großbritannien und Nordamerika

Wir haben aus den Briefen von Frisch an Leibniz gelernt, dass Berliner Blau schon 1710, nur vier Jahre nach seiner Erfindung, von Frisch aus Berlin nach England geliefert wurde. Nach den Veröffentlichungen der Herstellungsvorschrift durch Woodward und Brown begann dann offenbar ziemlich schnell die Produktion des Berliner Blaus in England, wie wir den Publikationen von Geoffroy dem Älteren von 1725 entnehmen können.

Leider sind bisher keine Informationen über die vermutlich sicher schon 1724 beginnende Produktion von Prussian Blue, wie das Berliner Blau in England hieß, bekannt geworden. Vielleicht wurde es zuerst von Apothekern produziert. John Brown, der Chemiker der Royal Society,

216 Geoffroy 1743.

der das John Woodward zugesandte Berliner-Blau-Rezept als Erster ausprobiert hatte, war ja im Hauptberuf auch Apotheker.

Die Behauptung von George Henry Hurst, ein gewisser Wilkinson wäre der erste Berliner-Blau-Fabrikant in England gewesen und hätte das Rezept weiter entwickelt,[217] ist, wie die ähnliche Behauptung bezüglich eines de Pierre in Frankreich durch Joseph Gauld Bearn,[218] nicht belegt und wahrscheinlich einfach falsch. Bearn schreibt das 1925, Hurst 1892. Originalquellen oder auch nur Sekundärquellen, die das belegen könnten, fehlen bei ihnen komplett.

Erst aus dem Jahr 1747 erfahren wir dann tatsächlich etwas über die englische Berliner-Blau-Industrie, und zwar aus einem Buch über das Geschäftsleben in London. Demnach wurde dieses Pigment in London hauptsächlich im Stadtteil Southwark hergestellt. Southwark ist der Londoner Bezirk, der gegenüber der City of London am anderen Themseufer liegt. Es wird ausgesagt, dass es sich um ein „abscheulich stinkendes Geschäft" handelte und dass man damit, weil die Herstellungsart für Prussian Blue bekannt war, nicht viel verdienen konnte. Die Berliner-Blau-Hersteller würden keine Lehrlinge ausbilden und nur einfache Arbeiter beschäftigen, die die Drecksarbeit machen müssten.[219]

Es gibt aus England noch eine zweite mit Vorsicht zu genießende Geschichte über die sehr frühe Herstellung von Berliner Blau: So wird berichtet, ein deutscher Jude habe schon kurz nach 1700 in Gateshead in der Nähe des nordenglisches Newcastle am Tyne eine Fabrikation von Berliner Blau aufgebaut. Diese wäre etwas später den Tyne flussaufwärts nach Corbridge verlagert und von einem gewissen Atkinson geleitet worden. Die Berliner-Blau-Produktion in Corbridge wäre aber ein ökonomischer Fehlschlag gewesen und von einem gewissen, in der Chemie erfahrenen Thomas Simpson erworben und in Elswick nahe Newcastle dann, diesmal erfolgreich, weitergeführt worden. Nachdem Simpson 1758 gestorben war, habe dann Thomas Bramwell die Produktion übernommen.[220] Diese Bramwellsche Berliner-Blau-Produktion in Heworth am

217 Hurst 1892, 200.

218 Bearn 1925, 85–93.

219 Campbell 1747, 106.

220 Russell 2000, 122.

Tyne gegenüber Newcastle gelegen, und das ist dann tatsächlich belegt, ist um 1800 der bedeutendste Berliner-Blau-Produzent in Großbritannien.

Aber nicht nur in England selbst wurde Berliner Blau verwendet, sondern auch in den englischen Kolonien. Wie es eigentlich auch zu erwarten ist, hat man die Verwendung von Berliner Blau in Nordamerika für die Zeit vor 1750 nachweisen können. So fanden Experten Berliner Blau in Bemalungen der Halterungen zum Aufhängen von Messingleuchtern in der Old North Church in Boston von 1732[221] und an Fensterrahmen der berühmten Long Gallery in der Independence Hall in Philadelphia, ebenfalls aus den frühen 1730er Jahren, also aus einer Zeit, in der das Gebiet noch Britisch-Nordamerika war.[222] Natürlich trug die heutige Independence Hall in dieser Zeit gemäß ihrer damaligen Funktion noch einen ganz anderen Namen. Es war das State House der britischen Kolonie Pennsylvania, in dem erst 1776 die Unabhängigkeitserklärung der Vereinigten Staaten von Amerika unterzeichnet wurde. Aus weiteren Forschungen ergab sich, dass praktisch der gesamte Raum der Long Gallery im Original blau bemalt war, und zwar mit Berliner Blau, Prussian Blue. Ab wann das Berliner Blau schließlich auch in Nordamerika produziert wurde, konnte noch nicht ermittelt werden.

Aber wahrscheinlich wurde es vor 1750 noch aus England importiert. Das kann man zum Beispiel anhand von Bestellungen des schottischen Malers und Farbenhändlers John Smibert (1688 – 1751) ableiten, der 1728 nach Boston, Massachusetts in Britisch-Nordamerika übersiedelte und bei seinem englischen Agenten Arthur Pond in London des Öfteren Berliner Blau bestellte, so zum Beispiel im März 1745 3 Pfund dunkles Berliner Blau für 18 oder 20 Shilling pro Pfund.[223]

Einen prominenten nordamerikanischen Freund des Berliner Blaus wollen wir noch nennen: George Washington (1732 – 1799), den ersten Präsidenten der aus Britisch-Nordamerika hervorgegangenen Vereinigten Staaten von Amerika (USA). Bei der malermäßigen Umgestaltung seines Landsitzes Mount Vernon in Virginia, unweit der Hauptstadt Washington, D. C. gelegen, wurden ab 1785 mehrere Räume, darunter der

221 Batcheler 1981, 193 – 194.

222 Welsh 1988.

223 Whitley 1928, 62 – 66.

westliche Salon und das Schlafzimmer, mit Berliner Blau gestrichen.[224] Nachdem diese Wandgestaltung zwischenzeitlich übermalt worden war, wurde sie in den letzten Jahren wieder in den Zustand zur Zeit von Martha und George Washington zurückversetzt.

Im Gegensatz zu Nordamerika taucht Berliner Blau in Mittel- und Südamerika erst einige Jahrzehnte später auf. Sicher ist die Verwendung dieses Pigmentes in der Malerei dieser damals zum größten Teil zu Spanien oder Portugal gehörenden Länder erst nach 1770.[225] Das wäre also etwa 50 Jahre nach der beginnenden Nutzung von Berliner Blau im Norden des Doppelkontinents.

Allerdings gibt es auch noch nicht gänzlich gesicherte Hinweise darauf, dass Berliner Blau bei der Herstellung der berühmten Engel von Calamarca eines unbekannten Künstlers verwendet wurde. Diese ganz ungewöhnlichen Barockgemälde, die eine Verbindung von europäischer Malkunst mit lokalen, südamerikanischen Traditionen der Farb- und Motivauswahl darstellen, befinden sich in der Kirche von Calamarca im heutigen Bolivien. Aber Kunsthistoriker sind sich zur Zeit weder über die Verwendung von Berliner Blau noch über die Datierung der Kunstwerke einig, die zwischen 1680, also zu früh für Berliner Blau, und vor 1750 schwankt.

4.3 Die Blaue Epoche in Europa

Welchen großen Einfluss die auf einmal europaweit mögliche Produktion eines preisgünstigen blauen Pigmentes auf die Kunst hatte, zeigt die berühmte sogenannte Blaue Epoche,[226] die ihre Hochphase im Rokoko zwischen 1730 und 1765 erlebte. In dieser Zeit breitete sich die Verwendung von Blau als monochrome Farbe für Bilderwerke, Drucke, Wandmalereien, Tapeten, Fayencefließen, Porzellangegenstände und vieles andere mehr beginnend von England, Frankreich und den Niederlanden über Deutschland, die Schweiz, die iberische Halbinsel und Italien aus, wobei sich der süddeutsche Raum zur eigentlichen Kernregion der Blauen Epoche mauserte. Natürlich war nicht nur das Berliner Blau farb-

224 Moss 1994, 114–119.

225 Seldes et al. 1999.

226 Reitinger 2016.

Abb. 59: Inneres der Pagodenburg im Schlosspark Nymphenburg in München

gebendes Material für die Blaue Epoche, sondern es wurde auch Indigo für die Blaudrucke auf Textilien und Kobaltblau für die Fayencen und das Porzellan verwendet und auch das Ultramarin behielt seinen Stellenwert. In dem genannten Zeitraum waren monochrom blaue Kunstwerke so weit verbreitet, dass man auch von Zyanophilie sprach.[227]

4.4 Berliner Blau in China

Zur Zeit der Erfindung des Berliner Blaus Anfang des 18. Jahrhunderts herrschte in China Kangxi (1654 – 1722), der zweite Kaiser der Mandschu- oder Qing-Dynastie. Die Mandschu-Kaiser sollten China noch bis zum Ende der Kaiserzeit im Jahr 1911 regieren. Der Außenhandel Chinas war im 18. und bis Mitte des 19. Jahrhunderts starken Restriktionen unterworfen. Nur über wenige Häfen wurde ein unter strenger Aufsicht stehender Handel zugelassen. Unter Kangxis Enkel Kaiser Qianlong (1711 – 1799), der ab 1735 regierte, wurden die Beschränkungen noch einmal verschärft. In der Zeit von 1757 bis 1842 gab es nur noch einen einzigen chinesischen Hafen, in welchem Ausländer – das heißt, in der Regel waren das Europäer –, Handel treiben durften. Das war Kanton in Südchina, welches heute Guangzhou genannt wird. Dort gab es ein klei-

227 Ebd., 101.

nes Areal, in welchem die europäischen Handelspartner ihre Handelsniederlassungen errichteten. Im Wesentlichen wurde der Handel, der in dieser Zeit in Kanton auch nur im Winterhalbjahr von Oktober bis März erlaubt war, von der britischen Ostindien-Kompanie (British East India Company) abgewickelt.

Es gab verschiedene Gründe für die chinesische Haltung zum Außenhandel. So sah man das negative Beispiel Indiens, welches sich dem europäischen Handel geöffnet hatte und zunehmend direkt oder zumindest indirekt unter britische Herrschaft gelangte, während die großen indischen Staaten, wie das Mogulreich im Niedergang waren. Ein solches Schicksal wollte China nicht erleiden. Es gab aber auch nicht viele Produkte aus Europa, an denen die Chinesen interessiert waren. Doch unser Berliner Blau gehörte dazu.

Bereits 1775 wurde Berliner Blau als Handelsgut der East India Company für Kanton registriert.[228] Der Handel mit diesem Blaupigment nahm zu und im frühen 19. Jahrhundert bis etwa 1820/25 war Berliner Blau ein bedeutender Handelsartikel zwischen England und China. Englische Quelle sagen sogar aus, dass es für sie überraschend war, in welch großen Mengen die Chinesen Berliner Blau importierten.

Aber wozu verwendeten die Chinesen das Berliner Blau? Nutzten sie es als Pigment für die Malerei oder doch zu anderen Zwecken? Bis heute ist es jedenfalls so, dass noch keine chinesischen Kunstwerke aus dem späten 18. und frühen 19. Jahrhundert identifiziert werden konnten, bei deren Herstellung Berliner Blau verwendet wurde. Das Berliner Blau wurde nämlich für ganz andere Zwecke eingesetzt, und zwar um für den Export nach Europa und Nordamerika bestimmten grünen Tee wirklich grün zu färben.

Das war in Europa bei Analysen von grünem Tee bereits aufgefallen. So erschien 1851 in der renommierten medizinischen Fachzeitschrift „The Lancet“ aus London ein Bericht über die Untersuchung von insgesamt 33 Proben von grünem Tee. Davon stammten 30 Proben aus China, zwei aus Britisch-Indien und eine von der indonesischen Insel Java, die damals eine holländische Kolonie war. Das Untersuchungsergebnis war alarmierend. Während die drei Proben aus Indien beziehungsweise von der

228 Bailey 2012.

Insel Java nicht gefärbt waren, fand man bei allen 30 Proben aus China eine künstliche Färbung des Produkte. Dabei wurde als Blaupigment in 28 Fällen Berliner Blau und in zwei Fällen Indigo identifiziert! Siebzehn Proben enthielten neben einem Blaupigment noch gelbes Kurkuma.[229]

1852 machte sich ein englischer Forschungsreisender, Robert Fortune (1812 – 1880), auf den Weg nach China, um dem an Ort und Stelle nachzugehen. Über seine Erlebnisse veröffentlichte er ein Buch mit dem Titel „Journey to the Tea Countries of China Including Sung-Lo and the Bohea Hills". Dort beschreibt er auch im Detail die Verfälschung von Tee durch Zugabe eines feinen Pulvers bestehend aus Berliner Blau und weißem Gips und zum Teil auch gelbem Kurkuma, um dem Produkt eben eine wirklich schöne grüne Farbe zu verleihen[230]. Wahrscheinlich ist es so, dass die eher bräunlichen Teeblätter zusammen mit dem Blau des Pigments grün ergeben. Wenn das nicht ganz hinkam, gab man noch etwas gelbes Kurkuma hinzu, um die gewünschte grüne Farbe zu erhalten.

Fortune erfuhr von seinen Gesprächspartnern auch, dass ein Chinese niemals einen solchen Tee trinken würde, sondern dass der ausschließlich für den Export bestimmt sei. Die Engländer würden lieber solchen künstlich gefärbten grünen Tee kaufen als ungefärbten und auch einen höheren Preis für den gefärbten Tee bezahlen. Fortune schätzte ab, dass auf einhundert Pfund Tee etwa ein halbes Pfund Farbpigment kommen würde, also etwa 0,5 Masseprozent.

Nun hatte man also die Ursache des hohen Bedarfs an Berliner Blau in China gefunden. Als man dem auf die Spur gekommen war, kaufte China allerdings schon länger kein Berliner Blau mehr von den europäischen Händlern. Was war passiert?

Um das Jahr 1820 herum hatte sich ein Chinese aus Kanton nach England aufgemacht, um die Berliner-Blau-Herstellung zu erlernen. Er hatte wahrscheinlich als Seemann auf einem Schiff der British East India Company angeheuert, war in London von Bord gegangen und soll dann in England eine Zeit lang in einem Herstellungsbetrieb für Berliner Blau gearbeitet haben. Er kehrte danach nach Kanton zurück und baute dort nahe des nördlichen Stadttores, also möglichst weit von der europäischen

229 The Analytical Sanitary Commission 1851.
230 Fortune 1852, 92 – 95.

Handelsniederlassung entfernt, eine Berliner-Blau-Fabrik auf.[231] Um 1842 herum war der erste Berliner-Blau-Herstellungsbetrieb in Kanton aber bereits wieder eingegangen, vielleicht weil sich schnell eine starke Konkurrenz in China entwickelt hatte. Wie auch immer, innerhalb weniger Jahre konnte der chinesische Bedarf an Berliner Blau, der ja, wie wir gesehen hatten, zum Teil in die Verfälschung von Lebensmitteln ging, von chinesischen Produzenten ganz allein gedeckt werden. Und nicht nur das. Chinesische Händler begannen den Europäern beim Handelsprodukt Berliner Blau auch in Japan Konkurrenz machen, wie wir gleich sehen werden.

4.5 Berliner Blau in Japan

Berliner Blau gelangte wahrscheinlich etwa zehn bis fünfzehn Jahre früher nach Japan als nach China. Erstmals wurde Berliner Blau in Japan nämlich nachweislich etwa 1765 – 1766 von dem japanischen „Hühner-Maler" Jakuchu Ito (1716 – 1800) für einen von 18 Fischen auf einem Fischbild in seiner berühmten 30-teiligen Bilderfolge „Farbige Bilder von Tieren und Pflanzen" verwendet.[232] Dieser Fisch ist auch wirklich richtig dunkelblau.

Das ist die bisher früheste bekannte Verwendung von Berliner Blau in Ostasien. Aber schon 1763 wurde in einem Buch von Hiraga Gennai (1728 – 1780) erstmals über diese neue blaue Farbe berichtet[233]. Überhaupt taucht die Farbe Blau in Japan ganz allgemein, also auch durch Indigo oder Azurit erzeugt, erst 1760 zum ersten Mal auf. Vorher wurden eigentlich blau darzustellende Flächenteile auf Bildern, wie Wasser oder der Himmel, meist weiß gelassen. Man kann also davon ausgehen, dass etwa ab 1760 Berliner Blau aus Europa nach Japan verschifft wurde. In dieser Zeit war Japan ähnlich isoliert wie China. Daher lief der gesamte japanische Außenhandel mit Europa nur noch über die kleine japanische Halbinsel Deshima bei Nagasaki und dort stationierte niederländische Kaufleute der Vereinigten Ostindischen Companie (VOC) ab. Das betraf das gesamte Zeitalter der Abschließung Japans von etwa 1640 bis 1854,

231 Bailey 2012.

232 Lippit 2012, 112 – 115.

233 Screech 2000, 203 f.

Abb. 60: Ein mit Berliner Blau gemalter Fisch auf einem Fischbild von Jakuchu Ito

als die Öffnung Japans für den westlichen Handel durch US-amerikanische Kriegsschiffe erzwungen wurde. Auf jeden Fall muss man davon ausgehen, dass das Berliner Blau von 1760 an erst einmal über diese holländische Schiene nach Japan gelangte.

Hiraga Gennai, der vielseitige japanische Gelehrte, Schriftsteller und Maler, der das Berliner Blau im japanischen Schrifttum erstmals erwähnte, stand in engem Kontakt mit verschiedenen Holländern der kleinen Handelsniederlassung der VOC, darunter auch mit deren zeitweiligem Leiter Jan Crans. Gennai war in Japan als großer Freund der Europäer bekannt, was damals aber nicht unbedingt als positiv angesehen wurde, ganz im Gegenteil. Gennai wurde wegen eines vermeintlichen Mordes verhaftet und 1780 im Gefängnis heimlich vergiftet.

Blau wird im Japanischen normalerweise „ao" genannt, ein sehr dunkles Blau aber nach der Bezeichnung für Indigo „ai". Das Berliner Blau ist

Abb. 61: Die große Welle vor Kanagawa
von Katsushika Hokusai, entstanden zwischen 1829 und 1833

ja ziemlich dunkel, heiß also „Bero-Ai“, was wir mit Berliner Blau übersetzen können. Ähnlich wie bei der blauen Epoche im europäischen Rokoko führte die Verfügbarkeit von blauen Farbpigmenten, darunter des Berliner Blaus, zu einer neuen Epoche in der japanischen Druckgrafik. Kunsthistoriker sprechen sogar von einer blauen Revolution auf diesem Gebiet[234]. Diese begann, nachdem das Berliner Blau ab etwa 1820 kostengünstiger und in größerer Menge nach Japan gelangte. Sogenannte Aizuri-e, also Druckgrafiken, die praktisch ausschließlich unter Verwendung der Farbe Blau angefertigt wurden, waren auf einmal sehr populär. Einer der ersten, der diese neue Technik um 1830 herum einzusetzen begann, war Katsushika Hokusai (1760 – 1849). Sein Meisterwerk, „Die große Welle vor Kanagawa“, wird von Berliner Blau dominiert. Dieses Bild gilt als das vielleicht meistkopierte Kunstwerk der Welt.

Der Preisverfall für Berliner Blau ab 1820 war begleitet von einem starken Anstieg der importierten Mengen, nachdem ab 1824 neben den

234 Smith 2005.

Holländern nun auch die Chinesen damit begannen, Berliner Blau nach Japan zu liefern. Die chinesischen Kaufleute überholten die Holländer dann rasch und sie verkauften zum Beispiel schon 1828 etwa zehnmal so viel Berliner Blau in Japan als die Holländer, die dann konsequenterweise erst einmal aus dem Geschäft ausstiegen und den Markt den Chinesen überließen. Die beginnende Einfuhr von chinesischem Berliner Blau überlappt gut mit der Mitte der 1820er Jahre beginnenden Produktion von Berliner Blau im südchinesischen Kanton.

4.6 Berliner-Blau-Produzenten in Berlin

Nachdem wir uns in der Welt umgesehen und dabei die Ausbreitung des Berliner Blaus beobachtet haben, kommen wir noch einmal kurz nach Berlin zurück. Wer nach Frisch und von Diesbach in Berlin, dem Schauplatz der Erfindung, dieses Blaupigment, herstellt, ist nicht bekannt. Vermutlich war es aber ein Produkt der Apotheker, die es in ihren damals meist recht gut ausgestatteten Apothekerlabors in kleinen Mengen herstellten.

Erst 53 Jahre, nachdem die Nachrichten Frischs an Leibniz enden und 45 Jahre nach dem allgemeinen Bekanntwerden des Herstellungsrezeptes erfahren wir wieder etwas Konkretes über die Berliner-Blau-Herstellung in Berlin. Friedrich Nicolai (1733–1811) schreibt nämlich in seiner „Beschreibung der Königlichen Residenzstädte Berlin und Potsdam“ 1769:

> „Das Berlinerblau, wird an verschiedenen Orten gemacht, insbesondere von dem Apotheker Fabricius auf dem Werder im Einhorne“[235]

und in der dritten Auflage dieses Werkes 1786 heißt es, dass Berliner Blau vom

> „Polizeydiener Brant auf dem neuen Markte und von mehrern, besonders vorzüglich aber, in der Apotheke der Drescherlingschen Erben auf dem Werder in der Kurstrasse,[236] vom Farbenfabrikanten Jakob Warlé in der Kronenstrasse in des Perückenmachers Lehmanns Hause“

235 Nicolai 1769, 326.

236 Das ist die 1658 begründete Einhorn-Apotheke auf dem Friedrichswerder. Sie ging von Christian Fabricius auf Drescherling und später dessen Erben über. Siehe Gelder 1925.

fabriziert wird.[237] 1786 werden also im Gegensatz zu 1769 dann schon Fabrikanten neben Apothekern als Hersteller genannt, was als Zeichen der zunehmenden größervolumigen Herstellung zu deuten ist.

4.7 Berliner Blau in Afrika

Die Verwendung von Berliner Blau in Afrika konnte für das 18. Jahrhundert bisher nicht nachgewiesen werden. Der früheste mir bekannte Nachweis für Berliner Blau in Afrika ist die Verwendung dieses Pigmentes in kirchlichen Malereien in Äthiopien in der Zeit nach 1850,[238] also doch recht spät. Es wurde dabei bei den verwandten Blaupigmenten immer eine Mischung mehrerer Pigmente gefunden, von Ultramarin und Berliner Blau, zum Teil auch noch zusätzlich mit Indigo vermischt. Diese Mischungen sollen denen des typischen Waschblaus dieser Zeit entsprechen, weshalb die Forscher annehmen, dass Waschblau als Handelsware nach Äthiopien gelangte und dort als Pigment für die Malerei und für Buchillustrationen eingesetzt wurde. Man nannte dieses leuchtende Blau auch Menelik-Blau,[239] wahrscheinlich nach dem äthiopischen Kaiser Menelik II.

Es war im 19. Jahrhundert offenbar auch weltweit gesehen nicht ungewöhnlich, dass in verschiedenen indigenen Kulturen das offenbar viel leichter zugängliche Waschblau anstatt eines in entwickelten Ländern oder Kulturen kommerziell als Pigment gehandelten Materials als Pigmentgrundlage für die Farbe Blau diente. Denn genau das wurde nicht nur für Äthiopien, sondern auch für das Volk der Naskapi im kanadischen Quebec[240] und für verschiedene ozeanische Kulturen gefunden.[241]

237 Nicolai 1786, 542.

238 Marx 2001.

239 McEwan 2013, 97 f.

240 Moffatt et al. 1997.

241 Barton/Weik 1998, 320 – 323.

5 DIE ENTWICKLUNG DER PRODUKTIONSTECHNOLOGIE UND WEITERER ANWENDUNGS-FELDER FÜR BERLINER BLAU

Wir haben gelernt, dass die erste Berliner-Blau-Herstellung aus einer eigentlich misslungenen Produktion eines roten Florentiner Lackes erfolgte. Die dazu nötige Cochenille wurde dann vermutlich noch knapp 20 Jahre bei der frühen Berliner-Blau-Herstellung eingesetzt, bis man darauf kam, dass das Cochenillerot dafür gar nicht notwendig ist. Eine weitere Verbesserung war durch die Erkenntnis gegeben, dass nicht nur Blut sondern auch viele andere tierische Produkte zur Berliner-Blau-Herstellung verwendbar sind. Insbesondere die Nutzung von sonst nicht verwertbaren Abfällen war ein Schritt zu weiterer Absenkung des Preises dieses Produktes. Doch das war bei weitem noch nicht das Ende der Entwicklung, ganz im Gegenteil. Viele findige Köpfe arbeiteten an der Weiterentwicklung der Rezeptur und der Verbesserung der Produktionsmethoden. Auch immer neue Anwendungsfelder wurden für das Material erschlossen.

5.1 Das Erlanger Blau von Johann Friedrich Weißmann

Zu diesen findigen Köpfen gehörte auch der Arzt Johann Friedrich Weißmann (1678 – 1760) in Erlangen. Er war Stadtphysikus von Erlangen und eine Zeit lang Leibarzt in Bayreuth. 1739 veröffentlichte er eine neue

Alexander Kraft: Berliner Blau. Vom frühneuzeitlichen Pigment zum modernen Hightech-Material. © 2022 GNT-Verlag GmbH, Berlin, Germany. DOI: › <https://doi.org/10.47261/1519>.

Methode, Berliner Blau herzustellen.[242] Weißmann schreibt in dieser Publikation, dass er häufig über die Erfindung des Berliner Blaus nachdenkend, immer mit Eifer darauf hingearbeitet hätte, wie man dieses „Magisterium" aus anderen Ausgangsstoffen erhalten könnte. Daher habe er viele Experimente unternommen, aber immer erfolglos. Doch endlich sei ihm die Idee gekommen, das Blut durch Ofenruß zu ersetzen. Wenn er diesen Ofenruß mit gleichen Teilen Pottasche kalziniere und dann die daraus abgeleitete Lauge mit einer Mischung aus Vitriol- und Alaunauflösung vermische, ergebe sich eine schöne blaue Farbe, die er Coeruleum Erlangensis, also Erlanger Blau nannte.

Diese neue Produktionsvariante hatte aber letztendlich keine Vorteile gegenüber der klassischen Herstellung aus Blut oder tierischen Abfällen und konnte sich daher nicht durchsetzen. Aber so ist das mit Innovationen, nicht jede ist erfolgreich.

5.2 Pierre-Joseph Macquer und die Textilfärbung mit Berliner Blau

Pierre-Joseph Macquer (1718 – 1784)[243] war einer der wichtigsten französischen Chemiker im 18. Jahrhundert. Er ist insbesondere als Verfasser des ersten chemischen Wörterbuchs überhaupt, des „Dictionnaire de chymie", bekannt. Bei seinen vielfältigen chemisch-technologischen Forschungen hat er sich auch mit dem Berliner Blau beschäftigt. Und dazu kam er wie folgt: Für die Textilfärbung mit der Farbe Blau hatte sich Mitte des 18. Jahrhunderts die Verwendung von importiertem Indigo in Frankreich durchgesetzt. Die einheimische Indigoproduktion aus dem Färberwaid, das sogenannte Pastel, hatte nur noch geringe Bedeutung. Damit war das Land natürlich auch anfällig, wenn infolge von Konflikten eine Seeblockade Importe unmöglich machte. Um dem etwas entgegensetzen zu können, forschte man daran, andere blaue Färbemittel für Textilien zu finden.

1749 war es soweit, Macquer hatte eine Methode gefunden, Textilien mit dem Pigment Berliner Blau wie mit einem Farbstoff blau einzufärben. Bevor die neue Methode in einem öffentlichen Vortrag der Allge-

242 Weißmann 1740.

243 Lehman 2012, 307 – 333.

Abb. 62: Porträt des französischen Chemikers Pierre-Joseph Macquer (1718–1784)

meinheit oder zumindest der wissenschaftlichen Gemeinde in Frankreich vorgestellt wurde, verfasste Macquer ein entsprechendes Papier, welches in einem versiegelten Umschlag, einem sogenannten „pli cachéte" bei der Pariser Akademie der Wissenschaften hinterlegt wurde.[244] Das zeigte, dass er die Befürchtung hatte, nicht als Erfinder der neuen Methode anerkannt zu werden, vielleicht auch deshalb, weil er erfahren hatte, dass ein gewisser Abbé Ménon aus der Provinzstadt Angers intensiv an ähnlichen Fragestellungen arbeitete.

Im April 1749 trug Macquer seine Versuchsergebnisse auf einer Akademiesitzung vor, 1753 erschienen sie im Druck.[245] Wie hatte er es geschafft, mit Berliner Blau zu färben?

Macquer tauchte die zu färbenden Textilien abwechselnd in wässrige Lösungen von Eisensulfat und Blutlauge. Dadurch fiel das blaue Pigment auch innerhalb der Textilfasern aus und färbte das Gewebe dadurch ähnlich wie ein Farbstoff komplett durch und haftete nicht nur wie ein Pigment außen an den Fasern. Die im Inneren der Fasern befindlichen Pigmentkörnchen waren somit fest mit dem Träger verbunden. Macquer war sehr stolz auf das von ihm erfundene neue Verfahren, aber es konnte sich

244 Sarah Lowengard: Techniques and Innovations. Prussian Blue. In: Lowengard 2005, <http://www.gutenberg-e.org/lowengard/C_Chap32.html> (letzter Abruf am 27. Dezember 2018).

245 Macquer 1753.

nicht in der Praxis etablieren. Der Grund dafür war die mangelnde Stabilität des Berliner Blaus im alkalischen Milieu, das heißt unter basischen Bedingungen, denn selbst im nur leicht Alkalischen wird Berliner Blau zerstört. Es bildet sich festes Eisenoxid und gelöstes Hexacyanoferrat(II). Da Seifenlösungen leicht alkalisch sind, übersteht das Berliner Blau keine normale Wäsche, so dass es, entgegen anderslautender Berichte, nur sehr selten zum Färben von Textilien eingesetzt wurde.

Über diese Instabilität gegenüber Seifenwasser wurde schon sehr früh berichtet. So schreibt ein gewisser G. H. C. List aus Einbeck 1776 über Berliner Blau als Textilfärbemittel:

> „Diese Farbe wiedersteht der Wirkung der Luft und einer jeden Säure, durch das Abkochen mit Seife aber wird sie zerstört; sie wird also nur mit Nutzen bei solchen Zeugen gebraucht werden können, die keines Waschens bedürfen."[246]

Und Friedlieb Ferdinand Runge (1794 – 1864), Chefchemiker der Oranienburger Produktenfabrik nördlich von Berlin, in der auch Berliner Blau, unter anderem auch unter dem Handelsnamen Diesbacher Blau, hergestellt wurde, schrieb zu diesem Thema 1842:

> „Wäre es möglich eine Seife zu erfinden, die [...] das Cyanblau nicht entfärbte und doch so reinigte, wie die gewöhnliche, so wäre dies gewiß etwas recht Nützliches, und diese schöne Farbe würde eine noch viel allgemeinere Anwendung finden."[247]

Das Cyanblau ist natürlich das Berliner Blau. Runge bemerkt dann noch, dass bei Kattundruckerei aufgedrucktes sehr schönes Berliner Blau „nach der ersten oder zweiten Wäsche schon verschwunden ist und ein Rostgelb sich an seinem Platze befindet." Das Rostgelb ist das bei der Zerstörung des Berliner Blaus im alkalischen Milieu entstehende Eisenhydroxid. Trotzdem gibt es Berichte über die angeblich häufige Verwendung von Berliner Blau in der Textilfärberei. So sollen sogar die blauen Uniformen der preußischen Armee mit Berliner Blau gefärbt worden sein.[248] Das können wir wohl in den Bereich der Legenden verweisen.

246 List 1776.

247 Runge 1842, 243.

248 Eckstut 2013, 186 f.

Untersuchungen erhaltener historischer Textilien haben nur sehr selten Berliner Blau nachweisen können. So wurden vor kurzem aus dem 18. Jahrhundert stammende gefärbte Seidenobjekte der Stiftung Preußische Schlösser und Gärten Berlin-Brandenburg auf die verwendeten Färbemittel hin untersucht. Dabei wurde festgestellt, dass die blau gefärbte Seide ausschließlich mit Indigo gefärbt war, Berliner Blau fand dabei offensichtlich keine Verwendung.[249] Dabei wird Seide wahrscheinlich noch am ehesten mit Berliner Blau gefärbt worden sein, da sie ohnehin sehr vorsichtig gewaschen werden muss.

Also es erscheint klar, dass die Textilfärbung mit Berliner Blau aufgrund der damit verbundenen Nachteile nur selten zur Anwendung kam. Die bekannten blauen Uniformröcke der Preußischen Armee waren ganz normal mit Indigo eingefärbt,[250] entweder mit von Übersee importiertem oder mit Indigo, welcher aus dem deutschen Waidanbau vor allem aus dem Thüringer Raum stammte.[251]

5.3 Andreas Sigismund Marggraf und die Berliner-Blau-Reaktion zur Eisenanalytik

Einer der bekanntesten deutschen Chemiker des 18. Jahrhunderts war Andreas Sigismund Marggraf.[252] Er war 1709 in Berlin als Sohn des Inhabers der Bärenapotheke im Nikolaiviertel geboren worden. Nach einer sorgfältigen Ausbildung, die er im Apothekenlabor seiner Vaters begonnen hatte und die ihn zu Caspar Neumann in die Berliner Hofapotheke und auf seiner mehrjährigen Bildungsreise unter anderem auch in das Freiberger Labor des sächsischen Bergrates Johann Friedrich Henckel führte, kam er 1735 nach Berlin zurück. In den folgenden 17 Jahren verwaltete er die Apotheke seines Vaters und arbeitete intensiv als forschender Chemiker im Apothekenlabor. In seinem Briefwechsel mit Johann Friedrich Henckel findet sich auch ein Rezept zur Bereitung des Berliner Blaus unter dem Namen „Color coeruleus Berolinensis“,[253] welches aber

249 Bartoll 2015.
250 Herzfeld 1994.
251 Koch 1998, 19.
252 Kraft 2009 a.
253 Mineralogische 1794, 357.

Abb. 63: Büste von Andreas Sigismund Marggraf (1709 – 1782) im ehemaligen Zuckermuseum Berlin (Foto von 2008), Büste heute im Technikmuseum Berlin

im Grunde der von Woodward veröffentlichten Herstellungsmethode entspricht. Aber das Vorhandensein dieses Rezeptes zeigt, dass in der Marggrafschen Bärenapotheke wahrscheinlich Berliner Blau hergestellt und verkauft wurde.

Als Andreas Sigismund Marggraf eine neue effizientere Methode zur Herstellung von elementarem Phosphor aus Urin gefunden und diese 1743 auch veröffentlicht hatte, wurde er in Chemikerkreisen weithin bekannt. Sein späterer Ruhm basierte allerdings auf seinen erfolgreichen Versuchen, einheimische zuckerhaltige Pflanzen als Alternative zum Zuckerrohr zu finden. Im Jahr 1747 präsentierte er seine Ergebnisse, die zeigten, dass in der Runkelrübe ein ausreichend hoher Zuckergehalt vorliegt, um wirtschaftlich ausgewertet zu werden. Damit wurde er zum Begründer der Zuckerrübenindustrie.

Zwei Jahre später begann Marggraf die chemische Untersuchung verschiedener Brunnenwässer in und um Berlin sowie von Regen- und Schneewasser. Diese Wässer untersuchte er auch auf ihren Eisengehalt.[254] Zu diesem Zweck stellte sich Marggraf eine Blutlauge her. Die festen Rückstände, die er aus dem Eindampfen seiner Wasserproben gewonnen hatte, löste er mit Schwefelsäure auf und gab dann etwas Blutlauge hinzu. Bei Anwesenheit von Eisen kam es zur Ausfällung von Berliner Blau. Nachdem Marggraf diese Analysenmethode erfunden hatte, nutzte er sie auch, um den Eisengehalt in verschiedenen Feststoffen zu analy-

254 Marggraf 1751.

sieren. Dazu löste er die zu untersuchenden Substanzen, zum Beispiel Walfischzähne, Elfenbein, Korallen oder Eierschalen, soweit wie möglich mit Schwefelsäure auf und gab dann wiederum Blutlauge zu der Lösung. Ausfallendes Berliner Blau zeigte vorhandenes Eisen an. Dieser qualitative Nachweis für Eisen wird bis heute von Chemikern und Medizinern verwendet.

5.4 Waschblau

Waschblau kennt man in Europa heute kaum noch, doch bis vor etwa 60 Jahren war es ein ganz übliches bei der Textilreinigung eingesetztes Mittel. Es wurde beim Waschen von weißer Wäsche beim letzten Spülgang zugesetzt, um die bei der weißen Wäsche auftretende Gelbfärbung zu kompensieren. Üblicherweise konnten alle gängigen Blaupigmente für das Waschblau verwendet werden, das teure Ultramarin natürlich erst, nachdem man um 1830 einen industriellen Herstellungsprozess gefunden hatte. Ultramarin war danach meist Hauptkomponente des Waschblau, doch auch Berliner Blau findet man oft in größeren Anteilen im Waschblau enthalten.

Waschblau konnte in Flüssigform als Suspension, als Pulver, Tablette oder beschichtetes Papier eingesetzt werden. Oft wurden die Waschblau-Pigmente mit Stärke vermischt, so dass das Stärken der Wäsche mit dem Bläuen in einem Arbeitsgang erfolgen konnte. Die richtige Dosierung war natürlich wichtig, da sonst das Gelb überkompensiert werden konnte und die Wäsche blau wurde. Da das Waschblau erst im letzten Spülgang zugesetzt wurde, war auch die Gefahr, dass das darin eventuell enthaltene Berliner Blau durch die beim Waschen verwendete Seife zerstört werden könnte, erst einmal gering. Trotzdem wurde des Öfteren vor der Verwendung des Berliner Blaus als Waschblau gewarnt. So schreibt Julius Stinde (1841 – 1905) unter dem Pseudonym Wilhelmine Buchholz in seinem „Wasser und Seife, oder Allgemeines Wäschebuch“:

> „Wie schon vorhin bemerkt wurde, ist das berliner Blau zum Bläuen weißer Wäsche nicht empfehlenswerth, da dasselbe dem Zeug nach mehrmaliger Anwendung, einen gelben Grund ertheilt, der nur sehr schwierig ohne Nachteil für das Zeug zu entfernen ist“.[255]

255 Buchholz 1866, 171 – 174.

Seine Betrachtungen laufen darauf hinaus, dass das nach dem Bläuen auf der Wäsche befindliche Berliner Blau bei der nächsten Wäsche von der Seife angegriffen werden kann und sich Eisenoxid bildet. Vor dem Einsatz von Berliner Blau zum Bläuen von Wäsche wird auch anderer Stelle gewarnt. So wird berichtet, dass sich das

> „Berlinerblau, das sich im Zeuge fixirt, durch die ammoniakalischen Ausdünstungen des menschlichen Körpers, sowie durch das Alkali der später zum Waschen angewendeten Seife zersetzt wird, Eisenoxyd absetzt und der Wäsche einen fast unvertilgbaren gelben Stich ertheilt.“[256]

Wie dem auch sei, Berliner Blau wurde neben anderen Blaupigmenten jahrzehntelang zum Bläuen von Wäsche eingesetzt und wird es im Einzelfall auch heute noch, wie wir gleich sehen werden.

Im Großen und Ganzen wurde das Bläuen der Wäsche Mitte des 20. Jahrhunderts durch die Verwendung von sogenannten Weißmachern, also optischen Aufhellern, abgelöst. Das sind Substanzen, die UV-Licht absorbieren und und sichtbares Licht im blauen Bereich durch Fluoreszenz abgeben und damit einen Gelbstich der Textilien ausgleichen können. Während in Deutschland Waschblau, wie zum Beispiel das auf Ultramarin beruhende „Feinste Wäscheblau“ aus Schneeberg in Sachsen, nur noch eine Rarität und Liebhabersache ist, ist das in den USA ganz anders. Dort wird Waschblau noch in größerem Umfang beim Waschen eingesetzt, und die bedeutendste Marke, „Mrs. Stewart's Concentrated Liquid Bluing“ (MSB), setzt, man glaubt es kaum, komplett auf Berliner Blau!

Abb. 64: Eine Flasche von MSB, „Mrs. Stewart's Concentrated Liquid Bluing“ (2018), einem modernen Waschblau, welches ausschließlich Berliner Blau verwendet

256 Schwarz 1857, 308.

5.5 Aus Louis Steigenberger wird Lewis Berger

Ein größerer und eine Zeit lang recht bekannter Berliner-Blau-Produzent in Großbritannien war die Firma „Berger Paints". Sie wurde von einem deutschen Einwanderer namens Louis Steigenberger (1740 – 1814) gegründet.[257] Steigenberger kam 1760 mit seinem Bruder Johann von Frankfurt am Main nach London. Es wird berichtet, dass er in Deutschland eine neue, verbesserte Herstellungsvorschrift für Berliner Blau entwickelt hatte und, nachdem er in Deutschland damit nicht reüssieren konnte, mit dieser Vorschrift nun in England seinen geschäftlichen Erfolg suchte. Auf diese vermeintlich neue Herstellungsvorschrift werden wir im Folgenden kurz eingehen. Die Hackney Archives in London verwahren den Nachlass der nicht mehr existenten Firma „Berger Paints". Dort findet sich auch ein frühes Berliner-Blau-Rezept[258] in vier verschiedenen Varianten. Dabei könnte es sich um das verbesserte Geheimrezept des Louis Steigenberger handeln. Nach dieser Rezeptur „Process for making the best & finest sort of Prussian Blue with quick-lime" wird getrocknetes Ochsenblut mit Branntkalk, rotem Weinsteinsalz und Salpeter vermischt und in einem Tiegel vier Stunden geglüht. Die danach erhaltene schwarze Masse wird in Wasser geworfen und ausgelaugt. Die filtrierte Lauge wird mit einer Alaun- und einer Eisen(II)-sulfat-Lösung vermischt. Das dadurch erhaltene Prussian Blue soll alle auf andere Art hergestellte Berliner-Blau-Sorten in seiner Qualität weit übertreffen. So das alte Rezept in vier Ausführungsvarianten mit veränderten Mengenverhältnissen der gleichen Ausgangsstoffe unter den Archivalien der „Berger Paints". Interessant ist in diesem Zusammenhang noch, dass auf dem Rezeptblatt vermerkt ist, dass es aus der „history of the Royal Academy of Sciences at Paris" aus dem Jahr 1756 stammt. Demnach hätte Louis Steigenberger gar keine eigene neue Rezeptur erfunden, sondern die von Jean Hellot in der Histoire des Académie des Sciences für das Jahr 1756 veröffentlichte[259] verwendet. Jean Hellot hatte eine Versuchsserie durchgeführt, in der er

257 Berger 1910.

258 Receipes for making Prussian Blue (1756, 1833) artificial ultramarine (1828) the 'chinese manner of making the beautiful vermillion' (1813) and other receipes. Hackney Archives, London, ref. D/B/BER/1/3/10.

259 Hellot 1762.

Abb. 65: Porträt des Firmengründers der „Berger Paints", Lewis Berger, ehemals Louis Steigenberger

die Ausbeuten der alten bekannten Rezepte mit dem neuen Ansatz verglich. Der Unterschied zu den älteren Rezepturen, die wir schon besprochen haben, ist die Verwendung von Branntkalk CaO zusätzlich zu der Mischung von Weinstein und Salpeter. In den früheren Vorschriften wurde als Alkali entweder Pottasche verwendet, oder das Alkali wurde durch Verpuffung gleicher Mengen von Weinstein und Salpeter hergestellt.

Louis Steigenberger begann in East London als kleiner Pigmenthersteller, der sich langsam nach vorn arbeitete. Nach einigen Jahren in England änderte er seinen Namen in Lewis Berger, was für die Briten sicherlich leichter auszusprechen war. Seine Bezeichnung in den Anfangsjahren in London ist als „Lewis Berger, Blue Maker" überliefert. 1780 begann der Aufbau einer größeren Fabrik in Hackney, damals ein Vorort, heute ein Stadtteil von London. Die Farbenfabrik von Lewis Berger, die natürlich nicht nur Berliner Blau, sondern auch andere Pigmente herstellte, wurde sehr erfolgreich als Familienbetrieb der Bergers bis in die Urenkelgeneration fortgeführt. Auch als die „Berger Paints" 1879 in eine Limited Company umgewandelt wurde, war ein Nachkomme des Firmengründers weiterhin Geschäftsführer. Ab 1894 wurde die Firma dann von Managern geführt, die nicht mehr aus der Berger-Familie stammten. Schon 1904 schien das Unternehmen auf einmal am Ende und war übernahmereif. Walter H. Cottingham (1866–1930), ein führender Manager des US-amerikanischen Farbenproduzenten Sherwin-Williams kaufte die Firma und konnte sie auf die Erfolgsspur zurückbringen. Sie entwickelte sich dann in den nächsten Jahrzehnten zu einem weltweit agierenden Unternehmen, bis sie 1969 von der Hoechst AG aus Frankfurt am Main, der

Geburtsstadt des Firmengründers Louis Steigenberger, übernommen wurde. Die heute nicht mehr existierende Hoechst AG war damals der größte Chemiekonzern der Welt, verkaufte die Firma aber 1987 weiter. Nach mehreren Zwischenstationen gehören heute die früher „Berger Paints" zuzuordnenden Aktivitäten zur niederländischen AkzoNobel, dem heute größten Farbenproduzenten der Welt. Die Produktionsstätten in Hackney waren aber schon 1957 geschlossen worden. An diesem Standort erinnert heute nichts mehr an die frühere Berliner-Blau-Produktion.

5.6 Das gelbe Blutlaugensalz

Zwischen 1820 und 1826 wurde das gelbe Blutlaugensalz als Produkt in den Handel eingeführt.[260] Bis dahin, also über einhundert Jahre lang, wurde das durch das Zusammenschmelzen von Pottasche mit Blut oder später mit tierischen Abfallprodukten erhaltene Zwischenprodukt im kommerziellen Bereich direkt zum Berliner Blau umgesetzt. Erst in den 1820er Jahren trennte man in der Pigmentindustrie die Herstellung des gelben Blutlaugensalzes von der Berliner-Blau-Herstellung.

Der Weg bis zur Herstellung fester Kristalle von gelbem Blutlaugensalz, also von Kaliumhexacyanoferrat(II), war lang. Der erste Schritt nach der Erfindung des Berliner Blaus im Jahr 1706 wurde erst 1752 durch Pierre-Joseph Macquer gegangen. Wir haben ihn schon bei Versuchen, Berliner Blau zur Textilfärbung zu ertüchtigen, kennengelernt. Macquer löste Berliner Blau mit einer Lauge auf,[261] wobei festes Eisenoxid und Hexacyanoferrat(II) entstehen. Letzteres geht in Lösung. Damit stellte Macquer als Erster eine relativ reine Lösung von Kaliumhexacyanoferrat(II), $K_4[Fe(CN)_6]$, also von gelbem Blutlaugensalz her. Diese Lösung nannte man auch Berliner-Blau-Lauge. Die bisher bei der Calcinierung getrockneter tierischer Produkte mit Pottasche und nachfolgender Auslaugung mit Wasser gewonnene Lösung enthielt neben Hexacyanoferrat sicher auch immer viel Cyanid, vielleicht sogar im Überschuss. Macquer stellte zwar auch gesättigte Lösungen von gelbem Blutlaugensalz her, gewann das Blutlaugensalz aber noch nicht als Fest-

260 Fleck 1862, 7.
261 Macquer 1756.

Abb. 66: Gelbes Blutlaugensalz

stoff, obwohl er das Wasser aus der Lösung nur hätte Abdampfen müssen. Der Erste, der das gelbe Blutlaugensalz als Feststoff erwähnte, war 1773 der französische Chemiker und Mineraloge Balthazar Georges Sage (1740 – 1824),[262] der eine Macquersche Blutlaugensalzlösung eindampfte und schöne gelbe Kristalle erhielt. Er nannte die Substanz das „tierische Salz", Sel animal.

Wenn man gelbes Blutlaugensalz als Zwischenprodukt zur Berliner-Blau-Herstellung verwenden will, ist es natürlich wenig sinnvoll, erst Berliner Blau herzustellen und es dann wieder zu zerstören, um das gelbe Blutlaugensalz zu erhalten. Man sollte es nach dem ersten Herstellungsschritt, dem Calcinieren von tierischen Produkten mit Pottasche, und dem nachfolgenden Auslaugen mit Wasser schon isolieren. Damit man möglichst viel Blutlaugensalz erhält, muss dabei auch ausreichend Eisen vorhanden sein. Zu diesem Zweck verwendete man eiserne Gefäße (Tiegel) oder man gab Eisen in Form von Eisenfeil- oder Drehspänen hinzu. Letzteres ist natürlich die bessere Variante, denn wenn das Eisen für das Hexacyanoferrat aus dem Tiegel herausgelöst wird, kann dieser logischerweise nicht allzu oft verwendet werden.

Wahrscheinlich war Charles Macintosh (1766 – 1843), ein schottischer Erfinder und Chemiefabrikant der Erste, der das gelbe Blutlaugensalz industriell herstellte und im Großhandel verkaufte. Das wird jedenfalls in seiner von seinem Sohn George Macintosh verfassten Biografie berichtet.[263] Macintosh hatte 1808 neben seiner Alaunproduktion in Campsie nördlich von Glasgow zuerst eine Berliner-Blau-Fabrik errichtet und einige Jahre später auch mit der Produktion von gelbem Blutlaugensalz begonnen.

262 Sage 1773.
263 Macintosh 1847, 49.

Justus Liebig (1803 – 1873), einer der wenigen auch heute noch der Allgemeinheit recht bekannten deutschen Chemiker, hat selbst anekdotenhaft überliefert, wie er diesem schottischen Fabrikanten von Blutlaugensalz und Berliner Blau einmal geholfen hatte, seine Produktionsmethode wesentlich zu verbessern.[264] Er, Liebig, habe bei seinen Reisen durch Großbritannien auch die Blutlaugensalzherstellung des Herrn Macintosh besichtigt. In der entsprechenden Räumlichkeit herrschte ein ohrenbetäubender Lärm, weil die Schmelze aus Pottasche und tierischen Abfällen in den Eisenkesseln mit eisernen Rührern so gerührt wurde, dass die Rührer an der Kesselwand entlangschliffen. Macintosh hatte nämlich festgestellt, dass die Ausbeute umso besser war, je mehr kratzende Geräusche erklangen. Liebig empfahl ihm, das sein zu lassen und statt dessen Eisenspäne zuzusetzen.

Wie lief nun die industrielle Herstellung des gelben Blutlaugensalzes ab?[265] Der Fabrikant sammelte möglichst billige Abfälle auf tierischer Grundlage, die auch einen geringen Wassergehalt haben sollten. Zu diesen Abfällen gehörten neben Lederabfällen, also zum Beispiel alten Schuhen und wollenen Lumpen auch Hornspäne, Schlachtabfälle und Tierkadaver. Die Lagerung dieser Materialien war oft von einem üblen Verwesungsgeruch begleitet.

Diese tierischen Abfallprodukte wurden meist zuerst in gusseisernen Kesseln verkohlt. Typischerweise dauerte die Verkohlung einer Charge von 250 bis 300 kg etwa 12 bis 16 Stunden, gefolgt von einer Abkühlungszeit von 8 bis 12 Stunden. In einem zweiten Schritt wurde die produzierte tierische Kohle (Tierkohle), zum Beispiel 75 kg, zusammen mit 100 kg Pottasche in ebenfalls gusseisernen Pfannen oder in birnenförmigen Kesseln zur Rotglut erhitzt und geschmolzen. Wie erwähnt, wurde eine entsprechende Menge Eisen zugesetzt, Liebig empfahl 3 bis 4 Gewichtsprozente „Eisenfeile".[266] Diese Schmelze von etwa 100 bis 120 kg ließ man dann nach etwa 6 Stunden erkalten, zerschlug die Masse und gab sie in einen gusseisernen Auflösekessel. Dort wurde sie mit Wasser übergossen und längere Zeit gerührt und dabei bis zum Siedepunkt erhitzt. Die bei

264 Liebig 1865, 84.
265 Fleck 1862, 12 – 28.
266 Liebig 1841.

dieser Operation erhaltene Lauge gab man in Abdampfpfannen, um sie einzudampfen. Nach mehrfacher Wiederauflösung und erneuter Kristallisation sowie Filtration des dabei anfallenden Produktes erhält man das gelbe Blutlaugensalz, und zwar etwa 15 kg auf 100 kg Schmelze aus Pottasche und Tierkohle.

Ein Nebenprodukt Tierkohleherstellung war Ammoniak, eine weitere Quelle unangenehmer Gerüche bei der Blutlaugensalzherstellung. In aller Regel wurde der entstehende Ammoniak (NH_3) so gut es ging abgefangen und zu Salmiak (NH_4Cl) oder Hirschhornsalz (NH_4HCO_3) weiterverarbeitet, so dass die Fabrikation von Blutlaugensalz fast immer mit einer Salmiakfabrikation einherging.[267]

Wie wurde nun Berliner Blau aus dem gelben Blutlaugensalz hergestellt? Dazu wurden separate wässrige Lösungen von Eisen(II)-sulfat und dem gelben Blutlaugensalz Kaliumhexacyanoferrat(II) hergestellt. Es wurde dann unter Rühren und abwechselndem Eingießen kleiner Mengen der beiden Lösungen ausgefällt. Der erhaltene Niederschlag war aber noch nicht das Berliner Blau, sondern dessen weiße, reduzierte Form Eisen(II)-Hexacyanoferrat(II), auch Everitts Salz genannt, welches dann unter Verwendung von Salpetersäure zum Berliner Blau Eisen(III)-Hexacyanoferrat(II) oxidiert wurde. Das so erhaltene Berliner Blau wurde drei- bis viermal mit kaltem Wasser ausgewaschen, dann filtriert, zu Stücken ausgepresst und getrocknet.

Das so hergestellte reine Produkt wurde in Deutschland als „Pariser Blau" in den Handel gebracht. Wenn man dieses Pariser Blau mit weißen Feststoffen in Pulverform wie zum Beispiel mit Stärke, Gips, Ton, Barium- oder Bleisulfat streckte, wurde bei einem Blaupigmentgehalt von etwa 20 bis 50 % das Produkt mit dem Handelsnamen Berliner Blau erhalten. Bei einem Blaupigmentgehalt um nur noch rund 10 % sprach man im Handel von „Mineralblau".[268]

267 Andreas 2017.

268 Fleck 1862, 53 – 66.

5.7 Leopold Gmelin und das rote Blutlaugensalz

Neben dem gelben Blutlaugensalz Kaliumhexacyanoferrat(II) ($K_4[Fe(CN)_6]$) kennt man heute auch noch das rote Blutlaugensalz Kaliumhexacyanoferrat(III) ($K_3[Fe(CN)_6]$). Beide können zur Herstellung von Berliner Blau eingesetzt werden. Beim Zusammenschmelzen von verkohlten tierischen Produkten mit Pottasche und Eisenspänen herrschen stark reduzierende Bedingungen vor, so dass dabei immer nur das gelbe Blutlaugensalz entsteht. Um aus diesem das rote Blutlaugensalz herzustellen, benötigt man ein geeignetes Oxidationsmittel. Anfang des 19. Jahrhunderts stand den Chemikern mit dem Chlor ein solches zur Verfügung und es sollte nicht lange dauern, bis sich jemand fand, der die Reaktion von Chlor mit gelbem Blutlaugensalz untersuchte.

Leopold Gmelin (1788 - 1853),[269] Professor für Chemie an der Universität in Heidelberg, beschrieb 1822 diese Versuche, die zur Herstellung des roten Blutlaugensalzes führten.[270]

Gmelin leitete Chlorgas durch eine wässrige Lösung des gelben Blutlaugensalzes $K_4[Fe(CN)_6]$ und erhielt, nachdem er das Wasser abgeraucht und das erhaltene Produkt durch „oftmals wiederholtes Auflösen und Krystallisieren gereinigt" hatte, ein rotes salzartiges Produkt, das rote Blutlaugensalz $K_3[Fe(CN)_6]$. In der gleichen Veröffentlichung beschrieb Leopold Gmelin auch die Bildung von Berliner Blau bei der Zugabe einer wässrigen Lösung des neuen Blutlaugensalzes zu einer Lösung, welche zweiwertiges Eisen enthält. Diese Verbindung sollte einige

Abb. 67: Porträt des Chemikers Leopold Gmelin (1788 - 1853) um 1820, Gemälde von Jakob Schlesinger

269 Stumm 2012.
270 Gmelin 1822.

Abb. 68: Rotes Blutlaugensalz

Jahre später unter dem Namen Turnbulls Blue bekannt werden. Doch dazu gleich.

Kurz noch ein paar Worte zur Familie Gmelin. Sie war eine weitverzweigte südwestdeutsche Gelehrtenfamilie, die über mehrere Generationen unter anderem auch zahlreiche Apotheker und Chemiker hervorgebracht hat. Auch mit dem Berliner Blau hatte sich ein naher Verwandter von Leopold Gmelin schon einmal beschäftigt. Wir erinnern uns, ein gewisser Johann Konrad Gmelin, das war der Bruder des Großvaters von Leopold Gmelin, hatte in der ersten Hälfte des 18. Jahrhunderts vor dem allgemeinen Bekanntwerden der Herstellungsvorschrift zusammen mit dem Leipziger Apotheker Linck versucht, selbst Berliner Blau herzustellen, was ihnen aber damals nicht gelang.

Dass man rotes Blutlaugensalz nicht nur durch Oxidation des gelben Blutlaugensalzes mit einem Oxidationsmittel wie Chlor, sondern auch durch elektrochemische Oxidation an einer Anode herstellen kann, entdeckte der englische Arzt und Chemiker Alfred Smee (1818–1877) im Jahr 1840.[271] Als Stromquelle verwendete er die von ihm selbst entwickelte sogenannte „Smee'sche Batterie", die aus platiniertem Silber und amalgamiertem Zink als Elektroden und verdünnter Schwefelsäure als Elektrolyten bestand. Alfred Smees elektrolytisch hergestelltes Kaliumhexacyanoferrat(III) war wenige Jahre später die Grundlage für ein ganz neues Anwendungsgebiet für unser Berliner Blau, für die Cyanotypie.

271 Smee 1840.

5.8 John Turnbull und Turnbulls Blue

Mit Charles Macintosh hatten wir einen ersten bedeutenden schottischen Hersteller von Berliner Blau kennengelernt. Es gab jedoch noch einen zweiten, der wesentlich bekannter werden sollte, zwar nicht als Person, aber als Namensgeber für eine Berliner-Blau-Sorte, die man lange Zeit für eine andere Verbindung hielt: das Turnbulls Blue, benannt nach dem Fabrikanten John Turnbull (1765 – 1835).

Das Chemieunternehmen der Familie Turnbull wurde vom Vater des Namensgebers für Turnbulls Blue, der ebenfalls John Turnbull (1740 – 1817) hieß, um 1780 herum im Tal des Vale of Leven nordwestlich von Glasgow gegründet. Dieser John Turnbull Sr., ursprünglich ein Färber, gründete dort zuerst zusammen mit Robert Arthur († 1809) ein Unternehmen zum Bleichen von Wäsche. Später, in den 1790er Jahren, stiegen sie in das Geschäft der Herstellung von Chemikalien für die Färbeindustrie ein. Zu diesem Zweck wurde gemeinsam mit dem Chemiker William Ramsay († 1827) die Firma Arthur, Turnbull & Ramsay gegründet. Dieser William Ramsay ist im Übrigen der Großvaters des Chemienobelpreisträgers von 1904 und Entdeckers der Edelgase Argon, Krypton, Xenon, Neon und Helium, der ebenfalls William Ramsay (1852 – 1916) hieß.

Das Hauptgeschäft von Arthur, Turnbull & Ramsay, nach 1809 nur noch Turnbull & Ramsay, wurde die Herstellung von Holzessig und anderen Produkten der trockenen Destillation von Holz, wie Methanol und Holzkohle. In waldreichen Orten nordwestlich von Glasgow wurden mehrere solche Holzdestillationsfabriken errichtet. Das Hauptwerk des Unternehmens, welches später als Turnbull & Co. weitergeführt wurde, war die 1806 in Camlachie am East End von Glasgow eröffnete chemische Fabrik.

Hier wurde auch seit 1828 das Turnbulls Blue produziert.[272] Es wurde aber weniger als konkretes Produkt bekannt, sondern vielmehr als generische Bezeichnung für eine Verbindung, von der man annahm, sie wäre ein Eisen(II)-Hexacyanoferrat(III), da sie bei der Fällung von Eisen(II)-Salzen mit Lösungen von rotem Blutlaugensalz $K_3[Fe(CN)_6]$ entsteht.

272 Webster 1839, 418.

Berliner Blau, Eisen(III)-Hexacyanoferrat(II), entsteht nach dieser Theorie demgegenüber bei der Zugabe von Lösungen des gelben Blutlaugensalzes $K_4[Fe(CN)_6]$ zu Lösungen, welche dreiwertiges Eisen enthalten.

Die Voraussetzung der Herstellung von Turnbulls Blue war natürlich die Verfügbarkeit von rotem Blutlaugensalz, dessen Herstellung, wie wir schon gesehen haben, 1822 von Leopold Gmelin beschrieben wurde. In Deutschland wurde der Name Turnbulls Blue für diese Berliner-Blau-Variante eine Zeit lang abgelehnt und man versuchte auch, stattdessen den Namen Gmelins Blau zu etablieren. Aber das misslang gründlich. Auch in Deutschland setzte sich die Bezeichnung Turnbulls Blau durch. 1848 schreibt Leopold Gmelin in seinem Handbuch der organischen Chemie selbst dazu: "Wenn auch dieses Blau in England Turnbull's blue heisst, so kann ich doch nicht [...] Turnbull für seinen Entdecker halten."[273] Nein, das konnte er nicht, denn er war ja selbst der Entdecker.

Über 130 Jahre diskutierten Chemiker scharfsinnig und ausdauernd darüber, ob Berliner Blau, Eisen(III)-Hexacyanoferrat(II), und Turnbulls Blue, Eisen(II)-Hexacyanoferrat(III), zwei verschiedene oder doch die gleiche Verbindung seien. Man hatte es schon lange geahnt, aber 1963 wurde schließlich unter Verwendung der neuen Technik der Mössbauer-Spektroskopie endgültig festgestellt, dass Berliner Blau und Turnbulls Blue die gleiche Verbindung sind, und zwar Eisen(III)-Hexacyanoferrat(II).[274]

Nachdem das Chemieunternehmen der Turnbulls im 19. Jahrhundert erfolgreich gearbeitet hatte, begann nach 1900 der langsame Niedergang der Firma, da die Nachfrage nach ihrem Hauptprodukt Holzessig immer geringer wurde und es nicht gelang, eine alternative Produktschiene aufzubauen. Ein Werk nach dem anderen wurde geschlossen, zuletzt auch das Werk in Camlachie. 1968 wurde das Unternehmen endgültig abgewickelt.[275] Die Fabrikationsgebäude in Camlachie wurden abgerissen, so dass dort heute nichts mehr an die frühere Produktionsstätte des Turnbulls Blue erinnert. Turnbulls Blue selbst war wahrscheinlich auch nur für eine recht kurze Zeit ein Produkt der Turnbull Chemical Company.

273 Gmelin 1848, 348.

274 Duncan/Wigley 1963, 1120 – 1125.

275 Cumming 1968.

5.9 Sylvain Milori und Bleu Milori

Neben John Turnbull gibt es noch einen zweiten Berliner-Blau-Fabrikanten des 19. Jahrhunderts, dessen Name in eine vielfach verwendete synonyme Bezeichnung für Berliner Blau einging. Das war der französische Farbenfabrikant Sylvain Milori (1802 – 1880), nach dem das „Bleu Milori", zu deutsch „Miloriblau", benannt ist.[276] Wie kam es zu dieser Namensgebung?

Sylvain Milori stammte aus einem kleinen Weiler im Département Vienne in Westfrankreich. Um 1825 kam er als Farbenhändler nach Paris und beteiligte sich 1827 an einer Karminfabrik für Cochenillerot. Aus der Firma Lasne jeune wurde Lasne jeune et Milori. Schon 1828 gründete Milori aber auch eine eigene Fabrikation in dem damaligen kleinen Landstädtchen Montreuil östlich von Paris. Dort stellte er eine Vielzahl von Pigmenten in verschiedenen Handhabungsformen her. Offenbar hatten seine Produkte eine besonders hohe Qualität und waren daher sehr gefragt. Am bekanntesten waren sein Bleu Milori, also Miloriblau, sein Vert Milori (Milorigrün) und ein Chromgelbpigment. Das Milorigrün war eine Mischung aus Miloriblau und Chromgelb.

Aufgrund der hohen Produktqualität und sicher auch der geschickten Vermarktung wurde insbesondere das Bleu Milori weit über die Grenzen Frankreichs hinaus bekannt. Sylvain Milori übergab das Unternehmen schon 1853 an seinen Schwiegersohn Gustave Hardy (1826 – 1896), dem 1877 dessen Sohn Eugene Hardy (* 1853) nachfolgte. Nach dem Einstieg von dessen Schwiegersohn Georges Rémond hieß die Firma Hardy-Milori-Rémond & Cie. 1921 wurde sie in eine Aktiengesellschaft umgewandelt, die Couleurs Milori S. A., die dann nicht mehr von einem Familienmitglied, sondern von angestellten Managern geführt wurde. 1962 wurde die nun Société des Peintures Milori genannte Firma von der größeren Société des Peintures Astral-Celluco geschluckt, die dann selbst 1970 an die niederländische Akzo verkauft wurde. Das ist heute der niederländische Chemiekonzern AkzoNobel, der weltweit größte Hersteller von Farben und Lacken. In Montreuil erinnert allerdings heute nichts mehr an die früher dort ansässige Farbenfabrik Milori. Berliner Blau wird von AkzoNobel nicht mehr hergestellt.

---

276 Anon. 1957.

Société Anonyme
des
Couleurs Milori
Capital : 2.400.000 Francs
Anciens Établissements
E. HARDY-MILORI, G. RÉMOND & Cie
261. Rue de Paris, MONTREUIL-s/-BOIS (Seine)

Abb. 69: Kopf eines Briefbogens der Firma Couleurs Milori aus Montreuil-sous-Bois, 1920er Jahre

Die Bezeichnung Miloriblau war so werbewirksam, dass sie tatsächlich nicht nur von der Fa. Couleurs Milori, sondern auch von anderen Unternehmungen verwendet wurde. So hatte auch die Berliner Kali Chemie AG, in der die Chemische Fabrik Kunheim aufgegangen war, ein Produkt mit dem Handelsnamen Miloriblau im Programm.

Zum Abschluss noch eine kleine Nebengeschichte: Die Mutter von Sylvain Milori, Louise Demarçay war die Schwester von Marc Jean Demarçay (1772 – 1839), einem General der französischen Armee während der Revolution und unter Napoleon. Ein Enkel dieses Generals war der Chemiker Eugène Anatole Demarçay (1852 – 1903), der 1901 das Element Europium entdeckt hat.[277]

5.10 Thomas Everitt und Everitts Salz

Im Abschnitt „Was ist Berliner Blau?“ hatten wir auch Eisen(II)-Hexacyanoferrat(II) kurz erwähnt, die farblose, reduzierte Form des Berliner Blaus. Diese Verbindung nennt man gemeinhin Berliner Weiß oder auch Everitts Salz. In diesem Abschnitt werden wir kurz besprechen, warum man sie Everitts Salz nennt und wer der entsprechende Namensgeber war.

Erstmals wurde das weiße Everitts Salz 1794 von Joseph Louis Proust (1754 – 1826) ausführlich beschrieben. Proust war ein französischer Chemiker, der hauptsächlich im Nachbarland Spanien aktiv war.[278] Er ist

277 Demarçay 1901.

278 Wisniak 2012.

besonders für seine Formulierung des Gesetzes der konstanten Proportionen bekannt, welches aussagt, dass in konkreten chemischen Verbindungen die chemischen Elemente, aus denen diese Verbindung besteht, immer im gleichen Massenverhältnis zueinander vorhanden sind.

Proust hatte unter weitgehendem Sauerstoffausschluss zu einer Lösung von Eisen(II)-sulfat eine gesättigte Lösung des gelben Blutlaugensalzes gegeben, also in beiden Verbindungen war das Eisen zweiwertig. Dabei fiel eine weiße Verbindung aus, welche er Prussiate Blanc, zu deutsch: weißes Prussiat, nannte.[279] Bei Kontakt mit Luftsauerstoff bildete sich aus dem Prussiate Blanc Berliner Blau. Proust gelang es auch, sein Prussiate Blanc direkt aus Berliner Blau herzustellen, indem er dieses mit Schwefelwasserstoff H_2S reduzierte. Dieses weiße Prussiat von Proust ist die Verbindung, die man heute Berliner Weiß oder Everitts Salz nennt, benannt nach dem englischen Chemiker Thomas Everitt (1805 – 1845),[280] der allerdings noch nicht einmal geboren war, als Proust seine Versuchsergebnisse veröffentlicht hat. Trotzdem wurde die Verbindung nach ihm benannt und nicht nach Joseph Louis Proust.

Die Publikation, die dazu führte, dass der Name für Berliner Weiß eigentlich irreführend vergeben wurde, erschien 1835.[281] Thomas Everitt berichtete darin über eine Methode, Blausäure HCN für medizinische Zwecke in genau definierter Konzentration reproduzierbar herzustellen. In seiner Zeit war es nämlich üblich, die hochgiftige Blausäure in niedrigsten Konzentrationen als Medikament einzusetzen. Everitts sichere Methode zur Herstellung bestand darin, eine wässrige Lösung von gelbem Blutlaugensalz und 20-prozentiger Schwefelsäure zu destillieren, wobei Blausäure und das dann merkwürdigerweise nach ihm benannte Everitts Salz entstehen.

Welche Bedeutung hat eigentlich Everitts Salz, welches ja bei Kontakt mit Luft gar nicht dauerhaft stabil ist, sondern zügig zu Berliner Blau oxidiert wird? Wir werden im Abschnitt „Berliner Blau als modernes Hightech-Material“ sehen, dass die Redoxreaktion zwischen dem ungefärbten Eisen(II)-Hexacyanoferrat(II), also Everitts Salz, und dem tiefblauen

279 Proust 1794.
280 Kraft 2014.
281 Everitt 1835.

Eisen(III)-Hexacyanoferrat(II), dem Berliner Blau, in verschiedenen modernen technischen Anwendungen von großer Bedeutung ist.

Aber noch etwas ist interessant an dieser Verbindung: Restauratoren und Kunsthistoriker versuchen schon länger die Ursache dafür zu finden, dass das Pigment Berliner Blau in manchen Gemälden mit der Zeit verblasst. Die Reduktion des Pigments zum ungefärbten Everitts Salz durch reduzierende Stoffe kann ein Grund dafür sein.[282] Reduzierende Stoffe können das bei der Ölmalerei verwendete Leinöl,[283] oder auch weiße Pigmente sein, die mit Berliner Blau in unterschiedlichen Verhältnissen gemischt werden, um unterschiedliche tiefe Blautöne realisieren zu können. Wenn der Sauerstoffzutritt aus der Luft zum Pigment gehemmt ist, kann die Rückoxidation zum Berliner Blau nur langsam oder gar nicht ablaufen und mit zunehmender Reduktion des Berliner Blaus verblasst dann die blaue Farbe immer mehr.

5.11 Tinte aus Berliner Blau

Tinten sind tief gefärbte Flüssigkeiten, die seit vielen Jahrhunderten zum Schreiben verwendet wurden. Heute nutzt man sie hauptsächlich in der Schule und für Tintenstrahldrucker. Zur Zeit der Erfindung des Berliner Blaus verwendete man vor allem die schwarze Eisengallustinte.[284] Die in Tinten eingesetzten Farbmittel sind im Wesentlichen Farbstoffe, zum Teil aber auch Pigmente.

Nach der Erfindung des Berliner Blaus versuchte man, auch aus diesem tiefblauen Pigment Tinten herzustellen. Das war aber nicht so einfach, denn wenn man das sogenannte „unlösliche" Berliner Blau einsetzt, setzt sich das Pigment schnell am Boden des Tintenfasses ab. Das „lösliche" Berliner Blau bleibt zwar lange fein verteilt im Wasser schwebend, bei Zusatz von anderen Substanzen zur Berliner-Blau-Suspension, bildet sich aber schnell das „unlösliche" Berliner Blau und die Pigmentteilchen sinken zu Boden.

1837 erhielten Henry Stephen und Ebenezer Nash aus England ein Patent für die Erfindung einer Tinte, welche sie durch die Behandlung

282 Kirby/Saunders 2004.

283 Samain et al. 2011.

284 Wunderlich 1994.

Abb. 70: Friedlieb Ferdinand Runge (1794 - 1864), seinen Kunstwein prüfend

von Berliner Blau mit Oxalsäure, damals oft auch Kleesäure genannt, hergestellt hatten.[285] Offenbar wird eine Berliner-Blau-Suspension durch Oxalsäure stabilisiert. Im „dritten Dutzend" seiner „Hauswirthschaftlichen Briefe" beschreibt Friedlieb Ferdinand Runge 1866, dass er auch eine solche Tinte, „Runge's blaue Königsdinte" aus Berliner Blau und Kleesäure hergestellt habe.[286]

Runge war von 1832 bis 1852 technischer Leiter der chemischen Produktenfabrik in Oranienburg.[287] Diese Fabrik, zu deren Hauptprodukten auch verschiedene Sorten Berliner Blau sowie gelbes Blutlaugensalz gehörten, befand sich in diesem Zeitraum im Oranienburger Hohenzollernschloss. Eine Berliner-Blau-Sorte hatte den Handelsnamen Diesbacher Blau, eine andere hieß Oranienburger Blau.

Runge berichtet konkret, dass der damalige preußische König Friedrich Wilhelm IV. (1795 - 1861) eine Berliner-Blau-Tinte aus England bezogen habe, mit dieser aber nicht zufrieden gewesen sei, da man vor Gebrauch immer das Tintenfass schütteln musste. Runge habe eine verbesserte Berliner-Blau-Tinte aus dem Diesbacher Blau der Oranienburger Fabrik und Oxalsäure entwickelt und diese dem preußischen König abgefüllt in geleerten Sektflaschen zugeschickt. Daraufhin habe er die

285 Anon. 1839.

286 Runge 1866, 19 f.

287 Rehberg 1993.

Abb. 71: Friedlieb Ferdinand Runges „Chemisches Wappen" besteht hauptsächlich aus Berliner Blau

Flaschen gefüllt mit Sekt zurückbekommen. Den Sekt musste er immer erst austrinken, bevor er die nächste Lieferung seiner Tinte an den König senden konnte.

Runge verwendete Berliner Blau nicht nur in seiner Königstinte, sondern es ist auch wichtiger Bestandteil vieler seiner sogenannten „Professorenkleckse" oder Runge-Bilder. Dazu tropfte er wässrige Lösungen verschiedener Chemikalien, darunter oft Eisensulfat und gelbes oder rotes Blutlaugensalz auf Filterpapier. Es entstanden meist formschöne, farbige, mehr oder weniger kreisförmige Strukturen, die er unter anderem in seinem Buch „Der Bildungstrieb der Stoffe" veröffentlichte.[288] Auch sein „chemisches Wappen" war ein solcher „Professorenklecks" mit Berliner Blau.

Aber Berliner Blau war nicht wirklich gut geeignet, um daraus Tinten herzustellen, da es bei Zugabe anderer Medien und in Kontakt zu den Materialien der Schreibfedern oft ausflockte und auch zur Korrosion der metallischen Federmaterialien führte.[289] Daher wurde es doch nur wenig zu diesem Zweck eingesetzt. Auch Runge hat später eine ganz andere blaue Tinte auf der Basis von Blauholzextrakten und Chromverbindungen entwickelt.[290]

288 Runge 1855.

289 Casey 1940.

290 Runge 1847, 206 f.

5.12 John Herschel und die Cyanotypie

Eine sehr interessante Variante der Fotografie und Vervielfältigungstechnik war die über 100 Jahre lang verwendete Cyanotypie,[291] die auf der gezielt gesteuerten lokalen Bildung von Berliner Blau beruht und zu den fotografischen Verfahren zählt. Sie wurde 1842 von dem englischen Astronom und Chemiker John Frederick William Herschel (1792 - 1871) erfunden.[292]

John Herschel war der Sohn eines, wie die englischen Könige George I. und George II. (1683 - 1760), ursprünglich aus Hannover stammenden britischen Musikers, Komponisten und Astronomen. Dieser Wilhelm oder William Herschel (1738 - 1822) hatte 1781 den Planeten Uranus entdeckt. John Herschel trat in die Fußstapfen seines Vaters und war im Hauptberuf ebenfalls Astronom, aber auch als Chemiker sehr aktiv und auch produktiv.

Abb. 72: Porträt von John Herschel 1835

Die Lichtempfindlichkeit von Silbersalzen war lange bekannt und ein jahrzehntelanger Forschungsgegenstand in Europa. Ziel der Forschung war die Nutzung dieser Eigenschaft, um Lichtbilder auf einem geeigneten Träger aufzunehmen und permanent zu speichern.

In den 1830er Jahren entwickelten der Franzose Louis Jacques Mandé Daguerre (1789 - 1851) und der Engländer William Henry Fox Talbot (1800 - 1877) in etwa gleichzeitig, aber unabhängig voneinander erste brauchbare fotografische Verfahren, welche auf der fotochemischen Bildung von Silber aus Silberionen beruhten.

John Herschel lieferte einerseits wichtige Beiträge zur Weiterentwicklung der Silberfotografie, andererseits testete er systematisch zahlreiche chemische Substanzen auf ihre Lichtempfindlichkeit, um alternative foto-

291 Ware 1999.

292 Herschel 1842.

Abb. 73: Cyanotypie „Lady with a harp" von John Herschel 1842

grafische Verfahren zu finden, die auf einer anderen als der Silberchemie basierten. Dabei entwickelte er die Cyanotypie.

Und das geschah so: 1842 bat Herschel den ihm gut bekannten Chemiker Alfred Smee, den wir im Abschnitt zum roten Blutlaugensalz schon kennengelernt hatten, um tief eingefärbte Salze und erhielt von Smee genau das rote Blutlaugensalz Kaliumhexacyanoferrat(III), welches er durch anodische Oxidation von gelbem Blutlaugensalz hergestellt hatte.

Dieses Substanz und ein weiteres Eisensalz, das Ammoniumeisen(III)-citrat, waren letztendlich die beiden Substanzen, die Herschel für die Cyanotypie einsetzte. Das entsprechende Trägerpapier wird bei diesem Verfahren mit den beiden dreiwertigen Eisensalzen getränkt und getrocknet. Bei Belichtung wird das dreiwertige Eisen des Ammoniumeisencitrats zum zweiwertigen Eisen reduziert und bildet dann unmittelbar mit dem dreiwertigen Hexacyanoferrat das Berliner Blau. Dort wo viel Licht hinkommt, entsteht viel Berliner Blau, dort wo kein Licht auftrifft, entsteht auch kein Blaupigment. Zur Fixierung des Bildes werden die nicht zum Berliner Blau umgesetzten Eisensalze in einem Wasserbad aus dem Papier ausgewaschen.

Mit der Cyanotypie stand ein zur Silberfotografie alternatives Verfahren zur Verfügung, welches blau eingefärbte Bilder lieferte. Es wurde aber nur von wenigen Fotografen tatsächlich verwendet. Eine solche Fotografin, Anna Atkins, lernen wir im nächsten Kapitel kennen.

Aber nach dem Tod von John Herschel erlebte seine schon fast in Vergessenheit geratene Fotografietechnik in Berliner Blau eine kaum zu glaubende Wiederauferstehung. Man begann die Cyanotypie zur Vervielfältigung von technischen Zeichnungen, Bauplänen und ähnlichem zu verwenden. Nachdem man die dafür nötigen Cyanotypiepapiere zuerst in den entsprechenden Architektur- oder sonstigen Planungsbüros noch

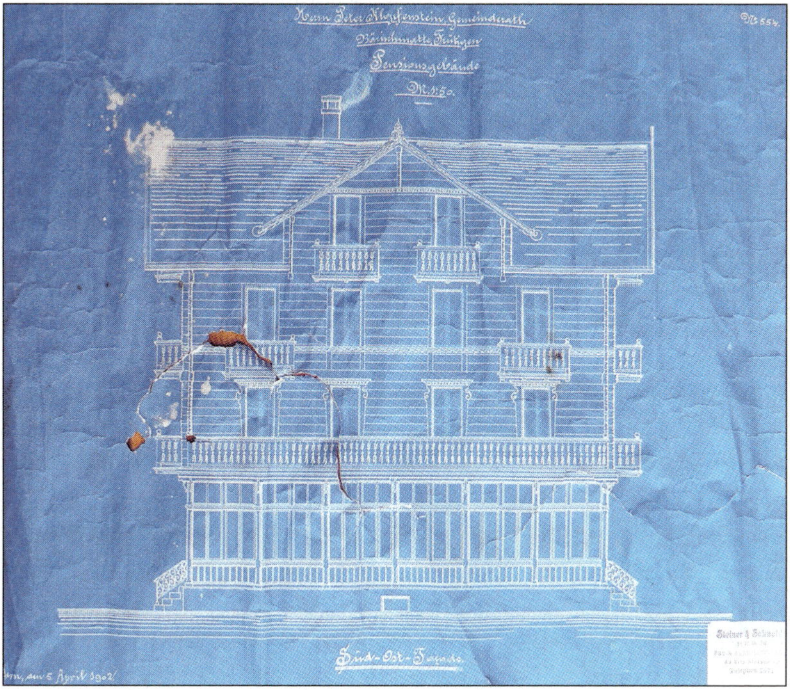

Abb. 74: Blaupause einer Architekturzeichnung eines Schweizer Architekturbüros aus dem Jahr 1902

selbst herstellen musste, fanden sich dann mit zunehmendem Erfolg dieser Technik Fabrikanten, die Cyanotypiepapiere lieferten. Das bekannteste in diesem Bereich tätige Unternehmen war die von Auguste Marion (1805 – 1875) in Paris gegründete Firma Marion & Cie. mit ihrem Ferro-Prussiat-Papier.[293] Wie funktionierte diese Technik? Man legte eine auf Transparentpapier erstellte technische Zeichnung auf ein Cyanotypiepapier und ließ durch die Sonne belichten. Danach wurde in einem Wasserbad ausgewaschen und getrocknet. Die auf dem Transparentpapier schwarzen Linien und Beschriftungen waren auf dem blauen Papier dann als weiße Zeichnungslinien und Beschriftungen zu erkennen. Man konnte auch großformatige Zeichnungen relativ unkompliziert vervielfältigen.

293 Hannavy 2008, 892 – 894.

Nachteilig war natürlich die Abhängigkeit vom Sonnenlicht für die Schaffung des Abbildes. Ab etwa 1895 wurden Belichtungsapparate eingeführt, in den 1920er Jahren entstanden erste Vollautomaten zur Herstellung der Cyanotypien. Im Deutschen nannte man die Technik Blaupause, im Englischen Blueprint. Diese Technik wurde etwa bis Mitte der 1940er Jahre eingesetzt. Dann wurde sie von anderen Technologien (Diazotypie) abgelöst. Die Bezeichnungen Blaupause oder Blueprint haben aber bis heute überlebt.

5.13 Anna Atkins und ihre Cyanotypien

Nachdem wir es in der bis hierher beschriebenen Geschichte des Berliner Blaus bei den wichtigen Hauptpersonen ausschließlich mit Männern zu tun hatten, lernen wir in diesem Abschnitt mit Anna Atkins (1799 – 1871), geborene Children, erstmals eine Frau kennen, die eng mit dem Berliner Blau verbunden war, da sie als erste Person die neue Technik der Cyanotypie, der Fotografie in Berliner Blau, anwandte und die ersten Bücher mit dieser Technik herstellte[294].

Anna Atkins war die Tochter des Chemikers John George Children (1777 – 1852), der bis zum Bankrott seines Vaters 1816 als Gentleman Scientist, das heißt als finanziell und institutionell unabhängiger Wissenschaftler im Gebiet der Mineralogie, Chemie und Zoologie tätig war. Später war er Angestellter des British Museum in London.

Anna Children heiratete 1825 einen Freund ihres Vaters, den wohlhabenden Großgrundbesitzer John Pelly Atkins (1790 – 1872). Das Ehepaar hatte keine Kinder und so konnte Anna Atkins ihren künstlerischen und wissenschaftlichen Interessen folgen, die sich auf Botanik und Fotografie konzentrierten. Über ihren Vater und ihren Mann bestanden freundschaftliche Bande zu zwei Pionieren der frühen Fotografie, zu William Talbot und John Herschel. Ihr Mann, John Pelly Atkins, hatte von seinem Vater mehrere Kaffee-Plantagen auf Jamaica und den Bermudas geerbt, auf denen bis zum Verbot der Sklaverei 1838 einige hundert Sklaven für ihn arbeiten mussten. John Pelly Atkins brachte von seinen Reisen nach Jamaica getrocknete Pflanzen vor allem Seetang mit, die den Grundstock der botanischen Sammlung von Anna Atkins bildeten.

294 Schaaf 1985.

Abb. 75: Porträt Anna Atkins, Fotografie 1861

Anna Atkins hatte vor ihrer Heirat eng mit ihrem Vater zusammengearbeitet und 1823 auch ein von ihm übersetztes Buch über Muscheln mit Lithografien illustriert. Um 1841 herum hat sie wohl als erste Frau fotografische Aufnahmen mit dem silberbasierten System von William Talbot gemacht. Ein Jahr nachdem John Herschel 1842 die Cyanotypie erfunden hatte, machte Anna Atkins bereits Aufnahmen verschiedener Pflanzen mit dieser neuen Technik. Sie fasste diese Aufnahmen in dem 1843 mit dem ersten Band begonnenen Buch „Photographs of British Algae: Cyanotype Impressions“ zusammen. Das Buch wurde allerdings nicht von einem Verlag herausgebracht, sondern im Selfpublishing mit nur wenigen Exemplaren. Trotzdem gilt es heute als das erste Buch mit fotografischen Aufnahmen. Im folgenden Jahrzehnt bis 1853 wurde weitere Bände dieses Werkes mit zahlreichen zusätzlichen Cyanotypien erstellt. Wie viele Cyanotypien und Bücher insgesamt hergestellt wurden, kann man heute nicht mehr sagen. Es waren aber nicht sehr viele Bücher. Das Exemplar im British Museum in London besteht aus sechs Bänden mit insgesamt 429 verschiedenen Cyanotypien von Pflanzen. Da nur wenige Exemplare des Werkes von Anna Atkins erhalten sind, werden heute bei Versteigerungen einige hunderttausend Pfund für ein solches mehrbändiges Werk bezahlt.

Abb. 76: Cyanotypie „Pteris aquilina" von Anna Atkins 1851

Wie stellte Anna Atkins ihre Cyanotypien her? Dazu wurde ein Cyanotypiepapier nach der Vorschrift von John Herschel vorbereitet, das heißt, das Papier wurde mit den beiden dreiwertigen Eisensalzen getränkt und getrocknet. Die getrockneten Pflanzen wurden auf das Papier aufgelegt und dann wurde das Ganze in der Sonne belichtet. Dort, wo die Sonne aufs Papier einwirken konnte, bildete sich Berliner Blau, dort, wo das durch die Pflanze verhindert wird, entsteht diese Verbindung nicht. Nach der Belichtung werden die nicht abreagierten Salze in Wasser ausgewaschen und das Papier wird getrocknet. Jedes einzelne Blatt ihrer Bücher musste von Anna Atkins auf diese Weise einzeln hergestellt werden. Das war natürlich sehr aufwendig und erklärt, warum doch nur wenige Exemplare hergestellt wurden.

In späteren Jahren hat Anna Atkins zusammen mit ihrer Freundin Anne Dixon (1799 – 1864) noch ein weiteres Werk mit botanischen Cyanotypien hergestellt. Von diesem 1853/54 entstandenen „Cyanotypes of British and Foreign Ferns" sind heute sogar nur noch drei Exemplare bekannt. Später hat Anna Atkins noch eine Biografie ihres Vaters[295] und einige belletristische Werke geschrieben.

295 Atkins 1853.

5.14 Die Herstellung von Berliner Blau aus den Gasreinigungsmassen der Stadtgasproduktion

Bis weit in die Mitte des 19. Jahrhunderts hinein waren die tierischen Abfälle die Grundlage für die Herstellung des gelben Blutlaugensalzes und des Berliner Blaus. Das sollte sich ändern, als man auf eine neue Quelle für das gelbe Blutlaugensalz, damals auch oft Gelbkali oder Ferrocyankalium genannt, stieß. Das waren die Gasreinigungsmassen der Stadtgas- und Koksproduktion.

Das Stadtgas ist quasi der Vorläufer des heute verwendeten Erdgases. Die Produktion des Stadtgases erfolgte aus Kohle in den Gasanstalten, später auch Gaswerke genannt. Bei der Stadtgasherstellung wurde die Kohle ursprünglich mit dem Verfahren der sogenannten trockenen Destillation unter hohen Temperaturen entgast. Die dabei entstehende brennbare Gasmischung besteht vor allem aus Wasserstoff, Methan und Kohlenmonoxid. Neben Stadtgas entstand in den Gasanstalten auch Koks und Steinkohlenteer. Das erzeugte Stadtgas musste vor der Verwendung noch von giftigen Stoffen, wie Ammoniak, Kohlendioxid oder Cyanwasserstoff (Blausäure) gereinigt werden. Dazu wurde das Gas unter anderem durch sogenannte Gasreinigungsmassen geführt, die zum Beispiel aus Eisensulfat oder Eisenoxiden, Branntkalk oder Löschkalk und Sägespänen bestehen konnten. Der Cyanwasserstoff reagierte mit den Eisenverbindungen der Gasreinigungsmasse zu Hexacyanoferrat und unter nichtalkalischen Bedingungen auch zu Berliner Blau.

Dr. Hugo Kunheim
1838 – 1897

Abb. 77: Porträt des Berliner Chemikers und Fabrikanten Hugo Kunheim, Enkel des Gründers der Chemischen Fabrik Kunheim, Samuel Heinrich Kunheim

Da dem Chemiker natürlich bekannt war, dass die eisenhaltigen Gasreinigungsmassen, nachdem sie ihr Werk getan hatten, auch Hexacyanoferrat und gegebenenfalls Berliner Blau enthielten, lag es nahe zu versuchen, das gelbe Blutlaugensalz aus diesen Produktionsabfällen zu gewinnen. Das erste Verfahren dazu stammte wohl von dem französischen Farbenfabrikanten Louis Jules Gautier-Bouchard (1810 – 1875), der auf der Londoner Weltausstellung von 1862 ein Berliner Blau ausstellte, welches aus Gasreinigungsmassen hergestellt worden war.[296]

Aber erst der Berliner Chemiefabrikant Hugo Kunheim (1838 – 1897)[297] und sein Werksleiter Heinrich Zimmermann (1846 – 1899) fanden Ende der 1870er Jahre ein großtechnisch umsetzbares Verfahren.[298] Das bestand darin, dass man die Gasreinigungsmasse zuerst mit Wasser auslaugte, wobei man die wasserlöslichen Ammonium- und Rhodanitsalze gewann. Danach wurde die Restmasse mit Branntkalk aufgeschlossen, das entstandene in Wasser gelöste Calciumhexacyanoferrat durch Zugabe von Kaliumchlorid ausgefällt und schließlich in das gelbe Blutlaugensalz umgewandelt. Die Gasreinigungsmassen fielen in so großem Umfang an und das Verfahren war so günstig, dass die Gewinnung des gelben Blutlaugensalzes aus tierischen Produkten in den 1890er Jahren stark zurückgedrängt wurde und bald keine Bedeutung mehr besaß.

Kurz ein paar Worte zur Berliner Firma Kunheim: Die Chemiefabrikantenfamilie Kunheim war jüdischer Herkunft, stammte ursprünglich aus dem kleinen Ort Kunheim im Elsass und war nach Zerbst in Anhalt eingewandert. Der Firmengründer, der sich später Samuel Heinrich Kunheim (1781 – 1848) nannte, hieß ursprünglich Samuel Hirsch. Er hatte 1825 in Berlin die chemische Fabrik Berend & Kunheim mitgegründet und sie ab 1829 allein weitergeführt.[299] Sie befand sich zuerst an verschiedenen Standorten im Berliner Zentrum und ab 1834 auf dem Kreuzberg. Man stellte hauptsächlich verschiedene anorganische Grundchemikalien her. Ab 1884 wurde die Fabrik nach Niederschöneweide verlegt. Hugo Kunheim, der Enkel des Firmengründers, war immer auf der Suche

296 Köhler 1914, 4.

297 Franzke 2017, 77 – 81.

298 Köhler 1914, 82 – 90.

299 Spiegel 1926.

Abb. 78: Ein Blick in die Berliner-Blau-Produktion des VEB Kali-Chemie in Berlin (DDR) aus dem Jahr 1958

nach neuen Produkten und begann nach der Entwicklung des oben genannten Verfahrens, natürlich auch selbst aus verbrauchter Gasreinigungsmasse gelbes Blutlaugensalz und aus diesem Berliner Blau herzustellen. Diese Produktion von Berliner Blau wurde in Berlin-Niederschöneweide auch weitergeführt, nachdem die Kunheimsche Fabrik in der Kali Chemie AG aufgegangen war. Der Betrieb hieß in der DDR dann VEB Kali Chemie und war nach wie vor ein Produzent von Berliner Blau.

Der Miterfinder des Verfahrens, der Chemiker Heinrich Zimmermann, war 1873 als Betriebsleiter des Kunheimschen Betriebsteils Grube Ilse in der Niederlausitz angestellt worden und wurde 1875 Leiter des Kunheim-Werkes am Kreuzberg in Berlin.

Als das gemeinsame Patent von Hugo Kunheim und Heinrich Zimmermann 1884 veröffentlicht wurde,[300] hatte Zimmermann die Firma Kunheim aber schon verlassen und war in seine rheinische Heimat zurückgekehrt, denn dort wollte er die Erfindung selbst verwerten. Hier gründete er 1880 zusammen mit seinem Bruder Franz Zimmermann (1852 – 1909) die Firma H. & F. Zimmermann, Fabrik chemischer Pro-

300 Hugo Kunheim, Heinrich Zimmermann: Verfahren zur Gewinnung von Ferrocyanverbindungen aus den ausgenutzten Reinigungsmassen der Gasfabriken oder anderen ferrocyanhaltigen Massen. Deutsches Reichspatent DE26884, patentiert ab 6.7.1883, veröffentlicht am 24.4.1884.

KAISERLICHES PATENTAMT.

AUSGEGEBEN DEN 24. APRIL 1884.

PATENTSCHRIFT

— № 26884 —

KLASSE 12: Chemische Apparate und Processe.

Dr. HUGO KUNHEIM in BERLIN
und HEINRICH ZIMMERMANN in WESSELING bei KÖLN a. Rh.

Verfahren zur Gewinnung von Ferrocyanverbindungen aus den ausgenutzten Reinigungsmassen der Gasfabriken oder anderen ferrocyanhaltigen Massen.

Patentirt im Deutschen Reiche vom 6. Juli 1883 ab.

Abb. 79: Deutsches Reichspatent DE26884 von Hugo Kunheim und Heinrich Zimmermann aus dem Jahr 1883

Abb. 80: Porträt des Chemikers und Unternehmers Heinrich Zimmermann, einer der Gründer der späteren Chemischen Fabrik Wesseling

dukte, die spätere Chemische Fabrik Wesseling[301] zur Verwertung von Gasreinigungsmasse im Norden von Wesseling, direkt südlich an die Stadt Köln anschließend. Dazu mehr im folgenden Kapitel über das Vossenblau.

301 Archiv für Wirtschaftskunde GmbH 1955.

5.15 Die Farbenfabrik Vossen und Vossenblau

Vossenblau ist eine langjährige Produktbezeichnung für Berliner Blau der Firma Degussa und ihres Nachfolgeunternehmens der heutigen Evonik Industries AG. Wir werden im Folgenden kurz die Geschichte des Vossenblau kennenlernen. Doch Vorsicht, es ist etwas unübersichtlich und verwirrend.

Begonnen hatte die Geschichte der Berliner-Blau-Marke Vossenblau in Aachen kurz nach 1800. Das war in der sogenannten Franzosenzeit. Aachen war nämlich seit 1794 von Frankreich besetzt und sollte es auch noch bis 1813 bleiben. Ein Einwanderer aus dem französischen Elsass Jean oder Johann Rethel (1769 - 1839), der eine Zeit lang als französischer Regierungskommissar bei der Kölner Munizipalverwaltung tätig war, hatte 1802 auf dem Landgut Diepenbenden bei Aachen eine Salmiak- und Berliner-Blau-Fabrik gegründet. Nach zweifachem Besitzerwechsel wurde die Fabrik schließlich 1830 von Johann Peter Joseph Monheim (1786 - 1855), der zu einer Aachener Apothekerdynastie gehörte, gekauft und stark erweitert, auch von der Produktpalette her. Noch fehlt in der Abfolge der Besitzer der Name Vossen. Er kommt ins Spiel, als der Aachener Farben- und Kolonialwarenhändler Eduard Vossen (1804 - 1882) 1831 mit Pauline Monheim eine Tochter des Firmenbesitzers heiratet. Er tritt in die

Abb. 81: Porträt des Unternehmers Leo Vossen, nach dem das Vossenblau benannt wurde

Abb. 82: Symbol der Berliner-Blau-Marke „Vossenblau“

Firma seines Schwiegervaters ein, die dann ab 1845 unter Monheim und Vossen firmiert. Ab 1846 heißt die Firma dann Gebrüder Vossen, das sind Eduard und sein Bruder Franz Vossen (1807 – 1891).

Die Farbenfabrik wird vom Gut Diepenbenden direkt nach Aachen verlegt und in der nächsten Generation von Leo Vossen (1846 – 1910), einem Sohn von Franz Vossen geführt. Unter Leo Vossen[302] entwickelt sich das Unternehmen besonders gut und es gibt eine Farbenfabrik in Aachen (Gebrüder Vossen) und eine zweite in Neuss (L. Vossen) sowie eine Filialfabrik in Homburg vor der Höhe. Wichtigste Produkte der Farbenfabriken Vossen sind nach wie vor gelbes Blutlaugensalz und Berliner Blau. Der Markenname Vossenblau wird bekannt. In Westdeutschland stehen die Farbenfabriken Vossen in starker Konkurrenz zur Chemischen Fabrik Zimmermann aus Wesseling. Dort war Josef Zimmermann, der Sohn von einem der Gründer, in die Firma eingestiegen. Sein Vater Heinrich Zimmermann hatte ja zusammen mit Hugo Kunheim die neue Methode, gelbes Blutlaugensalz aus Gasreinigungsmassen herzustellen, erfunden. Die Firma wurde weiter ausgebaut, schloss aber auch ein Abkommen mit der Konkurrenz weiter nördlich und gründete zusammen mit der Farbenfabrik Vossen die Ferrocyangesellschaft, um der Konkur-

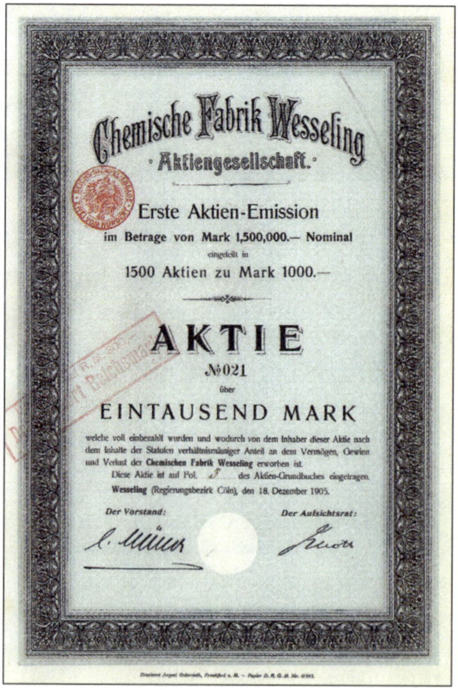

Chemische Fabrik Wesseling
· Aktiengesellschaft ·

Erste Aktien-Emission
im Betrage von Mark 1,500,000.– Nominal
eingeteilt in
1500 Aktien zu Mark 1000.–

AKTIE
№ 021
über
EINTAUSEND MARK

welche voll einbezahlt wurden und wodurch von dem Inhaber dieser Aktie nach dem Inhalte der Statuten verhältnismässiger Anteil an dem Vermögen, Gewinn und Verlust der Chemischen Fabrik Wesseling erworben ist.
Diese Aktie ist auf Fol. 3 des Aktien-Grundbuches eingetragen.
Wesseling (Regierungsbezirk Cöln), den 18. Dezember 1905.

Der Vorstand: Der Aufsichtsrat:

Abb. 83: Aktie der 1905 neu gegründeten Chemischen Fabrik Wesseling AG, einem bedeutenden Produzenten von Hexacyanoferrat und Berliner Blau

302 Bojunga 1970.

renz aus dem Weg zu gehen und die Kräfte zu bündeln. 1905 wurde daraus eine gemeinsame Firma die Chemische Fabrik Wesseling AG.

Auf das innovative Verfahren Zimmermanns und Kunheims zur Herstellung des gelben Blutlaugensalzes hatte aber auch schon eine größere Firma der entstehenden Großchemie ein Auge geworfen: die Degussa. Sie war als Deutsche Gold- und Silberscheideanstalt 1873 in Frankfurt am Main gegründet worden. Im Gold- und Silbergeschäft waren Cyanide wichtige Chemikalien, die in dieser Zeit aus Blutlaugensalz hergestellt wurden. Daher beteiligte sich die Degussa an der neuen Aktiengesellschaft in Wesseling mit 12,5 %. Diese Beteiligung wurde in den nächsten Jahrzehnten schrittweise erhöht bis die Degussa die Chemische Fabrik Wesseling 1959 schließlich zu 100 % im Besitz hatte. Hergestellt wurden in Wesseling nun lange Zeit Blutlaugensalz und Berliner Blau sowie Schwefelsäure und Eisenoxidpigmente, alles durch Aufarbeitung von Gasreinigungsmassen.

Im 20. Jahrhundert begann man aber, alternativ zur Herstellung aus Blutlaugensalz für die Produktion von Cyanid bzw. Blausäure (Cyanwasserstoff) andere Verfahren zu entwickeln. Das waren zum Beispiel Verfahren mit den Ausgangsstoffen Methan und Ammoniak, die sogenannte Andrussow- oder die BMA-Technologie. Letztere wurde von der Degussa dann in Wesseling zur technischen Reife geführt und wird dort bis heute großtechnisch angewendet. Man nutzte das so erzeugte Cyanid dann auch zur Herstellung von gelbem Blutlaugensalz, wodurch die Gewinnung aus Gasreinigungsmassen obsolet wurde. Das gelbe Blutlaugensalz wird jetzt industriell aus Cyanwasserstoff, Eisen(II)-chlorid und Calciumhydroxid hergestellt. Das dann in wässriger Lösung vorliegende Calciumsalz des Hexacyanoferrat(II) wird ähnlich wie bei Kunheim und Zimmermann in das Kaliumsalz umgewandelt.[303]

Nach und nach wurden alle außerhalb von Wesseling liegenden Produktionsstätten für Berliner Blau geschlossen und dieses Blaupigment nur noch in Wesseling von der Degussa produziert und als Vossenblau verkauft. Zeitweise war Wesseling der größte Standort der Berliner-Blau-Produktion weltweit. Als aber der Preisdruck Ende des 20. Jahrhunderts immer mehr anstieg, wurde die Herstellung von Berliner-Blau-Pigment

303 Gail et al. 2011.

der Marke Vossenblau in Wesseling im Jahr 2002 beendet,[304] obwohl dort weiterhin Cyanid, allerdings für andere Produkte, produziert wird. Damit endete wohl auch die industrielle Herstellung von Berliner Blau als Pigment in Deutschland.

Vossenblau blieb aber weiter eine Marke der Degussa für ihr Berliner-Blau-Pigment, welches dann in England in Manchester hergestellt wurde. Dort wurde auch schon traditionell Berliner Blau der Marke Manox produziert. Diese Produktion wurde allerdings dann auch 2005 aus Kostengründen geschlossen und nach China verlagert. Berliner Blau ist inzwischen kein Produkt der Firma Evonik Degussa mehr.

5.16 Max Perls und seine Berliner-Blau-Reaktion

Im Jahr 1866 entwickelte der deutsche Pathologe Max Perls (1843 – 1881) eine neue Methode, um die Anwesenheit von dreiwertigem Eisen im Gewebe nachzuweisen.[305] Zu diesem Zweck gibt man zwei getrennte Lösungen von Kaliumhexacyanoferrat(II) und Salzsäure oder gleich eine salzsaure Lösung des gelben Blutlaugensalzes zu dem zu untersuchenden Gewebe. Bei Anwesenheit von Eisen(III) fällt Berliner Blau aus. Dem Grundsatz nach entspricht das der mehr als einhundert Jahre vorher zuerst von Marggraf publizierten Fällungsmethode zum Eisennachweis in wässrigen Lösungen, nur dass die Berliner-Blau-Reaktion nach Perls ein histochemischer Nachweis für dreiwertiges Eisen in Gewebeschnitten ist. Eisen, welches im Blut als Hämoglobinkomplex vorliegt, zeigt bei Zugabe der Reagenzien „durchaus keine Reaction", wie sich Max Perls selbst ausdrückt. Perls lehrt auch den Nachweis von zweiwertigem Eisen. In diesem Fall wird eine saure Lösung des roten Blutlaugensalzes eingesetzt.

Max Perls war in Danzig geboren und hatte in Königsberg in Preußen, dem heutigen russischen Kaliningrad, Medizin studiert. Nach seiner 1864 erfolgten Promotion arbeitete er einige Jahre weiter als Assistent in Königsberg. In dieser Zeit entwickelte er die Methode des Eisennachweises durch Berliner-Blau-Fällung, die 1867 veröffentlicht wurde. Sie wird im englischen Sprachraum „Perls' Prussian blue stain" genannt und findet aufgrund ihrer Einfachheit und Eindeutigkeit auch heute noch vielfach

304 Schwedt 2010.

305 Perls 1867.

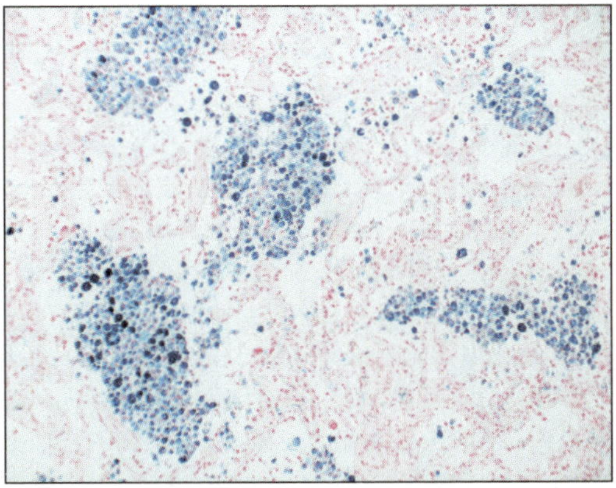

Abb. 84: Beispiel für ein Gewebepräparat, welches mit Berliner-Blau nach Perls gefärbt wurde, um Eisen nachzuweisen

Verwendung. Max Perls wurde später als Direktor des Pathologischen Instituts nach Gießen an die dortige Universität berufen, wo er 1881 im jungen Alter von nur 37 Jahren an Flecktyphus starb. Die tödliche Krankheit hatte er sich am Arbeitsplatz, bei der Sektion eines an dieser Seuche verstorbenen „Handwerksburschen" zugezogen.[306]

Wir erinnern uns, an der Universität Gießen hatte mit Johann Conrad Dippel auch einer der Erfinder des Berliner Blaus studiert, allerdings im Fach Theologie. Später, von 1824 bis 1852 lehrte mit Justus Liebig auch einer der bekanntesten und populärsten deutschen Chemiker des 19. Jahrhunderts in dieser kleinen hessischen Universitätsstadt.

5.17 Möslingers Weinschönung

Es gibt noch ein ganz anderes Gebiet, in dem die Ausfällung von Berliner Blau routinemäßig bis heute angewendet wird. Das ist die Weinschönung, also die Verbesserung der Qualität des Weins durch Beseitigung von unerwünschten Eisenverbindungen. Entwickelt wurde diese Methode durch den Chemiker Wilhelm Möslinger (1856–1930), der aus dem schlesischen Breslau (heute Wrocław, Polen) stammte und 1882 nach Speyer in das Weinanbaugebiet der Pfalz gekommen war. Dort arbeitete Möslinger in einer öffentlichen Untersuchungsanstalt und hatte sehr viel mit Weinanalytik zu tun. 1893 gründete er in Neustadt an der Weinstraße unweit von Speyer gelegen ein eigenes Laboratorium, welches sich vorrangig mit der Weinanalytik befasste.

306 Herzog 1957, 42.

Ein Problem, welches ihm häufig von Kunden herangetragen wurde, waren scheinbar spontan auftretende Trübungen des Weines, die auch nach erfolgter Filtration erneut erfolgen konnten und den Wein unverkäuflich machten. Möslinger ermittelte, dass dafür vor allem im Wein gelöstes dreiwertiges Eisen verantwortlich ist, welches zum Teil in Kombination mit Eiweißen, Phosphaten und anderen Metallionen diese Ausfällungen verursachen kann. Das Eisen wird von der Weinpflanze aus dem Boden aufgenommen, gelangt aber auch durch den Kontakt des Weines mit Behältern und Werkzeugen aus Eisen in den Wein. Da das zweiwertige Eisen besser löslich ist als das dreiwertige, ist nur letzteres ein Problem. Allerdings kann dreiwertiges Eisen durch Oxidation des zweiwertigen Eisens entstehen.

Möslinger beschloss, eine Methode zu entwickeln, das überschüssige Eisen aus dem Wein zu entfernen.[307] 1901 war die Methode anwendungsreif. Sie besteht im Grunde darin, dem Wein eine geeignete Menge des gelben Blutlaugensalzes zuzugeben, so dass das dreiwertige Eisen als „unlösliches" Berliner Blau ausgefällt wird und abfiltriert werden kann. Zur Prozedur gehört immer zuerst eine Bestimmung der zur Ausfällung nötigen Menge von Kaliumhexacyanoferrat(II). Dazu wird dem Wein eine Probe entnommen. Auf diese Art und Weise ist sichergestellt, dass kein überschüssiges Blutlaugensalz zugegeben wird und der Wein damit hexacyanoferrathaltig werden würde.

Ab 1903 wurde das Verfahren von einigen Weinbaubetrieben im größeren Stil eingesetzt, aber schon 1909 verboten. Erst 1923 wurde die Methode wieder zugelassen. Sie wird noch heute eingesetzt, wenn auch immer seltener, da durch die zunehmende Verwendung von Behältern aus Kunststoffen oder Edelstahl die Eisenaufnahme der Weine gesunken ist. In manchen Ländern, zum Beispiel in den USA, ist die Methode nicht erlaubt. Man spricht bei der Weinschönung nach Möslinger auch von Blauschönung („blue fining" im Englischen), von Möslinger-Schönung oder gar vom „Möslingern" des Weines.

307 Schwedt 2006.

5.18 Die Konkurrenz: Phthaloblau

Mit dem in den 1920er Jahren entdeckten Pigment Kupferphthalocyanin entstand ein starkes Konkurrenzprodukt zum Berliner Blau. Überraschenderweise stammte der Erfinder dieses neuen Blaupigments ebenfalls aus der Schweizer Adelsfamilie von Diesbach, konkret aus dem französischsprachigen Zweig der de Diesbach-Torny. Es handelt sich um den Chemiker Henri de Diesbach-Torny (1880 – 1970), der Professor für anorganische und organische Chemie der Universität Fribourg in der Schweiz war.

Henri de Diesbach hatte Chemie im heimischen Fribourg und in München bei dem berühmten Adolf von Baeyer studiert. Eine Zeit lang war er dann Forschungschemiker bei der BASF in Ludwigshafen, bevor er wieder in seine Heimat zurückging, um an der dortigen Universität Hochschullehrer zu werden. 1927 veröffentlichte Henri de Diesbach zusammen mit Edmond von der Weid (1899 – 1971) in der Zeitschrift „Helvetica Chimica Acta" seine Forschungsergebnisse über das neue Blaupigment und dessen hervorragende Eigenschaften.[308] Sie boten ihre Erfindung der chemischen Großindustrie im schweizerischen Basel an. Dort zeigte man jedoch kein Interesse. In den 1930er Jahren wird das Kupferphthalocyanin zuerst in Großbritannien zu einem kommerziellen Produkt ausgebaut.

Kupferphthalocyanin ist heute das wichtigste blaue Pigment und hat Berliner Blau damit aus seiner Führungsrolle verdrängt. Es wird vielseitig zum Beispiel für Lacke, Kunststoffe und Druckfarben verwendet. Kupferphthalocyaninpigmente besitzen eine hohe Temperaturbeständigkeit und ausgezeichnete Echtheiten gegen Licht, Wetter und chemische Einflüsse. Sie werden unter verschiedensten Produktbezeichnungen angeboten. Neben dem korrekten Phthalocyaninblau gibt es Bezeichnungen wie Phthaloblau, Heliogenblau, Hostapermblau oder auch Irgalitblau.

308 Diesbach/Weid 1927.

5.19 Blaupigmente heute

Neben dem Phthalocyaninblau sind heute noch drei weitere Blaupigmente von Bedeutung. Dazu gehören neben dem Ultramarinblau und dem Kobaltblau auch das Eisenblau. Hinter letzterem verbirgt sich unser Berliner Blau. Es wird nämlich seit längerem unter dem standardisierten Namen „Eisenblau“[309] geführt, aber auch noch unter den beiden Handelsnamen Vossenblau und Miloriblau verkauft und hauptsächlich für tiefblaue Druckfarben eingesetzt.

5.20 Moderne Produktionsmethoden für Berliner Blau

Die Herstellung des Berliner Blaus aus Rinderblut oder tierischen Abfällen ist genauso wie seine Herstellung aus den Gasreinigungsmassen der Stadtgaswerke schon lange Geschichte. Heute produziert man das Berliner Blau, indem man zuerst gelbes Blutlaugensalz durch Einleitung von mit modernen Syntheseverfahren hergestellten Cyanwasserstoff in alkalische Eisen(II)-Salzlösungen herstellt. Es wird dann das gelbe Blutlaugensalz als Kalium-, Ammonium- oder Natriumsalz gewonnen, gegebenenfalls gibt es auch eine Mischung dieser Kationen. In einem zweiten Schritt wird der sogenannte Weißteig hergestellt. Das ist eine dicke Aufschlämmung von Berliner Weiß bzw. Everitts Salz in leicht saurer wässriger Lösung, welche durch Ausfällung nach dem Vermischen von wässrigen Lösungen von gelbem Blutlaugensalz und Eisen(II)-Salzen (Chlorid oder Sulfat) hergestellt wird. Das Eisensalz muss im leichten Überschuss vorliegen. Dieser Weißteig wird zwar vom Luftsauerstoff zu Berliner Blau oxidiert, doch das dauert in der industriellen Großproduktion zu lange, weshalb man diese Aufgabe von einem geeigneten Oxidationsmittel, zum Beispiel Wasserstoffperoxid oder einem Alkalimetallchlorat durchführen lässt.[310] Vorher wird der Weißteig noch gekocht. Nach erfolgter Oxidation zum Berliner Blau wird die blaue Masse abfiltriert und so lange mit Wasser gewaschen, bis keine Säure oder Fremdsalze mehr im Produkt vorhanden sind. Nach dem Trocknen wird das Produkt gemahlen, abgesackt und ist dann zum Versand bereit.

---

309 Pfaff 2017, 144 – 149, Abschnitt: Iron Blue Pigments.

310 Buxbaum 1998, 131 – 133.

6 BERLINER BLAU: EIN MODERNES HIGHTECH-MATERIAL

Die bisherigen Abschnitte dieses Buches haben Berliner Blau nahezu ausschließlich in seiner Anwendung als blaues Pigment zum Thema gehabt, sei es für die Malerei oder auch für die Fotografie in Berliner Blau. Selbst wenn das Berliner Blau als Nachweisreagenz für Eisen verwendet wird, beruht dieser Nachweis auf der für den Menschen gut sichtbaren Entstehung dieses Blaupigmentes. Aber beginnend mit der zweiten Hälfte des 20. Jahrhunderts wurde Berliner Blau als ein modernes Hightech-Material entdeckt, welches für ganz unterschiedliche neue Anwendungsfälle geeignet sein könnte, von denen nur wenige seine blaue Farbe nutzen.[311] Einige Beispiele seien im Folgenden genannt.

6.1 Vladimir Nigrovic, Horst Heydlauf und Berliner Blau als Antidot gegen Vergiftungen mit Thallium und radioaktivem Caesium

Mit der Entdeckung der Radioaktivität durch den Franzosen Antoine Henri Becquerel (1852 – 1908) im Jahr 1896 begann ein neues Kapitel in der Wissenschaftsgeschichte und vielleicht auch in der Geschichte der Menschheit überhaupt. Nachdem dann einige Jahrzehnte nur natürlich radioaktive Isotope bekannt waren, gelang es Irène (1897 – 1956) und Frédéric Joliot-Curie (1900 – 1958) 1933 erstmals, ein natürlich nicht

311 Guari/Larionova 2019.

Alexander Kraft: Berliner Blau. Vom frühneuzeitlichen Pigment zum modernen Hightech-Material. © 2022 GNT-Verlag GmbH, Berlin, Germany. DOI: › <https://doi.org/10.47261/1519>.

vorkommendes, künstlich radioaktives Isotop herzustellen. Es dauerte dann nicht mehr lange, bis Otto Hahn (1879 – 1868) und Fritz Straßmann (1902 – 1980) Ende 1938 in Berlin die Kernspaltung entdeckten. Bei der Kernspaltung des Urans entstehen eine Reihe von Spaltprodukten, zu denen auch das sogenannte Radiocaesium oder Caesium-137 gehört. Es gelangte bei Kernwaffenversuchen in größerem Umfang in die Atmosphäre. Die Aufnahme von radioaktivem Caesium in den menschlichen Körper ist potentiell gefährlich, da es sich ähnlich wie Kalium verhält und im Körper gut aufgenommen und verteilt wird. Als Beta-Strahler mit einer Halbwertszeit von 30 Jahren kann es schwere gesundheitliche Schädigungen verursachen. Man befürchtete außerdem, dass in Folge eines Krieges mit Kernwaffen oder eines Unfalls an einem Kernreaktor zur Energieerzeugung große Mengen ^{137}Cs in die Umwelt gelangen könnten. Daher wurde nach Methoden gesucht, Caesium aus dem Körper zu entfernen. 1963 entdeckte der kroatische Arzt und Pharmakologe Vladimir Nigrovic (1934 – 2008)[312], damals am Institut für Strahlenbiologie des Kernforschungszentrums Karlsruhe tätig, dass Caesium durch orale Einnahme von Berliner Blau sehr effektiv aus dem Körper entfernt werden kann,[313] weil es anstatt von Kaliumionen in der Gitterstruktur des Berliner Blaus eingebaut und dann im Stuhlgang zusammen mit dem Blaupigment ausgeschieden werden kann.

Im Anschluss an die Havarie des sowjetischen Kernkraftwerkes Tschernobyl im April 1986 kam es tatsächlich zu einem größeren Austrag von radioaktiven Substanzen aus dem zerstörten Reaktorblock. Diese radioaktiven Substanzen, zu denen vor allem auch Caesium-137 gehörte, kontaminierten natürlich vor allem die nähere Umgebung des Reaktors, wurden aber auch in Abhängigkeit von der Windrichtung in verschiedene Gebiete in und außerhalb Europas getragen. Stärkere Kontaminationen gab es auch in Skandinavien, Süddeutschland und Österreich. Das Radiocaesium akkumulierte sich dabei besonders in Pilzen, Waldbeeren und Wildtieren.

Um die Kontamination von bayrischen Wildschweinen mit Caesium-137 zu verringern, wurde vielfach Berliner Blau in Futterpellets mit ver-

312 Papadimos 2013.

313 Nigrovic 1963.

füttert. In zahlreichen Untersuchungen konnte nachgewiesen werden, dass das eine sehr effektive Methode ist, die Radiocaesiumbelastung der Tiere zu senken. Das wurde auch popularisiert unter der schönen Überschrift „Preußisch Blau für die Sau".[314] Basierend auf Forschungsarbeiten des Veterinärmediziners Werner Giese (* 1936) wurde in diesem Bereich eine Form des „löslichen Berliner Blaus" als Ammoniumeisenhexacyanoferrat eingesetzt, welches im Fachjargon auch vielfach als „Giese-Salz" bezeichnet wurde und in der EU als Futterzusatzstoff zugelassen ist.[315]

Ein weiterer recht bekannter Fall des Einsatzes von Berliner Blau zur Radiocaesium-Dekontamination erfolgte 1987 im Zusammenhang mit dem sogenannten Goiânia-Unfall in Brasilien. Dort hatten zwei Schrottdiebe aus einer stillgelegten Klinik ein mit Caesium-137 bestücktes Strahlentherapiegerät gestohlen, demontiert und zum Teil weiter verkauft. Erst nach einigen Wochen wurde bemerkt, was passiert war. Etwa 250 Personen waren relativ stark radioaktiv kontaminiert, 46 davon sehr schwer. Diese wurden unter anderem auch mit Berliner Blau behandelt,[316] die meisten sehr erfolgreich. Vier Personen starben schließlich doch, allerdings nicht die Schrottdiebe, sondern zwei Familienmitglieder und zwei Gehilfen des Schrotthändlers, der den Behälter von den Dieben gekauft hatte.

Noch gut in Erinnerung ist uns allen die zweite große Havarie eines Kernkraftwerks im Jahr 2011 im japanischen Fukushima ausgelöst durch einen Tsunami. Es gelangte auch in diesem Fall wieder Radiocaesium in die Atmosphäre und in die Umgebung. Es waren aber keine Menschen so stark kontaminiert, dass man zur Behandlung mit Berliner Blau hätte schreiten müssen.[317] Andererseits ist es japanischen Wissenschaftlern gelungen, aus Berliner Blau und Cellulose bestehende Filterschwämme herzustellen, mit denen es ermöglicht wird, Radiocaesium aus kontaminiertem Wasser, von dem es eine ganze Menge gibt, zu entfernen.[318]

So weit zum Thema Berliner Blau und Radiocaesium. Kommen wir zum nächsten Gift: Thallium wurde als Thallium(I)-sulfat ab den 1920er

314 Reinberger 2015.
315 Giese 1988.
316 Farina et al. 1991.
317 Tsubokura et al. 2012.
318 Vipin et al. 2016.

Jahren zum Teil in großem Umfang als Ratten- und Mäusegift eingesetzt. Es ist jedoch nicht nur für Ratten, sondern auch für Haustiere und Menschen sehr giftig. Da es eine Zeit lang handelsüblich war und von jedermann erworben werden konnte und außerdem noch farb-, geruch- und geschmacklos ist, wurde es auch häufig als Gift für Suizide und Morde eingesetzt. Seit den 1970er Jahren wird Thallium als Rattengift nur noch im genehmigungspflichtigen Einzelfall von geschulten Spezialisten eingesetzt. Vergiftungen mit Thalliumsulfat konnten bis Ende der 60er Jahre des 20. Jahrhunderts nur unzureichend behandelt werden.

1968 wurden von dem deutschen Mediziner Horst Heydlauf tierexperimentelle Untersuchungen zur Therapie von Thalliumvergiftungen an Ratten durchgeführt. Heydlauf untersuchte neben dem Berliner Blau als mögliches Antidot noch drei organische Komplexbildner. Nur Berliner Blau erwies sich als effektives Gegengift, indem es Thalliumionen in sein Kristallgitter einbaut und dann mit dem Stuhlgang zusammen aus dem vergifteten Körper ausscheidet.[319] Bei ausreichender Gabe von Berliner Blau überlebten alle Ratten die Thalliumvergiftung, während die Ratten, die kein Berliner Blau erhielten, zu 100 % starben. Diese Forschungsarbeiten hatte Heydlauf, wie vor ihm Nigrovic die zu Radiocaesium, am Institut für Strahlenbiologie des Kernforschungszentrums Karlsruhe durchgeführt. Berliner Blau wurde aufgrund dieser Erkenntnisse als Antidot gegen Thalliumvergiftungen in die Gruppe der verschreibungspflichtigen Arzneimittel aufgenommen.

Aber die Verwendung von Berliner Blau als oral verabreichtes Arzneimittel bereitet natürlich auch Unbehagen, da das hochgiftige Cyanid ja Bestandteil des Berliner Blaus ist. Sicherlich weiß man, dass die Cyanidgruppen sehr fest an das Eisen gebunden sind, aber durch Erhitzung in konzentrierten Säuren werden sie bekanntlicherweise doch abgespalten, wie schon Carl Wilhelm Scheele 1782 gezeigt hat.[320] Kann das in Magensäure auch geschehen? Um das zu beurteilen, wurden ausführliche Untersuchungen durchgeführt, die alle zeigen, dass Berliner Blau ein sicheres und ungiftiges Arzneimittel ist und kein Cyanid in signifikantem Umfang im menschlichen Körper freigesetzt wird.[321]

319 Heydlauf 1969.

320 Scheele 1782/1785.

321 Mohammad et al. 2015.

Abb. 85: Antidot Berliner Blau als kommerzielles Produkt der Firma Heyl aus Berlin

Heute ist Berliner Blau ein etabliertes und routinemäßig, aber selten eingesetztes Mittel gegen Thalliumvergiftungen und zur Entfernung von radioaktivem Caesium aus dem Körper von Menschen und Tieren. Weltweit einziger Produzent der für Menschen zugelassenen Arzneimittelzubereitung ist eine Firma aus Berlin, die Heyl Chemisch-pharmazeutische Fabrik.

6.2 Vernon D. Neff und die Elektrochromie des Berliner Blaus

In den 60er und 70er Jahren des 20. Jahrhunderts wurde aufgrund der stürmischen Weiterentwicklung der Mikroelektronik in der Elektronikindustrie weltweit intensiv an neuen Anzeigetechniken, sogenannten Displays, geforscht, die mit den neuen Schaltungstechniken kompatibel und gleichzeitig leistungsarm sein sollten. Verschiedene physikalische Effekte wurden damals dafür untersucht, so zum Beispiel elektrooptische Effekte von Flüssigkristallen, Elektrolumineszenz oder auch die sogenannte Elektrochromie. Die Flüssigkristallanzeigen gewannen das Wettrennen und erste moderne Displays, typischerweise bei den sogenannten Digitaluhren und bei Taschenrechnern, waren LCDs, also Liquid Crystal Displays.[322] Sie wurden schon Mitte der 1970er Jahre zur Massenware. Eines der führenden Forschungszentren für die Flüssigkristallanzeigen gab es an der Kent State University in Ohio in den USA mit dem Liquid Crystal Institute.[323] Einer der dortigen Flüssigkristallforscher, Vernon Duane Neff (1932–2013), sollte dann Ende der 70er Jahre des vorigen

322 Koswig 1985.
323 Brown et al. 1970.

Jahrhunderts ganz unerwartet ein neues Anwendungsfeld für das Berliner Blau erschließen, die Elektrochromie. Aber die Kent State University war nicht nur für ihre Flüssigkristallforschung bekannt, sondern auch für das sogenannte Kent-State-Massaker, bei dem im Mai 1970 bei gewalttätigen Protesten von Studenten gegen den Vietnamkrieg vier Studenten ohne Vorwarnung von der Nationalgarde Ohios erschossen wurden.

Doch jetzt wieder zur Elektrochromie. Was ist das eigentlich? Unter Elektrochromie versteht man die Farbänderung eines Materials bei der elektrochemischen Oxidation und Reduktion, wobei der Effekt reversibel sein muss und die Farbänderung deutlich wahrnehmbar sein und möglichst auch einen farblosen Zustand einschließen sollte. Wir wissen ja aus dem Abschnitt 1.15 – Was ist Berliner Blau? – schon, dass wir beim Berliner Blau neben dem normalen blauen Oxidationszustand auch die reduzierte ungefärbte Form des Everitts Salzes oder Berliner Weiß herstellen können. In der reduzierten Form sind beide Eisen im zweiwertigen Zustand, während beim Berliner Blau ein Eisen zweiwertig und das andere dreiwertig ist. Die chemische Reduktion von Berliner Blau zu Everitts Salz durch reduzierende Stoffe und Rückoxidation durch Luftsauerstoff waren mindestens schon seit 1794 bekannt[324], wenn auch noch nicht vollständig verstanden. Aber erst über 180 Jahre später wurde von Vernon D. Neff entdeckt, dass man diese Oxidation und Reduktion von Berliner Blau auch elektrochemisch induzieren kann.[325] Neff hatte für diesen Zweck dünne Berliner-Blau-Schichten auf Edelmetallelektroden wie Platin und Gold durch einfaches Eintauchen in eine Lösung von dreiwertigen Eisen und rotem Blutlaugensalz hergestellt. Allerdings hatte er die entsprechenden Edelmetallschichten bei der vorherigen Reinigung unter anderem auch in saurer wässriger Lösung als Kathode geschaltet und dabei Wasserstoff produziert, der sich zum Teil im Edelmetall angesammelt hatte. Dieser Wasserstoff diente nun als Reduktionsmittel zur Bildung des Berliner Blaus. Diese Schicht konnte Neff dann in einem geeigneten Elektrolyten elektrochemisch zwischen blau und farblos schalten. Mit der Veröffentlichung dieser spektakulären Versuchsergebnisse durch Neff[326] begann eine intensive Forschung zur Ver-

324 Proust 1794.
325 Neff 1978.
326 Ellis et al. 1981.

Abb. 86: Dr. Vernon D. Neff verkabelt eine elektrochrome Berliner-Blau-Zelle mit einem Potentiostaten, um 1980

wendung von Berliner Blau in elektrochromen Elementen, sei es für Displays oder für schaltbare Sonnenschutzgläser.

Wichtig war in diesem Zusammenhang auch noch, dass 1982 von dem japanischen Chemiker Kingo Itaya und seinen Mitarbeitern eine Methode zur elektrochemischen Abscheidung des Berliner Blaus gefunden wurde.[327] Itaya nutzte die gleiche Ausgangslösung wie Neff, also eine wässrige Lösung von dreiwertigem Eisen und rotem Blutlaugensalz, und schaltete ein leitfähig beschichtetes Glas als Kathode. Dabei wird das dreiwertige Eisen zum zweiwertigen reduziert und es bildet sich unmittelbar auf der Kathodenoberfläche Berliner Blau ohne die Hilfe eines Reduktionsmittels wie Wasserstoff. Mittlerweile konnte von der Berliner Firma Gesimat auf diese Art und Weise Berliner Blau auf Flächen bis zu 2,4 qm abgeschieden werden.[328] Damit ist der Weg frei für großflächige

Abb. 87: Zwei elektrochrome Fenster mit Berliner Blau als einer der Aktivschichten, links: entfärbt, rechts gefärbt, Aufnahme auf einem Messestand im September 2015

327 Itaya et al. 1982.
328 Kraft et al. 2006.

elektrisch schaltbare elektrochrome Sonnenschutzgläser auf Basis dünner Schichten von Berliner Blau. Diese elektrochromen Gläser zählt man auch zu den sogenannten intelligenten Gläsern, die dazu dienen können, den Licht- und Wärmedurchgang durch Glasfassaden zu steuern und so für beträchtliche Energieeinsparung und mehr Komfort in Gebäuden zu sorgen.

6.3 Berliner Blau als Aktivmaterial in Energiespeicher- und -umwandlungstechnologien

Die Speicherung von Elektroenergie ist, seitdem der Mensch die Elektroenergie nutzt, ein wichtiges Thema. Aber noch nie war die Elektroenergiespeicherung so wichtig wie heute. Durch die Ablösung fossiler Energie durch unregelmäßige und auch unvorhersehbar anfallende sogenannte „erneuerbare Energien" aus Photovoltaik und Windkraft sind sehr große, zuverlässige und kostengünstigere Speichermöglichkeiten für Elektroenergie unabdingbar. Auch der exzessive Einsatz von netzunabhängigen kleinen mobilen Telekommunikationsendgeräten schreit nach besseren, das heißt, kleineren und langlebigeren Energiespeichern mit höheren Speicherdichte.

Lithiumbatterien und Lithiumionenakkumulatoren sind in der modernen Technik zur Zeit das non-plus ultra, da sie über hohe spezifische Energie und Energiedichte verfügen.

Aber sie haben auch Nachteile, von denen die Seltenheit und der dadurch bedingte recht hohe Preis des Lithiums nicht der geringste ist. Deshalb wird weltweit mit Nachdruck an Alternativen zu den Lithium-basierten Batterien geforscht. Favoriten für eine Ablösung des Lithiums sind Kalium und Natrium, von denen man vor nicht allzu langer Zeit noch glaubte, sie wären nicht annähernd konkurrenzfähig. Aber neue Wirtsmaterialien, zu denen erstaunlicherweise auch das nun schon über dreihundert Jahre lang bekannte Pigment Berliner Blau zählt, machen Hoffnung, dass die Lithium-basierten Energiespeichertechnologien bald durch bessere und preiswertere abgelöst werden können.

Natürlich ist Berliner Blau mit seiner Redoxaktivität und hochreversiblen Interkalation und Deinterkalation von Kationen passender Größe ein Kandidat für ein Aktivmaterial in Batterien. Das hatte auch schon Vernon D. Neff erkannt, der ja die elektrochromen Eigenschaften des Berliner Blaus 1978 entdeckt hatte. 1985 publizierte Neff seine Forschungsergebnisse über einen Berliner-Blau-Akkumulator, bei dem sowohl die Anode als auch die Kathode aus diesem Blaupigment bestanden.[329] Wenn ein solches Element elektrochemisch geladen wird, bildet sich auf der einen Elektrode die reduzierte Form des Berliner Blaus, das Everitts Salz und auf der anderen Elektrode die oxidierte Form, das Berliner Braun. Die Zellspannung dieses Kaliumionenakkumulators beträgt aber weniger als 1 Volt und die Energiedichte ist auch bescheiden, aber immerhin war die Machbarkeit gezeigt. Ganz andere Werte sind möglich, wenn nur eine Elektrode aus Berliner Blau und die andere aus einem anderen, besser geeigneten Material hergestellt wird. Das wurde 2004 ganz eindrucksvoll von dem iranischen Chemiker Ali Eftekhari gezeigt, der demonstrieren konnte, dass man einen Kaliumakkumulator mit einer Anode aus Kaliummetall und einer Kathode aus Berliner Blau konstruieren kann.[330] Das wäre analog einem Lithiumakkumulator, der typischerweise aus einer Lithiummetallanode und einer Kathode aus Lithium-Kobalt-Oxid besteht. Da die Verwendung von Lithiummetallanoden aber viele Probleme bereitet, ersetzt man sie häufig durch Graphitanoden, wodurch ein Lithiumionenakkumulator entsteht. Der Kaliumakkumulator nach Eftekhari soll mit seinen Leistungsdaten in die Nähe von Lithiumionenakkus kommen. Mittlerweile ist man noch einen Schritt weiter, da man versucht, das Kalium durch das noch preiswertere Natrium zu ersetzen, also Natrium-Ionen-Akkumulatoren mit Berliner Blau oder einer Berliner-Blau-analogen Verbindung als Aktivschicht zu bauen.[331] An der kommerziellen Umsetzung wird in Firmen wie der kalifornischen Natron Energy gearbeitet. Aber der Bereich der Batterien und Akkumulatoren war nur ein Beispiel. Die Forschungen, Berliner Blau als wichtiges Material in Energieumwandlungs- und -speichertechnologien einzusetzen, gehen auf breiter Front ungebremst weiter. So wird auch der Einsatz in

329 Neff 1985.

330 Eftekhari 2004.

331 Eftekhari/Kim 2018.

Brennstoffzellen,[332] in mikrobiellen Brennstoffzellen,[333] in thermoelektrischen Generatoren[334] und Superkondensatoren[335] untersucht.

6.4 Berliner Blau als Sensormaterial

Aus der Forschungsgruppe von Kingo Itaya an der Tohoku Universität im japanischen Sendai, von der schon die elektrochemische Abscheidung von Berliner Blau entdeckt und wichtige Aspekte der Elektrochromie dieses Materials erforscht wurden, stammt auch die Beobachtung, dass Berliner Blau die Reduktion von Wasserstoffperoxid katalysiert.[336] Sendai liegt übrigens nur 95 km Luftlinie vom 2011 zerstörten Kernkraftwerk Fukushima Daiichi entfernt.

Diese katalytische Eigenschaft des Berliner Blaus kann man zur Konstruktion von Glukose-Biosensoren verwenden, wie 1994 von dem russischen Chemiker Arkady A. Karyakin und seinen Mitarbeitern an der Lomonossow-Universität in Moskau demonstriert werden konnte. Glukose-Sensoren sind wichtig zur Überwachung des Blutzuckerwertes, das heißt, der Glukose-Konzentration im Blut, insbesondere bei Personen, die an Diabetes erkrankt sind.

Die Moskauer Wissenschaftler beschichteten eine Elektrode mit Berliner Blau als selektiven Katalysator für Wasserstoffperoxid und mit dem Enzym Glukose-Oxidase. Die Glukose-Oxidase wandelt in der Messflüssigkeit, also dem Blut, befindliche Glukose unter anderem in Wasserstoffperoxid um, welches an der mit Berliner Blau beschichteten Elektrode hochselektiv amperometrisch gemessen werden kann. Die Höhe des fließenden Stromes ist dann direkt proportional zur Glukosekonzentration.[337] Berliner Blau wurde daher auch als künstliche Peroxidase, also ein Enzym, welches die Reduktion von Wasserstoffperoxid katalysiert, bezeichnet.[338]

332 Selvarani et al. 2008.
333 Fu/You et al. 2011.
334 Nonoguchi et al. 2014.
335 Lisowka-Oleksiak/Nowak 2007.
336 Itaya et al. 1984.
337 Karyakin et al. 1994.
338 Karyakin et al. 2000.

Später wurden viele andere Oxidase-Enzyme mit Berliner Blau gekoppelt, wodurch der Anwendungsbereich solcher Sensoren stark erweitert wurde. So konnten zum Beispiel Sensoren für Cholesterin, Oxalat, Galaktose oder Glutamat hergestellt werden.[339] Berliner Blau ist aber auch gut dafür geeignet, einige eigentlich nicht elektroaktive Kationen wie Kalium[340] oder Ammonium[341], elektrochemisch in wässriger Lösung messen und nachweisen zu können. Heute ist die Erforschung des 1706 von Johann Conrad Dippel und Johann Jacob von Diesbach erfundenen Blaupigments für den Einsatz als Aktivmaterial in Sensoren weiterhin ein hochaktuelles und intensiv bearbeitetes Forschungsgebiet.[342]

6.5 Berliner Blau in der Nanomedizin

Nanomedizin, was soll das eigentlich sein? Das klingt doch sehr nach einem modernen Schlagwort ohne wirklichen Inhalt. Aber eigentlich heißt Nanomedizin nur, dass man Partikel im Nanobereich, also bis maximal 100 nm Durchmesser, in der Therapie oder Diagnose einsetzt. Einhundert Nanometer, das sind 10^{-7} Meter oder ein Zehntel Mikrometer. Ziel der Nanomedizin ist es, diese maßgeschneiderten kleinen Partikel im Körper genau an die Stellen zu bringen, wo sie wirken sollen, und sie dann dort aktiv werden zu lassen. Also zum Beispiel bei der Krebsbekämpfung nicht den gesamten Körper mit chemotherapeutischen Giften zu fluten, sondern diese Stoffe nur direkt in die Tumorzellen zu bringen.

Berliner Blau kann vielfältig als Material für die Nanomedizin eingesetzt werden, einerseits basierend auf seiner intensiv blauen Farbe und der damit verbundenen starken Absorption elektromagnetischer Strahlung in bestimmten Wellenlängenbereichen, andererseits aufgrund seiner Gitterstruktur und der Tatsache, dass man inzwischen in der Lage ist, Käfigstrukturen mit definierten Hohlräumen aus Berliner Blau zu synthetisieren.

339 Ricci et al. 2005.

340 Krishnan et al. 1990.

341 Hermes/Scholz 1997.

342 Kong et al. 2015.

Einige Beispiele aus der aktuellen Forschung seien im Folgenden genannt: Die fotoakustische Spektroskopie beziehungsweise Tomografie ist ein bildgebendes Verfahren, mit dem Gewebe untersucht werden kann. Dazu wird das Gewebe mit einer Abfolge von kurzen Laserpulsen erwärmt und die dadurch ausgelösten Ultraschallschwingungen werden gemessen. Man erhält bei diesem Verfahren wesentlich bessere Bilder als bei der klassischen Ultraschalluntersuchung, ohne, wie bei der Computertomographie, den Körper hochenergetischer Röntgenstrahlung aussetzen zu müssen. Wenn Laserlicht im energieärmeren nahen infraroten Spektralbereich (NIR) für die fotoakustische Tomografie eingesetzt wird, ist Berliner Blau ein hervorragendes Kontrastmittel, weil es diese Strahlung sehr gut absorbiert.[343] Wenn das Berliner Blau für die fotoakustische Tomografie in die Krebszelle eingebracht wurde, kann man es dann auch gleich für die fotothermale Therapie nutzen. Diese funktioniert nicht viel anders als die fotoakustische Tomografie. Die zu zerstörenden, mit Berliner Blau markierten Krebszellen werden durch Laserstrahlung im NIR Bereich soweit erhitzt, dass sie absterben.[344] Nun muss man es nur noch schaffen, Berliner-Blau-Partikel nur im Bereich der Krebszellen zu erzeugen oder sie nur dort zu platzieren. Eine Methode dafür wurde von Forschern aus der Volksrepublik China vorgestellt: Bei dieser Methode bildet sich Berliner Blau erst in oder nahe den Krebszellen. Dazu synthetisierten sie pH-empfindliche Hydrogelkapseln, von denen die eine Hälfte Eisen(II)-sulfat und die andere Hälfte rotes Blutlaugensalz enthielten. Die Hydrogelumhüllung der Kapsel löst sich im sauren pH-Bereich auf. Die Umgebung von Krebszellen ist im Gegensatz zum sonstigen Gewebe oft sauer, weil Krebszellen Glukose oft nur unvollständig abbauen und dabei als Nebenprodukt Säuren entstehen, die den pH-Wert absenken. So werden genau im Bereich der Krebszellen zweiwertiges Eisen und Hexacyanoferrat(III) freigesetzt und es bildet sich nur genau dort dann Berliner Blau. Das Berliner Blau, welches sich im Bereich der Krebszellen befindet, kann dann sowohl zum Auffinden der Krebszellen zum Beispiel mit fotoakustischen Techniken als auch zur Abtötung dieser Zellen mit-

343 Liang et al. 2013.
344 Fu/Liu et al. 2012.

tels fotothermaler Therapie genutzt werden.[345] Diese doppelte Funktionalität für Diagnose und Therapie bezeichnet man übrigens als Theranostik.

Das war jetzt ein aktuelles Beispiel für die Nützlichkeit von Berliner Blau in der modernen Nanomedizin, andere seien nur kurz genannt, wie die Verwendung als sogenannte Nanocarrier, um bestimmte andere wirksame Substanzen im Körper zu transportieren,[346] als Hilfsmittel für die Gentransfektion,[347] also das Einbringen von fremdem Erbgut bei der Gentherapie oder auch als künstliches Nanoenzym, um Sauerstoffradikale oder andere reaktive Sauerstoffverbindungen abzufangen.[348] Die Verwendung als Gegengift bei Vergiftungen mit Thallium oder Radiocaesium hatten wir ja schon in einem vorhergegangenen Abschnitt besprochen. Also das ist doch eine ganze Menge, was unser Blaupigment auch in der Medizin leisten kann!

6.6 Berliner-Blau-analoge Verbindungen

Berliner Blau ist Eisen(III)-Hexacyanoferrat(II). Es ist möglich, das an den Kohlenstoff der Cyanidgruppe gebundene zweiwertige Eisen oder das an den Stickstoff des Cyanids gebundene dreiwertige Eisen durch andere Metalle zu ersetzen. Dabei kann nur eines der beiden Eisen oder aber auch beide durch verschiedene Metalle ersetzt werden. Man kann sich leicht vorstellen, dass dabei eine enorme Anzahl von Verbindungen möglich ist, die noch gar nicht alle hergestellt werden konnten. Erstmals hatte schon 1724 John Brown Untersuchungen zu Berliner-Blau-Analoga veröffentlicht. Wir hatten davon gehört.

In der modernen Forschung untersucht man diese Gruppe der Berliner-Blau-Analoga daraufhin, ob sie vielleicht in den Anwendungsfeldern von Berliner Blau auch und möglicherweise sogar besser geeignet sind. So zeigen Berliner-Blau-Analoga ganz andere elektrochrome Eigenschaften als Berliner Blau. Dadurch lassen sich potentiell andere Farben als Blau schaltbar machen.[349] Auch für den möglichen Einsatz in Batterien und

345 Cheng et al. 2017.

346 Wang et al. 2013.

347 Li et al. 2014.

348 Zhang et al. 2016.

349 Tacconi et al. 2003.

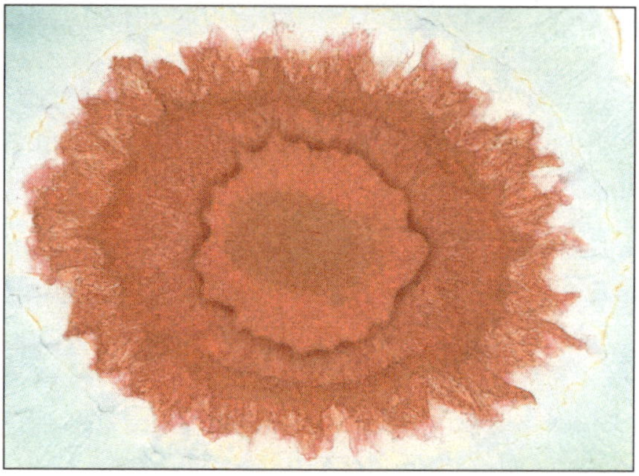

Abb. 88: Braunes Kupferhexacyanoferrat, $Cu_2[Fe(CN)_6]$, als „Professorenklecks" von Friedlieb Ferdinand Runge

Akkumulatoren, als Sensormaterial und in der Nanomedizin wurden Berliner-Blau-Analoga untersucht. Besonders interessant wird es natürlich, wenn ganz andere Anwendungsgebiete erschlossen werden können, für die das Berliner Blau selbst nicht geeignet ist.

So gibt es zum Beispiel Berliner-Blau-Analoga, die zum Speichern von Wasserstoff,[350] Kohlendioxid[351] oder von bestimmten Kohlenwasserstoffen geeignet sind. Auch molekulare Magnete können mit dieser Materialklasse realisiert werden,[352] ebenso wie man Photochromie und Thermochromie,[353] sowie den magnetokalorischen Effekt[354] oder auch Dichteanomalien in Berliner-Blau-Analoga findet. So ist es kein Wunder, dass die Erforschung der Berliner-Blau-Analoga von noch weit mehr Wissenschaftlern praktiziert wird als solche, die an der Mutterverbindung Berliner Blau arbeiten.

350 Kaye/Long 2007.
351 Karadas et al. 2012.
352 Verdaguer et al. 2002.
353 Goujon et al. 2001.
354 Evangelisti et al. 2006.

7 AUSKLANG UND NACHSPIEL

7.1 Berlinerblau als Name

Als kleine Randnotiz zu unserer Geschichte des Berliner Blaus möchte ich die Aufmerksamkeit darauf lenken, dass es auch den Nachnamen „Berlinerblau“ gibt. Er entstand wohl unter der jiddischspachigen jüdischen Bevölkerung des Russischen Reiches, die hauptsächlich in den heutigen Staaten Ukraine, Weißrussland, Litauen und Polen ansässig war. Als im Jahr 1845 alle Juden unter russischer Herrschaft gezwungen wurden, einen erblichen Nachnamen anzunehmen, hat sich vielleicht der eine oder andere Hersteller von Berliner Blau nach diesem Pigment genannt, das im Jiddischen, welches dem Deutschen sehr ähnlich ist, dann eben den Namen „Berlinerblau“ ergab.

Einige prominente Persönlichkeiten mit diesem Namen möchte ich kurz vorstellen. Als erstes wäre da Stefanija Berlinerblau (1850–1921), später Fanny Berlin, zu nennen. Sie wurde als Tochter des Marcus Berlinerblau in Cherson in der heutigen Ukraine geboren und kam 1870 zum Medizinstudium in die Schweiz, zuerst nach Zürich, danach nach Bern, wo sie 1875 promoviert wurde. Fanny Berlinerblau entschloss sich dann, nicht in die Heimat zurückzukehren, sondern in die USA auszuwandern. 1877 begann sie am New England Hospital for Women and Children in Boston als Ärztin zu arbeiten. Sie änderte ihren Namen zu Fanny Berlin und hatte später eine eigene Arztpraxis in Boston, wo sie 1921 starb.[355]

Eine andere, in Polen recht prominente Familie Berlinerblau stammt, soweit man es zurückverfolgen kann, aus Warschau. Ihre bekanntesten Vertreter sind die beiden polnischen Chemiker Jozef Berlinerblau

355 Creese 2015, 23 f.

Alexander Kraft: Berliner Blau. Vom frühneuzeitlichen Pigment zum modernen Hightech-Material. © 2022 GNT-Verlag GmbH, Berlin, Germany. DOI: › <https://doi.org/10.47261/1519>.

(1859 – 1935) und Jan Berlinerblau (1891 – 1957).[356] Jozef Berlinerblau wurde als Sohn des jüdischen Besitzers einer kleinen Metallwarenfabrik Izydor Berlinerblau in Warschau geboren. Er studierte Chemie in Dresden und ging dann in die Schweiz, wo er an der Universität Bern promoviert wurde. Dort entwickelte er 1884 auch den Zuckerersatzstoff Dulcin. Das Patent verkaufte er an die Berliner Firma J. D. Riedel, die den Süßstoff später industriell herstellte und vermarktete. Jozef Berlinerblau kam 1884 eigentlich nur urlaubshalber nach Russisch-Polen zurück, wurde dann aber Direktor einer neuen chemischen Fabrik in Sosnowiec. Er blieb dann auch nach der 1918 erlangten Unabhängigkeit Polens in der Industrie und der polnischen Chemikergemeinde aktiv bis er 1935 in Polen starb. Sein Sohn Adolf Berlinerblau (1900 – 1975) trat in die Fußstapfen seines Vaters und wurde ebenfalls Chemiker. Er floh im Zweiten Weltkrieg in die USA, wo er dann auch nach dem Krieg lebte.

Ein weiterer polnischer Chemiker aus dieser Familie war Jan Berlinerblau, ein Neffe von Jozef Berlinerblau. Er studierte Chemie in Lwów, Krakau und München. Im Ersten Weltkrieg kämpfte er in einer polnischen Legion auf Seiten Deutschlands und Österreich-Ungarns gegen Russland. Als nach dem Krieg die polnische Unabhängigkeit nach 120 Jahren wieder hergestellt wurde, änderte er seinen Familiennamen von Berlinerblau in Prot, wurde an der Universität Lwów promoviert und arbeitete als Direktor einer Schießpulverfabrik in Pionki. Nach dem Ausbruch des Zweiten Weltkrieges, Polen wurde zwischen Deutschland und der Sowjetunion aufgeteilt, floh Jan Prot über Ungarn nach Frankreich. Dort arbeitete er einige Zeit bei Frédéric Joliot-Curie, bis er nach der Niederlage Frankreichs nach England fliehen musste, wo er während des Krieges in einer Schießpulverfabrik aktiv war. Nach dem Krieg ging Jan Prot nicht in das in den Machtbereich der Sowjetunion gefallene Polen zurück, sondern blieb in England. Soweit die Kurzbiografien von drei Personen mit dem schönen Namen Berlinerblau, wobei die Meinungen dazu geteilt sind.

In Rudolf Hirschs (1907 – 1998) spätem Roman „Die arische Jüdin“[357] von 1993 kommt nämlich auch ein Namensträger Jitzchak Berlinerblau vor, wobei ausgesagt wird, der Name Berlinerblau habe „etwas lächer-

356 Balasiewicz 2013.

357 Hirsch 1993, 114 f.

lich Boshaftes an sich". Diese rein literarische Figur ist ein aus dem heute ukrainischen Tarnopol stammender Glashändler in Tel Aviv. Wie dem auch sei, damit haben wir den Übergang zum letzten Abschnitt des Buches erfolgreich eingeleitet.

7.2 Berliner Blau in der Literatur

Wir sind jetzt praktisch am Ende unserer Geschichte des Berliner Blaus angekommen. Zum Ausklang wollen wir uns aber, bevor wir das Buch zuschlagen, noch einmal anschauen, wie das Berliner Blau in der Literatur verewigt wurde.

Fangen wir mit Johann Wolfgang Goethe (1749 – 1832) an, dem immer noch sicher bedeutendsten Dichter deutscher Zunge. Das Berliner Blau kommt zwar in seinen literarischen Werken nicht vor, aber Goethe war selbst chemisch interessiert und führte auch persönlich immer wieder chemische Experimente durch. Das ist ganz eindrucksvoll in Georg Schwedts Buch „Goethe als Chemiker" dargestellt. Aus Goethes handschriftlichen Aufzeichnungen rund um seine Farbenlehre kann man auch ersehen, dass er im Jahr 1793 selbst Berliner Blau aus Berliner-Blau-Lauge, also einer Lösung des gelben Blutlaugensalzes, und Eisen, aufgelöst in Vitriolsäure, also in Schwefelsäure, herstellte[358]. Er führte in dieser Zeit zahlreiche weitere Versuche mit dieser Berliner-Blau-Lauge und anderen Metallauflösungen her, stellte also einige der oben besprochenen Berliner-Blau-Analoga her. Soweit zu Goethe, aber welcher deutsche Schriftsteller hat denn das Berliner Blau in seinen veröffentlichten Werken auftreten lassen?

Da gibt es auf jeden Fall Theodor Fontane (1819 – 1898). Der gelernte Apotheker war der Dichter der Mark Brandenburg und Preußens. In seinem 1892 erschienenen Roman „Frau Jenny Treibel" ist die Titelfigur des Romans die Ehefrau eines Berliner-Blau-Fabrikanten.
Konkret heißt es im Roman,

> „Die Treibel'sche Villa lag auf einem großen Grundstücke, das, in bedeutender Tiefe, von der Köpnickerstraße bis an die Spree reichte. Früher hatten hier in unmittelbarer Nähe des Flusses nur Fabrikgebäude gestanden, in denen alljährlich ungezählte Centner von Blutlaugensalz

358 Schwedt 1998, 293 – 295.

Abb. 89: Verlagseinband der ersten Buchausgabe von Theodor Fontanes Roman „Frau Jenny Treibel oder Wo sich Herz zu Herzen findet" von 1892

und später, als sich die Fabrik erweiterte, kaum geringere Quantitäten von Berliner Blau hergestellt worden waren[359]."

Es ist klar, dass als Vorbild für den Fabrikanten Treibel nur Hugo Kunheim in Frage kommt. Die Fabrik in der Köpnickerstraße ist die ehemalige Chemische Fabrik Kunheim in der Berliner-Straße in (Berlin-)Niederschöneweide, die später lange Jahre als Kali Chemie AG beziehungsweise VEB Kali Chemie firmierte und bis zum Ende der DDR auch ein Produktionsort für Berliner Blau war.

Das Ehepaar Treibel hat bei Fontane zwei Söhne, Otto und Leopold. Der reale Hugo Kunheim, den wir schon im Abschnitt über die Herstellung des gelben Blutlaugensalzes aus den Gasreinigungsmassen der Gasanstalten kennengelernt hatten, war mit Ruth Detroit (1850–1927) verheiratet und hatte die Söhne Erich (1872–1921), Hugo Friedrich

359 Fontane 1892.

(1876 – 1911) und Ludwig Werner Kunheim (* 1879). Jenny Treibel, geborene Bürstenbinder, entspricht also Ruth Kunheim, geborene Detroit. In Fontanes Roman wird das Berliner Blau auch vom Fabrikanten selbst ins Spiel gebracht, als er im Gespräch mit der Majorin von Ziegenhals voller Stolz bemerkt: „Und nun frage ich Sie weiter, was sind alle Kornblumen der Welt gegen eine Berliner-Blau-Fabrik? Im Berliner Blau haben sie das symbolisch Preußische so zu sagen in höchster Potenz". Also Berliner Blau, Preußisch Blau als Symbol für Preußen.

Aber außer in diesem Werk von Theodor Fontane finden wir Berliner Blau kaum in der deutschen Literatur. Es gibt noch die historische Erzählung „Berliner Blau" von Karl Neumann-Strela von 1875 und vielleicht kann man auch Mühlenhaupts „Berliner Blau" dazuzählen oder Christina Plakas „Prussian Blue"[360], ein Comic im japanischen Manga-Stil über eine Rockband, die sich eben Prussian Blue nennt. Kurt Mühlenhaupt (1921 – 2006), ein Westberliner Original, Trödler, Kneipier und

Abb. 90: Foto der Fabrik Kunheim & Co. (später Kali-Chemie) in Berlin-Niederschöneweide, historische Ansichtskarte um 1916

360 Plaka 2002.

Malerdichter veröffentlichte 1981 ein Buch mit dem Titel „Berliner Blau", welches neben Bildern auch Gedichte und Geschichten enthält.[361]

Tatsächlich fand also Berliner Blau eher selten Eingang in die deutschsprachige Literatur. Aber wie sieht es international aus? Dazu machen wir einen kurzen Streifzug durch die englischsprachige Literatur und werden dort doch häufiger fündig als im deutschen Sprachraum. So gibt es den Kriminalroman „Prussian Blue" von Anne Hocking (1889 - 1966) im Stil von Agatha Christie (1890 - 1976), zuerst im Jahr 1947 veröffentlicht[362]. In dieser spannenden Geschichte wird der Maler Anthony Medway, der seine Familie terrorisiert, von seiner Stiefmutter schließlich vergiftet, und zwar mit „prussic acid", wie es in dem Buch heißt, also mit Blausäure oder Cyanwasserstoff, die von dem Maler selbst gekauft worden war, um die Katze seiner vermeintlichen Mutter zu vergiften. Als er am Gift starb, war Anthony Medway gerade dabei, an einem Gemälde mit einem Uferblick zu arbeiten. Die letzte Farbe, die er aufbrachte, war Prussian Blue. Er starb aber an der Blausäure, die ihm seine Stiefmutter in das Wasser des Pinselbehälters getan hatte, nachdem er den Pinsel mit den Lippen gespitzt hatte. Als sie vom Detektiv des Romans, William Austen, entdeckt wird, bringt sich auch die Mörderin selbst mit „prussic acid" um.

Eine ganz andere Geschichte wird 1991 in Tom Hymans Hitchcockian Thriller „Prussian Blue" erzählt[363]. Der Reporter John Brady recherchiert für ein Buch über den Chef der CIA. Dadurch kommt er in beträchtliche Schwierigkeiten. Seine frühere Freundin Tracy Anderson hilft ihm. Sie wohnt noch im Dakota in Manhattan in einem 10-Zimmer-Appartment. Dort gibt es ein großes Gemälde mit dem Namen „Prussian Blue" von dem tschechischen Maler Jan Vaček. Überhaupt hat Jan Vaček, früher der Liebhaber von Tracy, gerne mit Berliner Blau gemalt und, so der Autor, sich letztendlich mit dieser Farbe, die nur giftiges Eisenhexacyanoferrat sei, selbst vergiftet. Das Gemälde wird letztendlich zerstört, als der ultimative Bösewicht des Romans, Grayson Streckler, ebenfalls vergiftet wird und im Todeskampf in das Gemälde fällt. Dass Berliner Blau giftig ist, nimmt nicht nur Tom Hyman an, sondern auch der nächste Autor.

361 Mühlenhaupt 1981.
362 Hocking 1947.
363 Hyman 1991.

In seinem 2010 erschienenen Buch „Dreams in Prussian Blue“ erzählt der indische Schriftsteller Paritosh Uttam allerdings eine ganz andere Geschichte[364]. Naina Trivedi, die Heldin des Buches, lebt mit dem Maler Michael Agnelo zusammen. Er wird bei einem Unfall so schwer verletzt, dass er das Augenlicht verliert. Trotzdem will er weiter malen. Naina hilft ihm, auch als Blinder malen zu können, zum Beispiel indem sie ihm die verschiedenen Farbtuben immer in der richtigen Reihenfolge zurechtlegt. Da sie aber bei McDonalds nur wenig, er gar nichts, verdient, kommen sie in große finanzielle Schwierigkeiten. Naina fällt es immer schwerer, für Michael neue Farben zu kaufen. Da kommt die Erlösung, als ihr ein Freund eine große Menge Farbtuben schenkt, allerdings ist es nur Berliner Blau. Schritt für Schritt ersetzt Naina die von ihrem Freund Michael verbrauchten Farbtuben, sei es Gelb, Rot, Weiß oder Schwarz, mit Berliner Blau. Als Blinder merkt er es natürlich nicht und malt am Ende nur noch komplett blaue Bilder. Nach einiger Zeit der Übung glaubt der blinde Michael, nun mit seinen Bildern an die Öffentlichkeit gehen zu können und seine Blindheit hilft ihm, zu einer Ausstellung zu kommen. Die ist sogar erfolgreich, aber es kommt doch heraus, dass seine Freundin ihn betrogen und er nur noch mit Berliner Blau gemalt hat. Daraufhin versucht er, sie mit einem Drink mit Berliner Blau zu vergiften, weil er denkt, das sei giftiges Eisencyanid. Sie wird von einem Nachbarn im letzten Moment gerettet, stirbt also nicht, verlässt ihn aber. – Eine sehr interessante Geschichte, aber mit Berliner Blau kann man natürlich niemanden vergiften, ganz im Gegenteil.

Damit kommen wir zum letzten Buch unserer kleinen, keineswegs vollständigen Auswahl. Es handelt sich um Philip Kerrs (1956–2018) vorletzten Bernie Gunther-Krimi von 2017, der auch „Prussian Blue“ heißt[365]. Bernie Gunther ist in der insgesamt 13 Bände umfassenden Serie ein „guter“ deutscher Kriminalbeamter hauptsächlich in der Zeit des Nationalsozialismus, in „Prussian Blue“ aber auch nach dem Zweiten Weltkrieg. Er lebt unter falschem Namen in Südfrankreich und wird vom ostdeutschen Geheimdienst, auch von Erich Mielke (1907–2000) persönlich, gezwungen, eine gewisse in England lebende Anne French zu

364 Uttam 2010.

365 Kerr 2017.

ermorden. Mielke befiehlt ihm, sie mit Thallium zu vergiften. Als Gunther ihn fragt, ob es dafür ein Gegenmittel gibt, nennt Mielke ihm das Berliner Blau. Da dieser Teil des Romans im Oktober 1956 spielt, passt das nicht ganz zu den Fakten, die wir in einem der vorigen Abschnitte kennengelernt haben, nämlich dass die Wirksamkeit von Berliner Blau gegen Vergiftungen mit Thallium erst Ende der 1960er Jahre entdeckt wurde. Interessanterweise kommt in dem Teil des Romans, der 1939 spielt, auch eine Familie Diesbach vor, mit dem Familienoberhaupt Johann Diesbach, der zum Schluss als Mörder gejagt wird! Als die Verfolger überlegen, welches Codewort sie bei der Ergreifung des Täters verwenden sollen, fällt Gunther auf einmal ein, dass ein Johann Jacob (von) Diesbach 1706 das Berliner Blau erfunden hat und schlägt das Codewort Berliner Blau, also Prussian Blue, vor. Auch das stimmt nicht so ganz, denn dass der Erfinder Johann Jacob (von) Diesbach heißt, weiß man erst seit 2008, das „von“ in seinem Namen ist erst seit 2016 bekannt. Nichtsdestotrotz ist das Buch ein spannendes Lesevergnügen.

Und das hoffe ich, war auch das vorliegende Buch, welches hiermit beendet ist.

DANKSAGUNG

Für die Hilfe bei der Beschaffung von Informationen und Abbildungen bedanke ich mich bei:

Holger Andreas, Chemiker, Bensheim.
Rupert Baker, Archive of the Royal Society, London.
Frank Becker, Konzernarchiv Evonik Industries AG.
Ulrike Budig, Museum Naturalienkabinett Waldenburg.
Stephan Fölske, Archiv der Berlin-Brandenburgischen Akademie der Wissenschaften, Berlin.
Udo Groß, Chemiker, Berlin.
Gisela und Manfred Kraft, Diplom-Chemiker, Leipzig.
Ulrike Krampl, Université de Tours.
Christine Lehman, Université Paris Ouest Nanterre La Défense.
Anette Loesch, Staatliche Kunstsammlungen Dresden, Porzellansammlung.
Hans-Joachim Lunk, Chemiker, Towanda, Pennsylvania, USA.
Annegret Marx, Aachen.
Johann Ruprecht († 2018), Heyl Chem.-pharm. Fabrik GmbH & Co. KG Berlin.
Fritz Scholz, Ernst-Moritz-Arndt-Universität Greifswald.
Melanie Schwöbel, Heyl Chem.-pharm. Fabrik GmbH & Co. KG Berlin.
Caroline H. Spurry, Architectural Historian at George Washington's Mount Vernon.
Manuela Vehma, Kreismuseum Oberhavel Oranienburg.
Martina Zech, Stadtarchiv Wesseling.

Alexander Kraft: Berliner Blau. Vom frühneuzeitlichen Pigment zum modernen Hightech-Material. © 2022 GNT-Verlag GmbH, Berlin, Germany. DOI: ▸ <https://doi.org/10.47261/1519>.

ABBILDUNGSNACHWEIS

Abb. 1, 4, 15, 37, 60, 69, 90: Archiv des Autors.

Abb. 2: NASA Goddard Space Flight Center Image by Reto Stöckli (land surface, shallow water, clouds). Enhancements by Robert Simmon (ocean color, compositing, 3D globes, animation). Data and technical support: MODIS Land Group; MODIS Science Data Support Team; MODIS Atmosphere Group; MODIS Ocean Group Additional data: USGS EROS Data Center (topography); USGS Terrestrial Remote Sensing Flagstaff Field Center (Antarctica); Defense Meteorological Satellite Program (city lights). <https://visibleearth.nasa.gov/view.php?id=57723>.

Abb. 3: Dales Gorge, Wikimedia Commons <https://commons.wikimedia.org/wiki/File:Banded_iron_formation_Dales_Gorge.jpg> (CC BY 2.0).

Abb. 5, 41: Zentral- und Landesbibliothek Berlin.

Abb. 6, 17: Deutsche Akademie der Naturforscher Leopoldina e. V., Halle (Saale).

Abb. 7: Zeichnung von Professor Ad. M. Hildebrandt, Wikimedia Commons <https://commons.wikimedia.org/wiki/File:Wappen_Diesbach.jpg>.

Abb. 8, 20 – 23, 25, 27, 30, 49, 51, 52, 64, 87: Foto des Autors.

Abb. 9: Universitätsbibliothek der Justus-Liebig-Universität Gießen.

Abb. 10, 19, 32, 35: Bayerische Staatsbibliothek, München.

Abb. 11: Wellcome Library no. 601030i. Wellcome Trust, London <http://catalogue.wellcomelibrary.org/record=b1601030>.

Abb. 12: Herzog Anton Ulrich-Museum, Braunschweig, Inventar-Nr. 558. Wikimedia Commons <https://commons.wikimedia.org/wiki/File:Christoph_Bernhard_Francke_-_Bildnis_des_Philosophen_Leibniz_(ca._1695).jpg>.

Abb. 13: Stiftung Preußische Schlösser und Gärten Berlin-Brandenburg, GK I 891, Foto-Inventar-Nr. F0001184, Wikimedia Commons <https://commons.wikimedia.org/wiki/File:Antoine_Pesne;_Frederik_I_von_Preu%C3%9Fen.jpg>.

Abb. 14: Wikimedia Commons <https://commons.wikimedia.org/wiki/File:JohannKasimirKolbvonWartenberg1702.JPG>.

Abb. 16: Engelhardt 1837, Frontispiz.

Abb. 18, 39, 47: Stiftung Preußischer Kulturbesitz, Staatsbibliothek zu Berlin.

Abb. 24: Dr. Senckenbergische Stiftung, Frankfurt am Main, Portraitsammlung. Wikimedia Commons <https://commons.wikimedia.org/wiki/File:Johann_Christian_›Senckenberg.jpg>.

Abb. 26: Wu et al. 2016, © 2016 American Chemical Society. Reprinted with permission from ACS Applied Materials & Interfaces.

Abb. 28: History of Science Museum, University of Oxford, Inv. 56577.

Abb. 29: Universitäts- und Landesbibliothek Sachsen-Anhalt (ULB), Martin-Luther-Universität Halle-Wittenberg, Halle (Saale).

Abb. 31: Evangelisches Landeskirchliches Archiv in Berlin, Kirchenbuch der Kirche vor dem Cöpenicker Tor 1708.

Abb. 33: Stiftung Preußische Schlösser und Gärten Berlin-Brandenburg, GK I 10008, Foto-Inventar-Nr. F0021100. bpk, Stiftung Preussische Schlösser und Gärten Berlin-Brandenburg, Daniel Lindner.

Abb. 34: Staatliche Kunstsammlungen Dresden, Porzellansammlung. Fotos: Jürgen Karpinski.

Abb. 36: Deutsches Historisches Museum, A. Psille.

Abb. 38: Wikimedia Commons <https://commons.wikimedia.org/wiki/File:CDRe›ventlow.jpg>.

Abb. 40, 42 – 44: The Royal Society, London, UK.

Abb. 45: Wellcome Library no. 5825i. Wellcome Trust, London <http://catalogue.›wellcomelibrary.org/record=b1169258>.

Abb. 46: Jens Cederskjold, Wikimedia Commons <https://commons.wikimedia.org/›wiki/File:Hammershus_-_panoramio_(1).jpg> (CC BY 3.0).

Abb. 48: Dr. Senckenbergische Stiftung, Frankfurt am Main, Portraitsammlung. Urheber der digitalen Reproduktion: Sebastian Krupp, Nauheim.

Abb. 50: Wikimedia Commons <https://commons.wikimedia.org/wiki/File:Johann›SamuelCarlGr%C3%BCndler1750.jpg>.

Abb. 53: Hessisches Staatsarchiv Darmstadt, Signatur R 4 Nr. 30788.

Abb. 54: Universitätsbibliothek der Friedrich-Alexander-Universität Erlangen-Nürnberg.

Abb. 55: Wikimedia Commons <https://commons.wikimedia.org/wiki/File:David_›Matthieu_(attr)_Friedrich_II_von_Preu%C3%9Fen_als_junger_Heerf%C3›%BChrer.jpg>.

Abb. 56: Österreichische Nationalbibliothek, Wien.

Abb. 57: Evangelisches Landeskirchliches Archiv in Berlin, Kirchenbuch der Neuen Kirche Berlin, Beerdigungen 1736 – 1754, 711.

Abb. 58: U. S. National Library of Medicine, Bethesda, MD <http://resource.nlm.›nih.gov/101415913>.

Abb. 59: Wikimedia Commons <https://commons.wikimedia.org/wiki/File:Mu›nich_-_Chateau_de_Nymphenburg_-_2012-09-24_-_IMG_7943.jpg> (CC BY-SA 4.0).

Abb. 61: Wikimedia Commons <https://commons.wikimedia.org/wiki/File:Great_Wave_off_Kanagawa2.jpg>.

Abb. 62: Wellcome Library, Wellcome Trust, London, <https://wellcomecollection.org/works/qnxyyrde> (CC BY 4.0).

Abb. 63: Wikimedia Commons <https://commons.wikimedia.org/wiki/File:B%C3%BCste_Andreas_Sigismund_Marggraf_Zucker-Museum.jpg>.

Abb. 65: Farnol 1935, Picture Gallery, Bild 1.

Abb. 66: Wikimedia Commons <https://commons.wikimedia.org/wiki/File:Kaliumhexacyanoferrat(II).jpg> (CC BY-SA 3.0).

Abb. 67: Wikimedia Commons <https://commons.wikimedia.org/wiki/File:Jakob_Schlesinger_Leopold_Gmelin_1820.jpg>.

Abb. 68: Wikimedia Commons <https://commons.wikimedia.org/wiki/File:Potassium_ferricyanide_1101.JPG> (CC BY-SA 4.0).

Abb. 70: Fotografie von F. W. Herms, ca. 1847.

Abb. 71: Runge 1866, Reprint von 1988.

Abb. 72: Wellcome Library, Wellcome Trust, London, <https://wellcomecollection.org/works/u9vrv3wu> (CC BY 4.0).

Abb. 73: Museum of the History of Science, Oxford, UK <http://www.mhs.ox.ac.uk/features/ephotos/ephoto5.htm>.

Abb. 74: Adrian Michael, Wikimedia Commons <https://commons.wikimedia.org/wiki/File:Waldhaus_Gasterntal_Plan5.JPG> (CC BY-SA 3.0).

Abb. 75: The Royal Photographic Society, Bristol, UK, Wikimedia Commons <https://commons.wikimedia.org/wiki/File:Anna_Atkins_1861.jpg>.

Abb. 76: Museum of Fine Arts, Houston, TX <https://www.mfah.org/art/detail/53525>.

Abb. 77: Spiegel 1926, S. 19.

Abb. 78: Bundesarchiv, Koblenz.

Abb. 79: Deutsches Patent- und Markenamt, München.

Abb. 80: Evonik Industries AG, Konzernarchiv Hanau/Marl.

Abb. 81, 82: Bojunga 1970.

Abb. 83: Sammlung Stadtarchiv Wesseling.

Abb. 84: Yale Rosen, Wikimedia Commons <https://commons.wikimedia.org/wiki/File:Intra-alveolar_hemosiderin_deposition_-_Prussian_blue_stain.jpg> (CC BY-SA 2.0).

Abb. 85: Heyl Chemisch-pharmazeutische Fabrik GmbH & Co. KG, Berlin.

Abb. 86: Kent State University Libraries. Special Collections and Archives.

Abb. 88: Runge 1855, 16.

Abb. 89: Sammlung Dr. Haack Leipzig, Foto: H.-P. Haack. Wikimedia Commons <https://commons.wikimedia.org/wiki/File:Theodor_Fontane_Frau_Jenny_Treibel.jpg> (CC BY-SA 3.0).

Alle URL-Angaben mit Stand vom 25.7.2019.

LITERATUR

Adelung, Johann Christoph: Johann Conrad Dippel, ein indifferentistischer Schwärmer. In: Johann Christoph Adelung: Geschichte der menschlichen Narrheit oder Lebensbeschreibungen berühmter Schwarzkünstler, Goldmacher, Teufelsbanner, Zeichen- und Liniendeuter, Schwärmer, Wahrsager, und anderer philosophischer Unholden, Teil 1. Leipzig 1785.

Adress-Kalender der Königl. Preußis. Haupt- und Residentz-Städte Berlin. Berlin 1717.

—. Berlin 1719.

Andreas, Holger: Zur Chemie von Johann Conrad Dippel. In: Mitteilungen der Fachgruppe Geschichte der Chemie der Gesellschaft Deutscher Chemiker 9 (1993), 11–18.

—: Cyan-Industrie – Anfänge einer Chemischen Industrie in Deutschland im 18. Jahrhundert. In: Mitteilungen der Fachgruppe Geschichte der Chemie der Gesellschaft Deutscher Chemiker 25 (2017), 47–56.

Anon.: Elucidato Secretorum. Das ist Erklährung der Geheinnussen wie der Lapis Philosophorum funden und die universal Medicin erlanget werde. Frankfurt am Main 1610.

— (Hrsg.): Fratris Basilii Valentini, Benedictiner Ordens, Chymische Schriften alle, so viel derer vorhanden […], in zwei Theile verfasset. Hamburg 1677.

—: Der Theologischen Facultät auf der Universität zu Halle Verantwortung gegen Hn. D. Joh. Fried. Mayers, Professoris Theologi auf der Universität Greiffswald, unter dem Namen eines Schwedischen Theologi, herausgegebenen so genannten kurtzen Bericht von Pietisten. Halle 1706.

—: Praeparatio Caerulei Prussiaci ex Germania missa ad Johannem Woodward. In: Philosophical Transactions of the Royal Society 33 (1724), 15–17.

—: Das auf der höchsten Staffel seiner Glückseligkeit prangende Amsterdam, oder Ausführliche Beschreibung derer in dieser Stadt berühmten öffentlichen Gebäuden, Raritäten und Merckwürdigkeiten, wie solche von einen curieusen Passagier mit Fleiß bemercket worden. Leipzig 1732.

—: Fortgesetzte Sammlung von alten und neuen theologischen Sachen […] auf das Jahr 1734, Leipzig 1734.

—: Die Schmertzliche Betrübniß über das unvermuthete Absterben des […] Herrn Caspar Neumanns […] als eines im Leben gewesenen Lehr-Herrn, […] Wolten

Alexander Kraft: Berliner Blau. Vom frühneuzeitlichen Pigment zum modernen Hightech-Material. © 2022 GNT-Verlag GmbH, Berlin, Germany. DOI: ›<https://doi.org/10.47261/1519>.

als Ein schuldiges Danck-Opfer hiermit an den Tag legen Die sämmtliche Discipuli in der Königl. Hoff-Apothecken. Berlin 1737.
— (Hrsg.): Eröffneter Weg zum Frieden mit Gott und allen Creaturen, durch die Publikation der sämtlichen Schriften Christiani Democriti in drei Bänden, Band 3. Berleburg 1747.
—: Biographie des Herrn D. Bernhard Feldmann zu Ruppin. In: Beschäftigungen der Berlinischen Gesellschaft naturforschender Freunde, Band 3. Berlin 1777.
—: Verbesserungen in der Fabrikation von eisenblausaurem Kali, nebst einem Verfahren eine Berlinerblau-Auflösung und eine Cochenillelak-Auflösung zu bereiten, worauf Henry Stephen [...] und Ebenezer Nash [...] am 18. April 1837 in England ein Patent erhielten. In: Polytechnisches Journal, Neue Folge 21 (1839), 226 – 230.
—: Sylvain Milori (1802 – 1880). In: Peintures Pigments Vernis 33 (1957), 119 – 121.
Archiv für Wirtschaftskunde GmbH (Hrsg.): 75 Jahre Chemische Fabrik Wesseling 1880 – 1955. Darmstadt 1955.
Asai, Chiharu: Handmade Berlinerblau. In: Zeitschrift für Kunsttechnologie und Konservierung 18 (2004), 261 – 292.
Atkins, Anna: Memoir of J. G. Children, Esq. Westminster 1853.
Aynsley, E. E.; Campbell, William A.: Johann Konrad Dippel, 1673 – 1734. In: Medical History 6 (1962), 281 – 286.
Bader, Alfred: Further Adventures of a chemist collector. London 2008.
Bailey, Kate: A note on Prussian blue in nineteenth-century Canton, Studies in Conservation 57 (2012), 116 – 121.
Balasiewicz, Michal S.: Jozef Berlinerblau i Jan Prot-Berlinerblau – Współ twórcy polskiego przemysłu Polski niepodległej. In: Przemysł Chemiczny 92 (2013), 1692 – 1700.
Bartoll, Jens; Jackisch, Bärbel; Most, Mechthild; Wenders de Calisse, Eva; Vogtherr, Martin: Early Prussian Blue. In: Technè 25 (2007), 39 – 46.
—: Frühe Spuren des Berliner Blaus auf Gemälden in den preußischen Königsschlössern. In: Die Kunst zu bewahren. Restaurierung in den preußischen Schlössern und Gärten (Jahrbuch der Stiftung Preußische Schlösser und Gärten Berlin-Brandenburg, Band 8, 2006). Berlin 2010, 219 – 227.
—: Prussian Silk Dyeing in the 18th Century – Scientific Analysis of the Colourants. In: Berliner Beiträge zur Archäometrie, Kunsttechnologie und Konservierungswissenschaft 23 (2015), 29 – 39.
Barton, Gerry; Weik, Sabine: Waschblau als Pigment. In: Restauro (1998), Heft 5, 320 – 323.
Bary, August de: Johann Christian Senckenberg (1707 – 1772). Sein Leben auf Grund der Quellen des Archivs der Dr. Senckenbergischen Stiftung. Frankfurt am Main 1947.

Batcheler, Penelope H.: Historic Structure Report, Old North Church, Architectural Data. Denver: Boston National Historic Park 1981.
Bearn, Joseph Gauld: The Chemistry of Paints, Pigments, and Varnishes. London 1925.
Berger, Joachim Ernst: Kern aller Friedrichs-Städtischen Begebenheiten. Berliner Staatsbibliothek Preußischer Kulturbesitz, Handschriftenabteilung, Ms. Bor. Quart. 124, Berlin ca. 1730.
Berger, Thomas B.: A Century and a Half of the House of Berger. London 1910.
Biedermann, Johann Gottfried: Geschlechtsregister des Hochadelichen Patriciats zu Nürnberg. Bayreuth: Dietzel 1748.
Bojunga, Rüdiger Gero: 100 Jahre L. Vossen & Co. GmbH. Wesseling 1970.
Brather, Hans-Stephan (Hrsg.): Leibniz und seine Akademie. Ausgewählte Quellen zur Geschichte der Berliner Sozietät der Wissenschaften 1697 – 1716. Berlin 1993.
Brown, Glen H.; Doane, J. William; Neff, Vernon D.: Structure and physical properties of liquid crystals. In: CRC Critical Reviews in Solid State Sciences 1 (1970), 303 – 379.
Brown, John: Observations and experiments upon the foregoing preparation. In: Philosophical Transactions of the Royal Society 33 (1724), 17 – 24.
Buchholz, Wilhelmine: Wasser und Seife, oder Allgemeines Wäschebuch. Umfassend die ganze Praxis der Wäsche. Hamburg 1866.
Buchner, Karl: Johann Konrad Dippel. In: Friedrich von Raumer (Hrsg.): Historisches Taschenbuch, 3. Folge, 9. Jahrgang. Leipzig 1858, 207 – 355.
Buck, Richard D.: Adriaen van der Werff and Prussian blue. In: Allen Memorial Art Museum Bulletin 22 (1965), 74 – 76.
Burmeister, Andreas: 72 Florin für Farben, Weiß und Leim. Die Tiepolos, die Veninos und Würzburg. In: Stefanie Correll: Farbwarenhandel um 1800 – Die Würzburger Kaufleute Venino. München 2012, 9 – 24.
Buxbaum, Gunter: Industrial Inorganic Pigments. Weinheim 1998.
Campbell, Robert: The London Tradesman. Being a Compendious View of All the Trades, Profession, Arts, Both Liberal and Mechanic. London 1747.
Carl, Johann Samuel: Zeugniß chymischer Storgerey, Frankfurt am Main 1733.
Casey, Robert S.: Prussian Blue Writing Inks. In: Industrial and Engineering Chemistry 32 (1940), 1584 – 1587.
Ceglia, Francesco Paolo de: I fari di Halle. Georg Ernst Stahl, Friedrich Hoffmann e la medicina europea del primo Settecento. Bologna 2009.
Chang, Kevin: Georg Ernst Stahl's Alchemical Publications: Anachronism, Reading Market, and a Scientific Lineage Redefined. In: Lawrence M. Principe (Hrsg.): New Narratives in Eighteenth Century Chemistry, Dordrecht 2007, S. 23 – 43.
Chartres, Richard; Vermont, David: A Brief History of Gresham College. Bury St. Edmunds 1998.
Cheng, Ming; Peng, Wei; Hua, Peng; Chen, Zhengrong; Sheng, Jia; Yang, Juan; Wu, Yongyou: In situ formation of pH-responsive Prussian blue for photoacou-

stic imaging and photothermal therapy of cancer. In: RSC Advances 7 (2017), 18270 – 18276.

Christiani Democriti Krankheit und Artzney des Animalischen Lebens, Regensburg 1736.

Creese, Mary R. S.: Ladies in the Laboratory IV. Imperial Russia's Women in Science 1800 – 1900. A Survey of Their Contributions to Research. Lanham 2015.

Cröker, Johann Melchior: Der Zur Oel-Farben Mahlerey und zu vielen andern Curieusen Wissenschaften wohl anführende Mahler. Jena 1721.

—: Der Zur Oel-Farben Mahlerey und zu vielen andern Curieusen Wissenschaften wohl anführende Mahler, Jena 1729.

Cumming, W. M.: Stuart Turnbull & Co. (Camlachie) Limited. In: Edinburgh Gazette, 16.7.1968, 609.

Demarçay, Eugène-Anatole: Sur un nouvel élément l'europium. In: Comptes rendus 132 (1901) , 1484 – 1486.

Diehl, Wilhelm: Neue Beiträge zur Geschichte Johann Konrad Dippels in der theologischen Periode seines Lebens. In: Beiträge zur Hessischen Kirchengeschichte, Ergänzungsband 3. Darmstadt 1908, S. 137 – 184.

Diesbach, Henri de; Weid, Edmond von der: Quelques sels complexes des o-dinitriles avec le cuivre et la pyridine. In: Helvetica Chimica Acta 10 (1927), 886 – 888.

Dippel, Johann Conrad: Fata Chymica. In: Johann Conrad Dippel: Weg-Weiser zum verlohrnen Licht und Recht, 1705, Vorrede des zweiten Teils, 3 – 24.

—: Ein Hirt und eine Heerde oder Unfehlbare Methode, alle Secten und Religionen zur einigen wahren Kirch und Religion zu bringen. Amsterdam 1706. [a]

—: Unparteyische Gedancken über eines so genannten Schwedischen Theologi kurtzen Bericht von Pietisten nebst einer kurtzen Digression Von der Brutalität und Illegalität des Religions-Zwangs. Entworffen durch Christianum Democritum, Laodicea 1706. [b]

—: Eröffneter Weg zum Frieden mit Gott und allen Creaturen durch die Publication aller bis hieher edirter Schriften des Christianus Democritus. Amsterdam 1709.

—: Vitae animalis morbus et medicina. Leiden 1711.

—: Christiani Democriti Eröffnete Muhtmassungen und merckwürdige Gedancken über Herrn Jacobs von Melle […] kurtze Beschreibung von den Güldenen Bildergen. Hamburg 1725.

—: Die Krankheit und Artzney des Thierisch-Sinnlichen Lebens. Frankfurt am Main 1727.

—: Vera Demonstratio Evangelica. Frankfurt am Main und Leipzig 1729.

—: Predigt vor Nürnberger Prediger, o. O. 1732.

—: Berlinische Arrest-Gedanken. In: Anon. 1747, 620 f. [a]

—: Ein aufrichtiger Protestant. In: Anon. 1747, 399 – 466. [b]

Dobbs, Betty Jo Deeter: The Foundations of Newton's Alchemy. Cambridge 1975.

Duncan, J. F.; Wigley, P. W. R.: The electronic structure of the iron atoms in complex iron cyanides. In: J. Chem. Soc. (1963), 1120 – 1125.

Eckert, Helmut: Ulrich Bräkers Soldatenzeit und die preussische Werbung in Schaffhausen. In: Schaffhauser Beiträge zur Geschichte 53 (1976), 122 – 190.

Eckstut, Joann; Eckstut, Arielle: Die geheimnisvolle Sprache der Farben. Köln 2013.

Eftekhari, Ali: Potassium secondary cell based on Prussian Blue cathode. In: Journal of Power Sources 126 (2004), 221 – 228.

—: Kim, Dong-Won: Sodium-ion batteries. New opportunities beyond energy storage by lithium. In: Journal of Power Sources 395 (2018), 336 – 348.

Eichler, Ernst: Die slawistischen Studien des Johann Leonhard Frisch, Berlin 1967

Ellis, Donald; Eckhoff, M.; Neff, Vernon D.: Electrochromism in the Mixed-Valence Hexacyanides. 1. Voltammetric and Spectral Studies of the Oxidation and Reduction of Thin Films of Prussian Blue. In: Journal of Physical Chemistry 85 (1981), 1225 – 1231.

Engelhardt, Carl August: J. F. Böttger. Erfinder des Sächsischen Porzellans. Leipzig 1837.

Eulner, Hans-Heinz: Johann Christian Senckenbergs Tagebücher als historische Quelle. In: Medizinhistorisches Journal 7 (1972), 233 – 243.

Evangelisti, Marco; Manuel, Esperanca; Affronte, Marco; Okubo, Masahi; Train, Cyrille; Verdaguer, Michel: Vacancy-driven magnetocaloric effect in Prussian blue analogues. In: Journal of Magnetism and Magnetic Materials 316 (2006), e569 – e571.

Everitt, Thomas: On the Reaction which takes place when Ferrocyanuret of Potassium is distilled with dilute Sulfuric Acid; with some Facts relative to Hydrocyanic Acid and its preparation of uniform strength. In: The London and Edinburgh Philosophical Magazine and Journal of Science 6 (1835), 97 – 103.

Farina, Rosana; Brandão-Mello, Carlos Eduardo; Oliveira, Alexandre Rodrigues de: Medical aspects of 137Cs decorporation. The Goiânia radiological accident. In: Health Physics 60 (1991), 60 – 63.

Farnol, Jeffery: Portrait of a Gentleman in Colours. London o. J. [um 1935].

Fischer, Leopold Hermann (Hrsg.): Joh. Leonh. Frisch's Briefwechsel mit G. W. Leibniz. Berlin 1896.

Fleck, Hugo: Die Fabrikation chemischer Produkte aus tierischen Abfällen. Braunschweig 1862.

Florescu, Radu: In Search of Frankenstein. Boston 1975.

Fontane, Theodor: Frau Jenny Treibel. Berlin 1892.

Fontenelle, Bernard le Bovier de: Éloge de Monsieur le Président de Maisons. In: Histoire de l'Académie royale des sciences (1731), 109 – 111.

Fortune, Robert: A Journey to the Tea Countries of China Including Sung-Lo and the Bohea Hills. With a Short Notice of the East India Company's Tea Plantations in the Himalaya Mountains. London 1852.

Franklin, Alfred: Dictionnaire historique des arts, métiers et professions exercés dans Paris depuis le treizième siècle. Paris 1906.

Franzke, Hans-Erich: Kunheim und das Berliner Blau, Treptow-Köpenick 2018. Ein Jahr- und Lesebuch. Berlin 2017.

Frisch, Johann Leonhard [Anon.]: Notitia Coerulei Berolinensis nuper inventi, Miscellanea Berolinensia ad incrementum Scientiarum 1 (1710), 377 f.

—: Vorstellung der Vögel Deutschlands und beyläufig auch einiger Fremden. Berlin 1755.

Fritz, Friedrich: Johann Georg Rosenbach. In: Zeitschrift für bayerische Kirchengeschichte 18 (1949), 21 – 59.

Fu, Guanglei; Liu, Wei; Feng, Shanshan; Yue, Xiuli: Prussian blue nanoparticles operate as a new generation of photothermal ablation agents for cancer therapy. In: Chemistry Communications 48 (2012), 11567 – 11569.

Fu, Lei; You, Shi-Jie; Zhang, Guo-Quan; Yang, Feng-Lin; Fang, Xiao-Hong; Gong, Zheng: PB/PANI-modified electrode used as a novel oxygen reduction cathode in microbial fuel cell. In: Biosensors and Bioelectronics 26 (2011), 1975 – 1979.

Gail, Ernst; Gos, Stephen; Kulzer, Rupprecht; Lorösch, Jürgen; Rubo, Andreas; Sauer, Manfred; Kellens, Raf; Reddy, Jay; Steier, Norbert; Hasenpusch, Wolfgang: Inorganic Cyano Compounds. In: Ullmann's Encyclopedia of Industrial Chemistry, Vol. 10. 7th Edition, Weinheim 2011, 673 – 693.

Garrioch, David: The Formation of the Parisian Bourgeoisie, 1690 – 1830. Cambridge, Mass., USA 1996.

Gelder, Hermann: Zur Geschichte der privilegierten Apotheken Berlins. Berlin 1925.

Geoffroy, Étienne-François: Observations sur la Preparation de Bleu de Prusse ou de Berlin. In: Histoire de l'Académie royale des sciences (1725), 153 – 172.

Geoffroy, Claude-Joseph: Differens moyens de rendre le Bleu de Prusse plus solide à l'air & plus facile à préparer. In: Mémoires de l'Académie royale des sciences (1743), 33 – 50.

Gierlinger, Joseph: Ein Altonaer Goldmacher, Alchemist und Pietist. Amtsblatt der Stadt Altona 1928, Nr. 42, Beilage zum 29.10.1928.

Giese, Werner: Ammonium-ferric-cyano-ferrate(II) (AFCF) as an effective antidote against radiocaesium burdens in domestic animals and animal derived foods. In: British Veterinary Journal 144 (1988), 363 – 369.

Gmelin, Leopold: Über ein besonderes Cyaneisenkalium, und über eine neue Reihe von blausauren Eisensalzen. In: Journal für Chemie und Physik 34 (1822), 325 – 346.

—: Handbuch der organischen Chemie, Erster Band. Heidelberg 1848.

Goldschmidt, Stephan: Johann Konrad Dippel (1673 – 1734), seine radikalpietistische Theologie und ihre Entstehung. Göttingen 2001.

Goujon, A.; Varret, F.; Escax, V.; Bleuzen, Anne; Verdaguer, Michel: Thermo-chromism and photo-chromism in a Prussian blue analogue. In: Polyhedron 20 (2001), 1339 – 1345.

Greven, Hartmut: Johann Leonhard Frisch (1666 – 1743) – ein wenig bekannter Pionier entomologischer Forschung. In: Entomologie heute 23 (2011), 145 – 206.

Guari, Yannick; Larionova, Joulia (Hrsg.): Prussian blue nanoparticles and nanocomposites. Synthesis, devices and applications. Singapore 2019.

Habrich, Christa: Mediziner und Medizinisches am Hofe des Grafen Casimir zu Sayn-Wittgenstein (1687 – 1741). In: Beiträge zur Geschichte der Pharmazie 35 (1983), 138 – 144.

Hahn, Peter-Michael: Herrschaftssicherung und kulturelle Modernisierung. Einwanderung nach Brandenburg während der Vormoderne. In: Matthias Theodor Vogt, Jan Sokol, Dieter Bingen, Jürgen Neyer, Albert Löhr (Hrsg.): Der Fremde als Bereicherung. Frankfurt am Main 2010, 183 – 196.

Hannavy, John (Hrsg.): Encyclopedia of Nineteenth-Century Photography. New York 2008.

Harnack, Adolf (Hrsg.): Berichte des Secretärs der Brandenburgischen Societät der Wissenschaften J. Th. Jablonski an den Präsidenten G. W. Leibniz (1700 – 1715), nebst einigen Antworten von Leibniz. Berlin 1897.

—: Geschichte der Königlich Preussischen Akademie der Wissenschaften zu Berlin. Berlin 1900. Band 1, Teil 1: Von der Gründung bis zum Tode Friedrichs des Großen, Berlin 1900.

Hein, Lorenz: Außenseiter der Kirche. In: Walter Göbell, Lorenz Hein (Hrsg.): Schleswig-Holsteinische Kirchengeschichte, Band 4 – Orthodoxie und Pietismus. Neumünster 1984.

Hellot, Jean: Sur la préparation du bleu de Prusse. In: Histoire de l'Académie royale des sciences 1756 (1762), 53 – 59.

Henckel, Johann Friedrich: Wer in Chymischen Arbeiten […]. In: Johann Kanold (Hrsg.): Sammlung von Natur- und Medicin- wie auch hierzu gehörigen Kunst- und Literatur-Geschichten (Breslauische Sammlungen), 18. Band, Herbstquartal 1721. Leipzig 1723, 422 – 427.

Hermes, Michael; Scholz, Fritz: The electrochemical determination of ammonium based on the selective inhibition of the low-spin iron(II)/(III) system of Prussian blue. In: Journal of Solid State Electrochemistry 1 (1997), 215 – 220.

Herschel, John Frederick William: On the action of the rays of the solar spectrum on Vegetable Colours, and on some new photographic processes. In: Philosophical Transactions 132 (1842), 181 – 214.

Herzfeld, Erika: Preußische Manufakturen. Großgewerbliche Fertigung von Porzellan, Seide, Gobelins, Uhren, Tapeten, Waffen, Papier u. a. im 17. und 18. Jahrhundert in und um Berlin. Berlin 1994, 79 – 81.

Herzog, Georg: Das Pathologische Institut. In: Ludwigs-Universität, Justus Liebig-Hochschule 1607 – 1957. Festschrift zur 350-Jahrfeier. Gießen 1957, S. 41 – 44. Online verfügbar unter <http://geb.uni-giessen.de/geb/volltexte/2006/3046/pdf/›HerzogGeschichte-1957.pdf> (letzter Zugriff am 30.3.2019).

Heydlauf, Horst: Ferric-cyanoferrate (II). An effective antidote in thallium poisoning. In: European Journal of Pharmacology 6 (1969), 340 – 344.

Hinrichs, Carl: Friedrich Wilhelm I. König in Preußen. Eine Biografie. Darmstadt 1968.

Hirsch, Rudolf: Die arische Jüdin. Berlin 1993.

Hocking, Anne: Prussian Blue. London 1947.

Hoffmann, Klaus: Johann Friedrich Böttger. Vom Alchemistengold zum weißen Porzellan. Berlin 1985.

Hübner, Johann: Curieuses und Reales Natur-, Kunst-, Berg-, Gewerk- und Handlungs-Lexikon. Leipzig 1714.

Hurst, George Henry: Painters' Colours, Oils, and Varnishes. A Practical Manual. London 1892.

Hyman, Tom: Prussian Blue. New York 1991.

Itaya, Kingo; Akahoshi, Haruo; Toshima, Shinobu: Electrochemistry of Prussian Blue modified electrodes. An electrochemical preparation method. In: Journal of the Electrochemical Society 129 (1982), 1498 – 1500.

—: Shoji, Nobuyoshi; Uchida, Isamu: Catalysis of the reduction of molecular oxygen to water at Prussian Blue modified electrodes. In: Journal of the American Chemical Society 106 (1984), 3423 – 3429.

Jones, William Jervis: German Colour Terms: A study in their historical evolution from earliest times to the present. Amsterdam 2013.

Karadas, Ferdi; El-Faki, H.; Deniz, Erhan; Yavuz, Cafer T.; Aparicio, Santiago; Atilhan, Mert: CO_2 adsorption studies on Prussian blue analogues. In: Microporous and Mesoporous Materials 162 (2012), 91 – 97.

Karyakin, Arkady A.; Gitelmacher, Olga V.; Karyakina, Elena E.: A high-sensitive glucose amperometric biosensor based on Prussian Blue modified electrodes. In: Analytical Letters 27 (1994), 2861 – 2869.

—: Karyakina, Elena E.; Gorton, Lo: Amperometric biosensor for glutamate using Prussian Blue-based articial peroxidase as a transducer for hydrogen peroxide. In: Analytical Chemistry 72 (2000), 1720 – 1723.

Kaye, Steven S.; Long, Jeffrey R.: The role of vacancies in the hydrogen storage properties of Prussian blue analogues. In: Catalysis Today 120 (2007), 311 – 316.

Keggin, James F.; Miles, Frank D.: Structures and Formulae of the Prussian Blues and Related Compounds. In: Nature 137 (1936), 577 f.

Kerr, Philip: Prussian Blue. London 2017.

Kim, Mi Gyung: Affinity, that elusive dream. Cambridge, Mass., USA 2003.

Kirby, Jo; Saunders, David: Fading and Colour Change of Prussian Blue. Methods of Manufacture and the Influence of Extenders. In: National Gallery Technical Bulletin 25 (2004), 72 – 99.

Klawitter, Nils; Pieper, Dietmar (Hrsg.): Das Reich der Deutschen. Wie wir eine Nation wurden. München 2018.

Klefeker, Detlev [als „Pyrophilus“]: Das Fundament der Lehre vom Stein der Weisen. Hamburg 1736.

Klefeker, Detlev: Aufrichtige Beschreibung der Berliner blauen Farbe, dem rechten Ultramarin ähnlich. In: Mineralogische 1794, 191 – 195.

Klewitz, Ernst; Ebel, Karl (Hrsg.): Die Matrikel der Universität Gießen 1608 – 1707. Gießen 1898.

Klose, Carl Rudolph Wilhelm (Hrsg.): Joh. Chr. Edelmann's Selbstbiographie. Geschrieben 1752. Berlin 1849.

Knod, Gustav C. (Hrsg.): Die alten Matrikel der Universität Strassburg 1621 – 1793, 1. Band. Straßburg 1897, 657.

Koch, Hannsjoachim Wolfgang: Die Befreiungskriege 1807 – 1815. Napoleon gegen Deutschland und Europa. Berg 1998.

Köhler, Hippolyt: Die Industrie der Cyanverbindungen. Ihre Entwicklung und ihr gegenwärtiger Stand. Braunschweig 1914.

Koller, Manfred: Die Farbe Blau in der Barockkunst Österreichs. In: Manfred Schreiner (Hrsg.): Naturwissenschaften in der Kunst. Beitrag der Naturwissenschaften zur Erforschung und Erhaltung unseres kulturellen Erbes. Wien u. a. 1995, 57 – 62.

Kong, Biao; Selomulya, Cordelia; Zheng, Gengfeng; Zhao, Dongyuan: New faces of porous Prussian blue. Interfacial assembly of integrated hetero-structures for sensing applications. In: Chemical Society Review 44 (2015), 7997 – 8018.

Koswig, Hans Dieter: Flüssige Kristalle. Berlin 1985.

Krätz, Otto: Ein Spiel um Gold und Macht. Nachrichten aus dem Leben des Don Dominico Emanuele Caetano und dessen gekrönten Opfern. In: Chemie in unserer Zeit 22 (1988), 50 – 62.

Kraft, Alexander; Rottmann, Matthias; Heckner, Karl-Heinz: Large-area electrochromic glazing with ion-conducting PVB interlayer and two complementary electrodeposited electrochromic layers. In: Solar Energy Materials and Solar Cells 90 (2006), 469 – 476.

—: Chemiker in Berlin. Andreas Sigismund Marggraf (1709 – 1782). In: Der Bär von Berlin, Jahrbuch des Vereins für die Geschichte Berlins 58 (2009), 9 – 30. [a]

—: On two letters from Caspar Neumann to John Woodward revealing the secret method for preparation of Prussian Blue. In: Bulletin for the History of Chemistry 34 (2009), 134 – 140. [b]

—: 300 Jahre Miscellanea Berolinensia. In: Mitteilungen des Vereins für die Geschichte Berlins 107 (2011), 531 – 533. [a]

—: Notitia Coerulei Berolinensis Nuper Inventi. On the 300th Anniversary of the first publication on Prussian Blue. In: Bulletin for the History of Chemistry 36 (2011), 3 – 9. [b]

—: On the history of Prussian Blue. Thomas Everitt (1805 – 1845) and Everitts Salt. In: Bulletin of the History of Chemistry 39 (2014), 18 – 25.

—: Vom Züllichauer Waisenjungen zum Königlich-Preußischen Hofapotheker in Berlin – Die erstaunliche Lebensgeschichte des Caspar Neumann (1683 – 1737). In: Jahrbuch für brandenburgische Landesgeschichte 66 (2015), 111 – 141.

—: Johann Jacob (von) Diesbach, einer der Erfinder des Berliner Blau, in Berliner Kirchenbüchern. In: Brandenburgisches Genealogisches Jahrbuch 11 (2017), 102 – 109.

—: Welcher alchemistische Schriftsteller verbirgt sich hinter dem Pseudonym Johann de Monte Raphaim? In: Genealogie 34 (2018), 137 – 154.

Krampl, Ulrike: Experiment Wirklichkeit. Auf der Suche nach dem Stein der Weisen im Paris des frühen 18. Jahrhunderts. In: Oliver Hochadel, Ursula Kocher (Hrsg.): Lügen und Betrügen. Das Falsche in der Geschichte von der Antike bis zur Moderne. Köln 2000, 95 – 111.

Krishnan, Vasanthi; Xidis, Anthony L.; Neff, Vernon D.: Prussian blue solid-state films and membranes as potassium ion-selective electrodes. In: Analytica Chimica Acta 239 (1990), 7 – 12.

Kundmann, Johann Christian: Kurtze Abhandlung vom Verstande des Menschen vor und nach dem Falle. Breslau: Michael Hubert 1720.

Lehman, Christine: Pierre-Joseph Macquer an Eighteenth-Century Artisanal-Scientific Expert. In: Annals of Science 69 (2012), 307 – 333.

Levine, Joseph M.: Dr. Woodwards Shield. History, Science, and Satire in Augustan England. Berkeley 1977.

Li, Xiaoda; Liang, Xiao-Long; Ma, Fang; Jing, Lijia; Lin, Li; Yang, Yongbo; Feng, Shan-Shan; Fu, Guanglei; Yue, Xiu-Li; Dai, Zhi-Fei: Chitosan Stabilized Prussian Blue Nanoparticles For Photothermally Enhanced Gene Delivery. In: Colloids and Surfaces B: Biointerfaces 123 (2014), 629 – 638.

Liang, Xiaolong; Deng, Zijian; Jing, Lijia; Li, Xiaoda; Li, Changhui; Huang, Maomao; Dai, Zhifei: Prussian blue nanoparticles operate as a contrast agent for enhanced photoacoustic imaging. In: Chemistry Communications 49 (2013), 11029 – 11031.

Libavius, Andreas: Alchemia. Frankfurt am Main 1597.

Liebig, Justus: Ueber die Theorie der Blutlaugensalz-Fabrication. In: Polytechnisches Journal 32 (1841), 346 – 352.

—: Die Chemie in ihrer Anwendung auf Agricultur und Physiologie, Erster Theil. Braunschweig 1865.

Lippit, Yukio: Catalogue. In: Yukio Lippit: Colorful Realm. Japanese Bird-and-Flower Paintings by Ito Jakuchu. Chicago 2012, 1 – 131.

Lisowka-Oleksiak, Anna; Nowak, Andrzej P.: Metal hexacyanoferrate network synthesized inside polymer matrix for electrochemical capacitors. In: Journal of Power Sources 173 (2007), 829 – 836.

List, G. H. C.: Die Anwendung des Berlinerblau zum Nutzen der Färbekunst. In: Hannoverisches Magazin 14 (1776), 861 – 864.

Locker, Tobias: Die Bildergalerie von Sanssouci bei Potsdam. In: Bénédicte Savoy (Hrsg.): Tempel der Kunst. Die Geburt des öffentlichen Museums in Deutschland 1701 – 1815. Köln 2015, 349 – 384.

Lowengard, Sarah: The Creation of Color in Eighteen-Century Europe. New York 2005. <http://www.gutenberg-e.org/lowengard/> (letzter Zugriff am 29.3.2019).

—: Prussian Blue: Transfers and Trials. In: Andrea Feeser, Maureen Daly Goggin, Beth Fowkes Tobin (Hrsg.): The Materiality of Color. New York 2012, 167 – 181.

Ludvigsen, Loa; Bagge, Mikala; Rask, Vibeke: The effect of Prussian blue on the technique of the Danish court painters Hendrik Krock and Benoit le Coffre. In: Helen Evans, Kimberley Muir (Hrsg.): Studying 18th-Century Paintings and Works of Art On Paper. London 2015, 7 – 15.

Macintosh, George: Biographical Memoir of the Late Charles Macintosh, FRS, of Campsie and Dunchattan. Glasgow 1847.

Macquer, Pierre-Joseph: Sur une nouvelle espèce de Teinture bleue dans laquelle il n'entre ni Pastel, ni Indigo. In: Mémoires de l'Académie royale des sciences 1749 (1753), 255 – 263.

—: Examen chymique du bleu de Prusse, Mémoires de l'Académie royale des sciences, 1752 (1756), 60 – 77.

Marggraf, Andreas Sigismund: Examen chymique de l'eau. In: Histoire de l'Académie Royale des Sciences et Belles-Lettres de Berlin (1751), 131 – 157.

Marx, Annegret: Blau aus der Waschküche. Wege einer Farbe nach Äthiopien. In: Aethiopica 4 (2001), 158 – 168.

Matthias, Ursula: Das Kloster der Grauen Mönche in Berlin und das Berlinische Gymnasium zum Grauen Kloster. Gernrode 2002.

Mayer, Johann Friedrich [Anon.]: Eines schwedischen Theologi kurtzer Bericht von Pietisten. Leipzig 1706.

McEwan, Dorothea: The Story of Däräsge Maryam. Münster 2013.

McNally, Raymond T.; Florescu, Radu: In Search of Dracula. Greenwich, Conn., USA 1972.

Miliani, Costanza; Doherty, Brenda; Daveri, Alessia; Loesch, Anette; Ulbricht, Heike; Brunetti, Brunetto G.; Sgamellotti, Antonio: In situ non-invasive investigation on the painting techniques of early Meissen Stoneware. In: Spectrochimica Acta Part A 73 (2009), 587 – 592.

Mineralogische, Chemische und Alchymistische Briefe von reisenden und andern Gelehrten an den ehemaligen chursächsischen Bergrath J. F. Henkel, Teil 2. Dresden 1794.

Moffatt, Elizabeth A.; Sirois, P. Jane; Miller, Judi: Analysis of the Paints on a Selection of Naskapi Artifacts in Ethnographic Collections. In: Studies in Conservation 42 (1997), 65 – 73.

Mohammad, Adil; Yang, Yongsheng; Khan, Mansoor A.; Faustino, Patrick J.: Long-term stability study of Prussian blue – A quality assessment of water content and cyanide release. In: Clinical Toxicology 53 (2015), 102 – 107.

Moss, Roger W.: Paint in America. The Colors of Historic Buildings. New York 1994.

Mühlenhaupt, Kurt: Berliner Blau, Berlin 1981.

Mühlpfordt, Günter: Stahls Grundlegung der neueren Chemie und die Weltwirkung der halleschen Aufklärung. In: Wolfram Kaiser, Arina Völker (Hrsg.): Georg Ernst Stahl (1659 – 1734). Halle 1985, 117 – 160.

Müller, Michael: Any Monsters at home? Die Burg Frankenstein an der Bergstraße und der Roman von Mary Shelley. In: Archiv für Hessische Geschichte und Altertumskunde, Neue Folge 67 (2009), 367 – 396.

Neff, Vernon D.: Electrochemical oxidation and reduction of thin films of Prussian Blue. In: Journal of the Electrochemical Society 125 (1978), 886 f.

—: Some performance characteristics of a Prussian Blue battery. In: Journal of the Electrochemical Society 132 (1985), 1382 – 1384.

Neumann, Caspar (Hrsg.); Timoni, Emmanuele: Die Einpfropfung der Pocken, oder Art und Weise, wie man denjenigen Menschen, welche noch nie die Pocken gehabt, solche durch Kunst zu wege zu bringen und gleichsam zu inoculieren pfleget, [...] Wobey noch eine kleine Nachricht wegen des Gefängniß Newgate hinzugefüget. Berlin 1727.

—: Lectiones publicae von vier Subjectis pharmaceuticis, nehmlich vom Succino, Opio, Caryophyllis aromaticis, und Castoreo. Berlin 1730.

—: Chymiae Medicae Dogmatico-Experimentalis, Band 1, Teil 2. Züllichau 1749.

Neumann, Hans-Joachim: Friedrich Wilhelm I., Leben und Leiden des Soldatenkönigs. Berlin 1993.

Newman, William R.; Principe, Lawrence M.: Alchemy vs. Chemistry. The Etymological Origins of a Historiographic Mistake. In: Early Science and Medicine 3 (1998), 32 – 65.

Nicolai, Friedrich: Beschreibung der Königlichen Residenzstädte Berlin und Potsdam, aller daselbst befindlicher Merkwürdigkeiten und der umliegenden Gegend. 1. Auflage, Berlin 1769.

—: Beschreibung der Königlichen Residenzstädte Berlin und Potsdam und aller daselbst befindlicher Merkwürdigkeiten. 2. Auflage, Band 2, Berlin 1779.

—: Beschreibung der Königlichen Residenzstädte Berlin und Potsdam, aller daselbst befindlicher Merkwürdigkeiten und der umliegenden Gegend. 3. Auflage, 2. Band, Berlin 1786.

Nigrovic, Vladimir: Enhancement of the excretion of radiocaesium in rats by ferric cyanoferrate(II). In: International Journal of Radiation Biology 7 (1963), 307 – 309.

Nonoguchi, Yoshiyuki; Murayama, Tomoko; Ishizaki, Manabu; Kanaizuka, Katsuhiko; Kurihara, Masato; Hata, Kenji; Kawai, Tsuyoshi: SWNT composites with compositionally tunable Prussian Blue nanoparticles for thermoelectric coordination programming materials. In: Chemistry Letters 43 (2014), 1254 – 1256.

Oesterreich, Matthias: Beschreibung der Königlichen Bildergallerie und des Kabinetts in Sans-Souci. Potsdam, 2. Auflage 1770.

Orna, Mary Virginia: The chemical history of color. Heidelberg 2013.

Oxford Dictionary of National Biography. Oxford 2004.

Papadimos, Thomas J.: The pharmocologists fertility, Croatian Medical Journal 54 (2013), 308 f.

Pastoureau, Michel: Blau. Geschichte einer Farbe. Berlin 2013.

Perez, Miguel Lopez: El Alquimista Diesbach y el Duque de Richelieu. In: Azogue 7 (2013), 449 – 463.

Perls, Max: Nachweis von Eisenoxyd in gewissen Pigmenten. In: Virchows Archiv 39 (1867), 42 – 48.

Pfaff, Gerhard: Inorganic Pigments. Berlin 2017.

Pfingsten, Johann Herrmann: Farbenmaterialien. Eine vollständige Sammlung brauchbarer Abhandlungen und Erfahrungen für Künstler und Fabrikanten die mit Farben zu tun haben. Berlin 1789.

Plaka, Christina: Prussian Blue, Hamburg 2002.

Planchon, Gustave: La dynastie des Geoffroy, apothicaires de Paris. In: Journal de pharmacie et de chimie 7 (1898), 289 – 293, 337 – 345.

Pleijel, Hilding: Johann Conrad Dippel. In: Svenskt biografiskt lexikon, Band 11 (1945), 269.

Proust, Joseph Louis: Recherches sur le Bleu de Prusse. In: Journal de Physique, de Chimie et d'Histoire Naturelle 2 (1794), 334 – 341.

Rachel, Hugo: Die Handels-, Zoll- und Akzisepolitik Brandenburg-Preußens bis 1713. Berlin 1911.

Redlin, Karl: Hundert Schweizer in brandenburgisch-preussischen Diensten, 1696 – 1713, Zeitschrift für Heereskunde 35 (1969), 61 – 67.

Rehberg, Max: Friedlieb Ferdinand Runge. Oranienburg 1993.

Reinberger, Stefanie: Preußisch Blau für die Sau. Ein Pigment befreit Wildschweine vom Tschernobyl-Cäsium. In: Bild der Wissenschaft (2015), Heft 2, 16 f.

Reitinger, Franz: Die blaue Epoche. Reduktive Farbigkeit im Rokoko. Berlin 2016.

Ricci, Francesco; Palleschi, Guiseppe: Sensor and biosensor preparation, optimisation and applications of Prussian Blue modfied electrodes. In: Biosensensors and Bioelectronics 21 (2005), 389 – 407.

Rieu, Willem Nicolaas Du (Hrsg.): Album Studiosorum Academiae Lugduno-Batavae MDLXXV – MDCCCLXXV. Den Haag 1875.

Robin, Melvin B.: The Color and Electronic Configuration of Prussian Blue. In: Inorganic Chemistry 1 (1962), 337 – 342.

Roth-Scholtz, Friedrich (Hrsg.): Deutsches Theatrum Chemicum, Zweyter Theil, Nürnberg 1730.

Ruiz-Bermejo, Marta; Rogero, Celia; Menor-Salvan, Cesar; Osuna-Esteban, Susana; Martin-Gago, Jose Angel; Veintemillas-Verdaguer, Sabino: Thermal Wet Decomposition of Prussian Blue. Implications for Prebiotic Chemistry. In: Chemistry & Biodiversity 6 (2009), 1309 – 1322. [2009 a]

—: Menor-Salvan, Cesar; Osuna-Esteban, Susana; Veintemillas-Verdaguer, Sabino: The effects of ferrous and other ions on the abiotic formation of biomolecules using aqueous aerosols and spark discharges. In: Origins of Life and Evolution of Biospheres 37 (2009), 507 – 521. [2009 b]

—: Osuna-Esteban, Susana; Zorzano, Maria-Paz: Role of ferrocyanides in the prebiotic synthesis of α-amino acids. In: Origins of Life and Evolution of Biospheres 43 (2013), 191 – 206.

Runge, Friedlieb Ferdinand: Farbenchemie. Zweiter Theil: Die Kunst zu drucken. Berlin 1842

—: Grundriss der Chemie, Band 2. München 1847.

—: Der Bildungstrieb der Stoffe veranschaulicht in selbstständig gewachsenen Bildern. Oranienburg 1855.

—: Hauswirthschaftliche Briefe, Drittes Dutzend. Berlin 1866. [Reprint: Weinheim 1988.]

Russell, Colin Archibald (Hrsg.): Chemistry, Society and Environment. A New History of the British Chemical Industry. Cambridge: The Royal Society of Chemistry 2000.

Rustmeier, Walther: Johann Conrad Dippel in Schleswig-Holstein. II. Der Prozeß gegen Dippel in Altona. In: Schriften des Vereins für Schleswig-Holsteinische Kirchengeschichte, 2. Reihe 15 (1957), 91 – 116.

—: Konrad Dippel in Schleswig-Holstein. IV. Drei Dokumente, Schriften des Vereins für Schleswig-Holsteinische Kirchengeschichte, 2. Reihe 17 (1959/60), 69 – 75.

Sage, Balthazar Georges: Examen du Sel Animal. In: Memoires de chimie. Paris 1773, S. 59 – 65.

Samain, Louise; Silversmit, Geert; Sanyova, Jana; Vekemans, Bart; Salomon, Hélène; Gilbert, Bernard; Grandjean, Fernande; Long, Gary J.; Hermann, Raphaël P.; Vincze, Laszlo; Strivay, David: Fading of modern Prussian blue pigments in linseed oil medium. In: Journal of Analytical Atomic Spectrometry 26 (2011), 930 – 941.

Schaaf, Larry J.: Sun gardens. Victorian photograms. New York 1985.

Scheele, Carl Wilhelm: Über die färbende Materie in Berlinerblau. In: Der Königl. Schwedischen Akademie der Wissenschaften neue Abhandlungen 3 (1782/1785), 256 – 266.

Scheele, Walter: Burg Frankenstein. Eine Zeitreise. Hamburg 2015.
Schendel, Arthur van: The early use of Prussian Blue. In: Bulletin of the American Group II C, 5 (2) (1964), 30.
Schmid, Heinrich: Die Geschichte des Pietismus. Nördlingen 1863.
Schulze, Johann Heinrich: Chemische Versuche, Halle 1745.
Schwarz, Heinrich: Die Chemie und Industrie unserer Zeit, oder die wichtigsten Fabrikationszweige nach dem Standpunkte der heutigen Wissenschaft, 1. Band. Breslau 1857.
Schwebel, Oskar: Kulturhistorische Bilder aus der alten Mark Brandenburg, Berlin 1877.
Schwedt, Georg: Goethe als Chemiker. Berlin 1998.
—: Weinchemiker Wilhelm Möslinger (1856 - 1930). Die Blauschönung des Weines. In: CLB Chemie in Labor und Biotechnik 57 (2006), 426 - 429.
—: Wesseling und die Petrochemie. In: CLB Chemie in Labor und Biotechnik 61 (2010), 305 - 309.
Schweppe, Helmut: Handbuch der Naturfarbstoffe, Hamburg 1993.
Screech, Timon: Shogun's Painted Culture. Fear and Creativity in the Japanese States, 1760 - 1829. London 2000.
Scriba, Heinrich Eduard: Geschichte der ehemaligen Burg und Herrschaft Frankenstein und ihrer Herrn. Darmstadt 1853.
Seel, Fritz; Schäfer, Gisela; Güttler, Hans-Joachim; Simon, Georg: Das Geheimnis des Lapis lazuli. In: Chemie in unserer Zeit 8 (1974), 65 - 71.
Selvarani, Ganesan; Prashant, S. K.; Sahu, Akhila; Sridhar, Parthasarathi; Pitchumani, Sethuraman; Shukla, Ashutosh Kumar: A direct borohydride fuel cell employing Prussian Blue as mediated electron-transfer hydrogen peroxide reduction catalyst. In: Journal of Power Sources 178 (2008), 86 - 91.
Seifert, Alfred: Die Apothekerfamilie Linck in Leipzig und ihr Naturalien- und Kunstkabinett (1670 - 1840). Mittenwald 1935.
Seldes, Alicia M.; Burucua, Jose Emilio; Maier, Marta S.; Abad, Gonzalo; Jauregui, Andrea; Siracusano, Gabriela: Blue Pigments in South American Painting (1610 - 1780). In: Journal of the American Institute of Conservation 38 (1999), 100 - 123.
Senckenberg, Johann Christian: Tagebuch, Band 2, 1732. Universitätsbibliothek Johann Christian Senckenberg, Goethe Universität Frankfurt am Main, Signatur: Na 31, 2. Titel: Observationes in me ipaso factae, Bd. 2. Transkribiert und bearbeitet von Vera Faßhauer, <http://senckenberg.ub.uni-frankfurt.de/m/5381520> (letzter Zugriff am 4.4.2019).
Shelley, Mary: Frankenstein or The Modern Prometheus. London 1818.
Smee, Alfred: On the Ferrosesquicyanuret of Potassium. In: Philosophical Magazine 17 (1840), 193 - 201.
Smith, Henry: Hokusai and the Blue Revolution in Edo Prints. In: John T. Carpenter (Hrsg.): Hokusai and His Age. Ukiyo-e painting, printmaking, and book illustration in late Edo Japan. Amsterdam 2005, 234 - 269.

Spiegel, Louis: 100 Jahre Kunheim. Berlin 1926.
Stahl, Georg Ernst: Experimenta, observationes, animadversiones, CCC numero, chymicae et physicae [...]. Berlin: Ambrosius Haude 1731.
Stoker, Bram: Dracula. London 1897.
Strube, Irene: Georg Ernst Stahl. Leipzig 1984.
Stumm, Petra: Leopold Gmelin (1788 – 1853). Leben und Werk eines Heidelberger Chemikers. Freiburg 2012.
Tacconi, Norma R. de; Rajeshwar, Krishnan; Lezna, Reynaldo O.: Metal Hexacyanoferrates. Electrosynthesis, in Situ Characterization and Applications. In: Chemistry of Materials 15 (2003), 3046 – 3062.
Teichmeyer, Hermann Friedrich: Elementa Philosophiae Naturalis Experimentalis. Jena 1724.
—: Institutiones Chemiae dogmaticae et experimentalis. Jena 1729.
Teply, Karl: Eine Lebensspur des Alchemisten Laskaris Archimandrita. In: ADEVA-Mitteilungen 38 (1974), 7 – 20.
The Analytical Sanitary Commission: Green Tea and its Adulterations. In: The Lancet 58 (1851), 161 – 163.
Timoni, Emmanuele: An Account or History, of the Procuring the Small Pox by Incision, or Inocu-lation; as it has for some time been practised at Constantinople. Being the Extract of a Letter from Emanuel Timonius, Oxon. & Pacav. M. D. S. R. S. dated at Constantinople, December, 1713. Communicated to the Royal Society by John Woodward, M. D. Profes. Med. Gresh. and S. R. S. In: Philosophical Transactions 29 (1714), 72 – 82.
Tsubokura, Masaharu; Gilmour, Stuart; Takahashi, Kyohei; Oikawa, Tomoyoshi; Kanazawa, Yukio: Internal Radiation Exposure After the Fukushima Nuclear Power Plant Disaster. In: Journal of the American Medical Association 308 (2012), 669 f.
Uttam, Paritosh: Dreams in Prussian Blue. New Delhi 2010.
Verdaguer, Michel; Galvez, Natividad; Garde, Raquel; Desplanches, Cedric: Electrons at Work in Prussian Blue Analogues. In: The Electrochemical Society Interface, 11 (2002), No. 3, 28 – 32.
Vipin, Adavan Kiliyankil; Fugetsu, Bunshi; Sakata, Ichiro; Isogai, Akira; Endo, Morinobu; Li, Mingda; Dresselhaus, Mildred S.: Cellulose nanofiber backboned Prussian blue nanoparticles as powerful adsorbents for the selective elimination of radioactive cesium. In: Scientific Reports 6 (2016), Article number 37009. Online verfügbar unter <https://www.nature.com/articles/srep37009> (letzter Zugriff am 11.7.2019).
Voss, Karl-Ludwig: Christanus Democritus. Das Menschenbild bei Johann Conrad Dippel. In: Beihefte der Zeitschrift für Religions- und Geistesgeschichte 12 (1970), 50 – 60.

Wang, Shao-Jen; Chen, Chun-Sheng; Chen, Lin-Chi: Prussian blue nanoparticles as nanocargoes for delivering DNA drugs to cancer cells. In: Science and Technology of Advanced Materials 14 (2013), 044405.

Ware, Mike: Cyanotype. The history, science and art of photographic printing in Prussian Blue. Bradford 1999.

Weber, Karl von: Zur Chronik Dresdens. Leipzig 1859.

Webster, John White: A manual of chemistry, containing the principal facts of the science. Boston 1839.

Weißmann, Johann Friedrich: De Novo magisterio coeruleo Erlangensi. In: Acta Physico-medica Academiae Caesareae Leopoldino-Carolinae Naturae Curiosorum exhibentia Ephemerides, Band 5 (1740), 537 f.

Welsh, Frank S.: Particle characteristics of Prussian Blue in an Historical Oil Paint. In: Journal of the American Institute of Conservation 27 (1988), 55 – 63.

Whitley, William T.: Artists & their friends in England 1700 – 1799, Vol. 1. New York 1928.

Wimmer, Clemens Alexander: Zur Entstehung von Baumschulen in Deutschland. In: Sylvia Butenschön (Hrsg.): Frühe Baumschulen in Deutschland. Zum Nutzen, zur Zierde und zum Besten des Landes. Berlin 2012, 15 – 44.

Winckel, Friedrich Wilhelm: Aus dem Leben Casimirs, weiland regierenden Grafen zu Sayn-Wittgenstein-Berleburg. Frankfurt am Main 1842.

Winkle, Stefan: Die heimlichen Spinozisten in Altona und der Spinozastreit. Hamburg 1988.

Wippel, Johann Jacob: Das Leben des Weiland berühmten Rectors an dem Gymnasio zum grauen Kloster in Berlin, Johann Leonhard Frisch, nebst beygefügten Stand- und Lob-Reden, auch einigen Trauergedichten. Berlin 1744.

Wisniak, Jaime: Joseph Louis Proust. In: Revista CENIC Ciencias Químicas 43 (2012). Online verfügbar unter <http://www.redalyc.org/articulo.oa?id=181628775013> (letzter Zugriff am 30.3.2019).

Woringer, Peter: Eisencyanfarben. In: Friedrich Rose: Die Mineralfarben und die durch Mineralstoffe erzeugten Färbungen. Leipzig 1916, 226 – 245.

Wu, Xianyong; Shao, Miaomiao; Wu, Chenhao; Qian, Jiangfeng; Cao, Yuliang; Ai, Xinping; Yang, Hanxi: Low Defect $FeFe(CN)_6$ Framework as Stable Host Material for High Performance Li-Ion Batteries. ACS Applied Materials & Interfaces 8 (2016), 23706 – 23712.

Wunderlich, Christian-Heinrich: Geschichte und Chemie der Eisengallustinte. Rezepte, Reaktionen und Schadwirkungen. In: Restauro (1994), Heft 6, 414 – 421.

Zhang, Wei; Hu, Sunling; Yin, Jun-Jie; He, Weiwei; Lu, Wei; Ma, Ming; Gu, Ning; Zhang, Yu: Prussian Blue Nanoparticles as Multienzyme Mimetics and Reactive Oxygen Species Scavengers. In: Journal of the American Chemical Society 138 (2016), 5860 – 5865.

PERSONENREGISTER

Kursive Seitenzahlen verweisen auf Anmerkungen, **fett** gedruckte auf Bildlegenden.

Alexander Kraft: Berliner Blau. Vom frühneuzeitlichen Pigment zum modernen Hightech-Material. © 2022 GNT-Verlag GmbH, Berlin, Germany. DOI: ▸ <https://doi.org/10.47261/1519>.

C

E

F

G

H

I

J

M

N

S

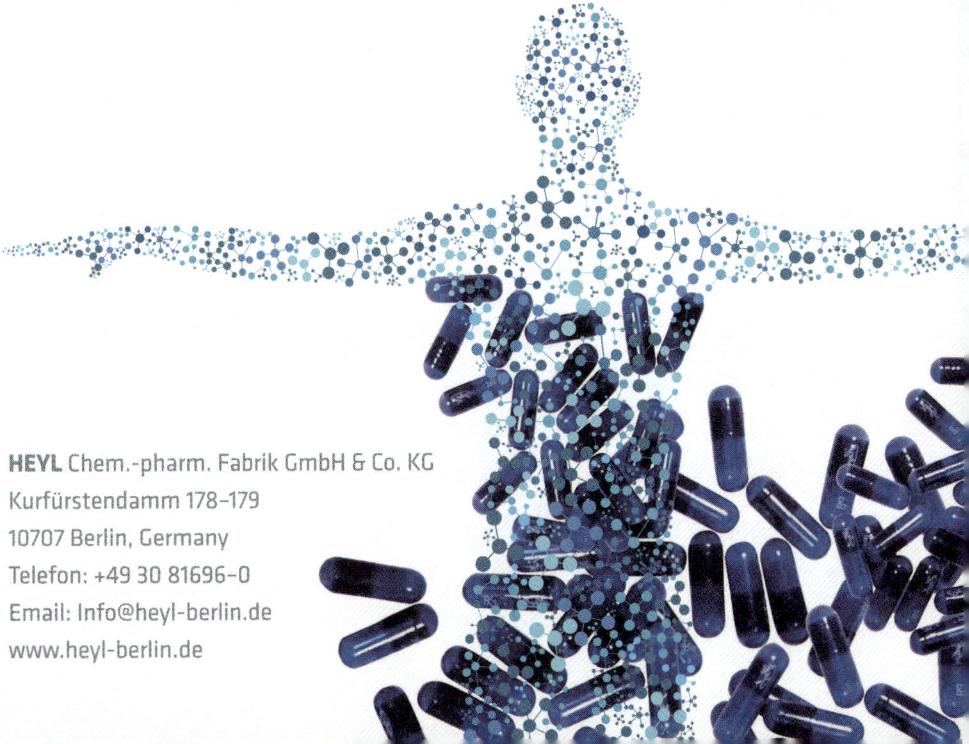

Vom Autor des Berliner-Blau-Buches gibt es auch:

Alexander Kraft: Chemie in Berlin
Geschichte, Spuren, Persönlichkeiten

Berlin Story Verlag
ISBN 978-3-86368-060-2
330 Seiten, über 180 Abb.
20,5 × 12,5 cm
Broschur
Preis 19,80 €

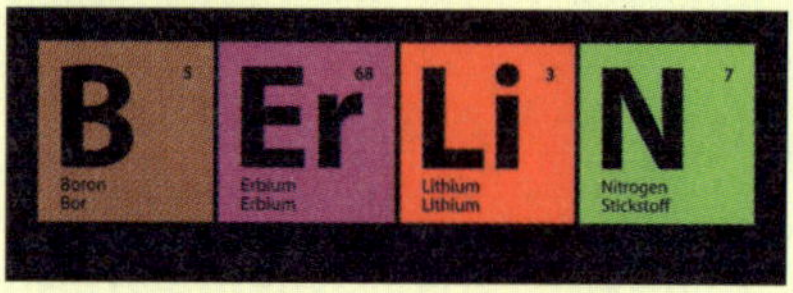

Ein völlig neuer, überraschender Blick auf Berlin, auf die wissenschaftlichen, technischen und wirtschaftlichen Leistungen.

Wieland Giebel (Berlin Story):

»Das Buch ist ein Hammer! Da staunt selbst de Berlin-Experte, was er alles noch nicht gewuss hat. Toll zu lesen. Vom alchemistischen Geheir labor der Apotheken bis zu Berlin-Chemie. **Dieses Buch handelt vom menschlichen Geis überhaupt, von Forschungs- und Erkenntnis prozessen,** es ist nicht als Fachbuch für Chemi geschrieben, kein Schulbuch. Ideengeschichte, Forscherglück, Familien- und Firmenschicksal geniale Forscher – man könnte auch sagen, **typ Berlin, nämlich Tatkraft und Leidenschaft.** Dr. Alexander Kraft, Wissenschaftler, Unternel und begnadeter Erzähler, entwickelt zunächst einen Abriss der Geschichte der Chemie in Ber knapp genug, um immer spannend zu bleiben. **Medizin, Kosmetik, Farben, Forschung.** Im zweiten Teil geht es um ›**Chemische Orte in Berlin**‹. In der ehemaligen Bärenapotheke im Nikolaiviertel zum Beispiel entdeckte Martin Heinrich Klaproth 1789 das Element Uran. Schering entwickelte die Antibabypille. Alle Nobelpreisträger werden vorgestellt.«

Frank Kuschel
Die Experimentalchemie und ihre Protagonisten an der Universität Halle
GNT-VerlagAstrid Schürmann
Burghard Weiss (Hrsg.)
Chemie - Kultur - Geschichte
GNT-VerlagMartin Kirschke
Liebigs Lehrer
Karl W. G. Kastner (1783 – 1857)
Eine Professorenkarriere in Zeiten naturwissenschaftlichen Umbruchs
GNT-Verlag